普通高等教育系列教材

AutoCAD 二次开发实用教程

郭秀娟　徐　勇　郑　馨
李力东　于全通　张　朝　编

机械工业出版社

本书是讨论基于 Visual LISP 的 AutoCAD 二次开发程序设计技术的教程，旨在帮助用户进行专业辅助设计程序的制作和使用，达到精通 Visual LISP 程序设计，使 AutoCAD 真正成为用户的专业设计软件。

本书详细讨论了 Visual LISP 程序设计的基本方法和应用技巧，AutoLISP 语言的基本函数及利用 AutoLISP 语言进行 AutoCAD 二次开发的方法，同时结合编者多年的教学经验提供了大量的例题和范例，侧重于专业应用的方法、实际应用中的难点和解决方案的讨论。本书既可以作为高等院校的有关教材、高级应用培训教材，也适合作为专业程序设计用户的参考用书。

全书语言叙述精练、实例讲解过程翔实，力争做到初学者能够看懂，程序设计的专业人员能够得到启发，为广大从事 AutoCAD 二次开发的读者提供有力的指导。

本书适合作为工科院校建筑类及相关专业学生的教材，也可供建筑、机械设计、电子电路设计、平面图设计、三维造型等行业及相关专业人员，AutoLISP 初学者，3D 图形爱好者学习和使用。

图书在版编目（CIP）数据

AutoCAD 二次开发实用教程/郭秀娟等编．—北京：机械工业出版社，2014.1（2025.1 重印）

普通高等教育系列教材

ISBN 978-7-111-44795-5

Ⅰ.①A… Ⅱ.①郭… Ⅲ.①AutoCAD 软件—高等学校—教材 Ⅳ.①TP391.72

中国版本图书馆 CIP 数据核字（2013）第 272112 号

机械工业出版社（北京市百万庄大街 22 号　邮政编码 100037）
策划编辑：贡克勤　责任编辑：王雅新
版式设计：常天培　责任校对：卢惠英
封面设计：陈　沛　责任印制：张　博
北京雁林吉兆印刷有限公司印刷
2025 年 1 月第 1 版第 7 次印刷
184mm×260mm ・18.5 印张・457 千字
标准书号：ISBN 978-7-111-44795-5
定价：49.00 元

电话服务　　　　　　　　　网络服务
客服电话：010-88361066　　机　工　官　网：www.cmpbook.com
　　　　　010-88379833　　机　工　官　博：weibo.com/cmp1952
　　　　　010-68326294　　金　书　网：www.golden-book.com
封底无防伪标均为盗版　　　机工教育服务网：www.cmpedu.com

前　言

AutoCAD 二次开发实用教程立足于解决实际问题，以实例讲解为主，通过循序渐进的实例开拓思路，使读者在实例中快速掌握利用 AutoCAD 进行二次开发的基本方法。

本书的开发工具为 Visual LISP 语言，它是为加速 AutoLISP 程序开发而设计的软件开发工具，是一个完整的集成开发环境。在 Visual LISP 环境下可以便捷、高效地开发 AutoLISP 程序，经过编译得到运行效率更高、代码更加紧凑、源代码受到保护的应用程序。

Visual LISP 既兼容 AutoLISP 程序，又扩充了许多新的功能，是新一代的 AutoLISP 语言。利用 AutoLISP 可以进行各种工程的分析计算、自动绘制复杂的图形，驱动对话框、控制菜单、定义新的命令，为 AutoCAD 扩充智能化和参数化的功能。

AutoCAD 在工程设计领域得到了普遍应用，为其专业设计提供了方便。由于 AutoCAD 是一个通用绘图软件，不具专业特色，使作图效率不高。而 AutoCAD 开放的结构为使用者提供了广阔的开发空间及许多二次开发的工具，AutoLISP就是其中比较常用的一个，它能够为用户开发出具有专业特点的高效率应用软件。因此，了解 AutoLISP 的程序结构，掌握 AutoLISP 程序设计方法，开发出适合专业特点的 CAD 软件，已成为专业技术人员和学生渴望掌握的一个工具。目前，国内一些高等院校的工程设计相关专业也开设了 AutoLISP 语言课程。然而，能够作为教材及参考书使用的则不多见，无法满足人们实现深入学习及开发的设想和愿望。

编者通过查阅有关资料和参考手册，经过多年的教学实践，对 AutoLISP 语言有了较为深入的理解，积累了一些难得的实践资料，并在教学及工程实践中得以验证。目前，还有一些用户停留在将 AutoCAD 作为绘图工具的阶段，这样只是提高了绘图的效率，但距离真正意义上的计算机辅助设计还有较大差距。因此，实现图形参数化、智能化、分析计算与绘图一体化是本书要介绍的主要内容。

本书有以下两个主要特点：

(1) 实用性　书中所有实例均以实际应用为背景，具有较高的实用价值和一定的技术含量。初学者可以从调试、运行这些实例程序开始，然后修改、扩充这些实例，逐步掌握 AutoLISP 程序设计技术。

(2) 便于教学　本书是在学校教学和工程实践背景下编写的。编者参照多年的教案确定了本书的内容和章节的次序,因此本书具有便于教学和实训的特点。

本书的程序是在 AutoCAD 2007 的 Visual LISP 集成环境下建立、调试和运行通过的。所有程序的源代码都适用于当前的 AutoCAD 版本。

全书共 13 章。郭秀娟负责第 1～5 章的编写,徐勇负责第 8～10 章的编写,郑馨负责第 6、12 章的编写,李力东负责第 13 章及附录部分的编写,张朝负责第 11 章的编写,于全通负责第 7 章的编写及全书的程序调试运行与图形绘制工作。本书在编写过程中,得到了吉林建筑大学计算机学院老师及相关专业人士的帮助和指导,编者在此深表谢意。由于编写水平有限,书中的不当和疏漏之处在所难免,恳请各方面的专家予以指教并请广大读者提出宝贵的意见。

编 者

目　录

前言
第1章　Visual LISP 语言概述 …………… 1
1.1　LISP 语言 ………………………… 1
1.2　AutoLISP 语言 …………………… 1
1.3　Visual LISP 语言 …………………… 2
1.4　Visual LISP 的编程环境 …………… 4
1.4.1　Visual LISP 集成开发环境的界面 … 4
1.4.2　输入和修改程序代码 ……………… 6
习题 ………………………………………… 8
第2章　数据类型、表 …………………… 9
2.1　数据类型 …………………………… 9
2.1.1　原子 ……………………………… 9
2.1.2　表和点对 ………………………… 11
2.1.3　其他类型 ………………………… 12
2.1.4　AutoLISP 的程序结构 …………… 13
2.2　变量 ………………………………… 18
2.2.1　符号 ……………………………… 18
2.2.2　变量的数据类型 ………………… 18
2.2.3　变量赋值 ………………………… 19
2.2.4　显示变量的值 …………………… 20
2.2.5　在交互方式下将变量的值传递给 AutoCAD ……………… 20
2.2.6　AutoCAD 的系统变量 …………… 20
习题 ………………………………………… 21
第3章　AutoLISP 基本函数 …………… 23
3.1　数值函数 …………………………… 23
3.1.1　计算函数 ………………………… 23
3.1.2　布尔运算函数 …………………… 27
3.1.3　三角函数 ………………………… 28
3.1.4　数值函数举例 …………………… 29
3.2　表处理函数 ………………………… 30
3.2.1　提取表中数据的函数 …………… 30
3.2.2　构造和修改表的函数 …………… 32
3.2.3　提取并修改表中数据的函数 …… 33
3.2.4　表循环处理函数 ………………… 35
3.2.5　其他表处理函数 ………………… 36
3.2.6　表处理函数举例 ………………… 36
习题 ………………………………………… 38
第4章　程序流程控制 …………………… 40
4.1　顺序结构 …………………………… 40
4.1.1　GET 族输入函数 ………………… 40
4.1.2　图形处理函数 …………………… 45
4.1.3　显示控制函数 …………………… 49
4.1.4　举例 ……………………………… 51
4.2　分支结构 …………………………… 52
4.2.1　判断函数 ………………………… 52
4.2.2　条件函数 ………………………… 53
4.3　循环函数 …………………………… 56
4.4　函数递归定义 ……………………… 59
4.4.1　递归的概念 ……………………… 59
4.4.2　递归模型 ………………………… 59
4.4.3　递归算法的程序设计 …………… 60
4.5　综合举例 …………………………… 61
习题 ………………………………………… 75
第5章　AutoLISP 文件 ………………… 77
5.1　AutoLISP 文件的特点 ……………… 77
5.2　程序中的注释 ……………………… 78
5.3　在 AutoCAD 环境下加载 AutoLISP 文件 …………………… 78
5.4　搜索、获得文件的函数 …………… 80
5.5　打开、关闭文件的函数 …………… 81
5.6　用于文件的输入输出函数 ………… 84
5.7　综合举例 …………………………… 86
习题 ………………………………………… 87
第6章　实体和设备访问函数 …………… 89
6.1　基本概念 …………………………… 89
6.2　选择集操作函数 …………………… 92
6.3　实体名操作函数 …………………… 97
6.4　实体数据函数 ……………………… 99
6.5　符号表的访问 ……………………… 108
6.6　图形屏幕和输入设备的访问 …… 110

6.7 综合举例 …………………………… 113
  6.7.1 实体名和选择集在开发 AutoCAD
    程序中的应用 ………………… 113
  6.7.2 生成局部放大视图的简便方法 … 114
  6.7.3 求圆或圆弧中心线 …………… 117
习题 …………………………………… 122

第7章 AutoLISP 实训 ………… 123
7.1 设置作图环境 ……………………… 123
7.2 设置图层、颜色、
    线型和线宽 ………………………… 126
7.3 AutoLISP 程序设计
    的6个步骤 ………………………… 127
7.4 AutoLISP 程序实例 ……………… 127
习题 …………………………………… 136

第8章 Visual LISP 基本操作 … 137
8.1 进入和退出 Visual LISP ………… 137
8.2 Visual LISP 的用户界面 ………… 137
8.3 Visual LISP 的控制台操作 ……… 141
8.4 Visual LISP 的文件操作 ………… 142
8.5 退出 Visual LISP ………………… 144
习题 …………………………………… 144

第9章 编辑源程序代码 ………… 145
9.1 文本编辑工具 ……………………… 145
9.2 文本操作 …………………………… 147
9.3 设置代码格式 ……………………… 150
9.4 检查语法错误 ……………………… 152
习题 …………………………………… 156

第10章 调试程序 ………………… 157
10.1 Visual LISP 调试功能简介 …… 157
10.2 通过实例学习调试程序 ……… 158
10.3 Visual LISP 调试功能 ………… 162
  10.3.1 开始调试任务 ……………… 163
  10.3.2 断点循环 …………………… 163
  10.3.3 使用断点 …………………… 164
10.4 使用 Visual LISP 数据
    查看工具 ………………………… 166
  10.4.1 监视程序 …………………… 167
  10.4.2 跟踪程序 …………………… 170
10.5 修改变量和函数的特性 ……… 176
10.6 "检验"窗口 …………………… 178
10.7 访问 AutoCAD 对象 …………… 183
习题 …………………………………… 186

第11章 编辑及维护 AutoLISP
程序 …………………………… 188
11.1 编译链接程序 …………………… 188
  11.1.1 Visual LISP 编译器 ………… 188
  11.1.2 加载运行已编译程序 ……… 190
  11.1.3 链接函数调用 ……………… 191
11.2 生成应用程序 …………………… 191
  11.2.1 创建新应用程序 …………… 191
  11.2.2 加载和运行 Visual LISP
      应用程序 …………………… 196
  11.2.3 修改应用程序选项 ………… 196
  11.2.4 重新编译应用程序 ………… 197
  11.2.5 更新应用程序 ……………… 197
11.3 多文档环境下的程序设计 …… 197
  11.3.1 理解命名空间 ……………… 198
  11.3.2 查看多名称空间对函数的
      影响步骤 …………………… 199
  11.3.3 运行应用程序于自身的
      名称空间中 ………………… 199
  11.3.4 使文档可以访问函数 ……… 201
  11.3.5 查看 vl-doc-export 在独立名称
      空间 VLX 中的作用 ……… 201
  11.3.6 使用其他 VLX 应用程序访问独立
      名称空间的函数 …………… 202
  11.3.7 引用文档名称空间中的变量 … 202
  11.3.8 在名称空间中共享数据 …… 202
  11.3.9 MDI 环境下的错误处理 …… 203
  11.3.10 在自身名称空间中运行的 VLX
      的错误处理 ………………… 204
  11.3.11 在 MDI 环境下对于使用
      AutoLISP 的限制 ………… 204
习题 …………………………………… 205

第12章 使用 ActiveX ……………… 206
12.1 在 AutoLISP 中使用
    ActiveX 对象 …………………… 207
12.2 AutoCAD 对象模型 …………… 207
  12.2.1 对象属性 …………………… 207
  12.2.2 对象方法 …………………… 210
  12.2.3 对象集合 …………………… 211
12.3 访问 AutoCAD 对象 …………… 211

12.3.1	访问 AutoCAD 应用程序 …… 211	12.11.2	将一系列函数应用到集合中
12.3.2	应用程序对象以下的其他		的每一个对象 …………… 243
	ActiveX 对象 ………………… 212	12.11.3	获取集合中的成员对象 …… 244
12.3.3	过程总结 …………………… 212	12.11.4	释放 VLA 对象和释放内存 …… 245
12.3.4	编程技巧 …………………… 213	12.11.5	处理 ActiveX 方法返回
12.3.5	在 Visual LISP 函数		的错误 ……………………… 245
	中使用 ActiveX ……………… 214	12.12	举例 ………………………………… 246
12.3.6	确定所需的 Visual LISP 函数 … 214	习题	……………………………………… 247
12.4	ActiveX 对象访问 ……………………… 215	**第13章**	**使用反应器** ………………………… 249
12.4.1	查看对象特性 ………………… 216	13.1	反应器基础 ……………………… 249
12.4.2	访问图形对象 ………………… 217	13.1.1	反应器的类型 ……………… 249
12.4.3	访问其他 AutoCAD 对象 …… 218	13.1.2	反应器的回调事件 ………… 250
12.4.4	使用检验工具了解 AutoCAD	13.1.3	反应器的回调函数 ………… 252
	对象的属性 …………………… 222	13.2	生成反应器 ……………………… 255
12.4.5	通过 Help 功能了解 AutoCAD	13.2.1	创建对象反应器 …………… 255
	对象 …………………………… 225	13.2.2	创建其他反应器 …………… 258
12.5	在 Visual LISP 函数中使用	13.2.3	将数据附着到反应器对象 …… 259
	ActiveX 方法 …………………… 225	13.2.4	在多重名称空间中
12.5.1	查找所需要的函数 …………… 226		使用反应器 ………………… 259
12.5.2	确定函数参数 ………………… 227	13.3	查询、修改和控制
12.5.3	将 Visual BASIC 环境下的语句		反应器的状态 …………………… 260
	改写为 AutoLISP 表达式 …… 227	13.3.1	查询反应器 ………………… 260
12.5.4	转换数据类型为 ActiveX 型 …… 228	13.3.2	修改反应器 ………………… 262
12.6	AutoCAD 实体名和 VLA 对象	13.3.3	控制反应器的状态 ………… 264
	之间的转换 ……………………… 236	13.4	临时反应器和永久反应器 ……… 265
12.7	修改图形对象的属性 …………… 237	13.5	反应器的使用规则 ……………… 266
12.8	确定方法或属性是否适用于	13.6	定义反应器实例 ………………… 267
	特定对象 ………………………… 238	习题	……………………………………… 271
12.9	确定是否可以修改对象 ………… 239	**附录**	………………………………………… 272
12.10	使用参数带回返回值的	附录 A	AutoLISP 函数概要 …………… 272
	ActiveX 方法 …………………… 240	附录 B	标准 ASCII 码表 ……………… 283
12.11	使用集合对象 …………………… 241	附录 C	联机程序错误代码 …………… 285
12.11.1	将某一个函数应用到集合中	**参考文献**	…………………………………… 288
	的每一个对象 ………………… 241		

第1章 Visual LISP 语言概述

1.1 LISP 语言

LISP（List Processing Language）是表处理语言，主要用于人工智能（AI）、专家系统、机器人、博弈和定理证明等领域。LISP 最初是作为书写字符与表的递归函数的形式出现的，也称为符号式语言。该语言于 1958 年由美国麻省理工学院（MIT）的 AI 小组提出，1960 年由 MIT 的 John. McCarthy 教授整理成为 LISP1.0 版发表。以后陆续出现的 LISP1.5、LISP1.6、MacLISP、InterLISP、CommonLISP、GCLISP、CCLISP 等变种。在众多流行的 LISP 语言版本中，使用最广泛的是 InterLISP、MacLISP 和 CommonLISP。LISP 是继 FORTRAN 之后出现的第二个古老的计算机高级语言，至今使用五十多年仍受重视，并为人工智能语言的发展做出了不可磨灭的贡献。因此，LISP 是一门历史悠久，用途广泛，功能极强的人工智能程序设计语言。

LISP 语言的发展经历了如下几个时期：

1）酝酿时期（1956—1958），这个时期形成了 LISP 的基本思想。

2）实现与应用时期（1958—1962），这个时期的发展基本上是单线的。

3）"百家争鸣"时期（1962—1984），在这个时期 LISP 的发展呈现多样化，形成了多种 LISP 语言，支持 LISP 的机器也越来越多。不同的机构、团体在开发 LISP 语言的同时，在一定程度上对 LISP 的发展也做出了贡献。

4）标准化时期（1984 至今），LISP 语言的发展进入了标准化时代。1981 年夏 B. K. Steele 开始编写 Common LISP 手册，并试图进行标准化，直到 1983 年初，Common LISP 语言基本达到了预期的目标：① 公用性：成为一种公用的 LISP 语言；② 可移植性；③ 一致性：解释器和编译器应保证语义相同；④ 丰富的表达能力：吸取各种方言的优点；⑤ 兼容性：与 ZetaLISP、MacLISP 和 InterLISP 兼容；⑥ 效率：提供一个优化编译器；⑦ Common LISP 是一个系统构造语言；⑧ 稳定性。

1987 年，ISO 成立了一个工作小组 WG16，讨论 LISP 的标准化、国际化。其目标是未来的 LISP 语言应该具有商业价值分层，内部是一个 Kernel LISP。在 1992 年 ISO 草拟了一个 Kernet LISP 草案，并不断完善，形成标准，这个标准被大多数解释器和编译器所接受。

LISP 语言具有其他高级语言不可比拟的特征。它具有深厚的理论基础，丰富的表达能力，较强的可塑性，也提供了操作系统的许多设施，如命令解释器、文件管理、多任务等。所有这些特征为符号计算和人工智能研究提供了一个方便的工具。

1.2 AutoLISP 语言

AutoLISP 是由 Autodesk 公司为二次开发 AutoCAD 而专门设计的编程语言，它起源于 LISP 语言，并嵌入在 AutoCAD 的内部，是 LISP 语言和 AutoCAD 有机结合的产物。

AutoLISP 采用了和 CommonLISP 最相近的语法和习惯约定，具有 CommonLISP 的特性，但针对 AutoCAD 又增加了许多功能。它既有 LISP 语言人工智能的特性，又具有 AutoCAD 强大的图形编辑功能。可以把 AutoLISP 程序和 AutoCAD 的绘图命令透明地结合起来，使之成为一体，还可以实现对 AutoCAD 图形数据库的直接访问和利用；AutoLISP 语言可以自动绘制各种复杂的图形，定义新的 AutoCAD 命令，驱动对话框，为 AutoCAD 扩充智能化、参数化。

AutoLISP 解释程序位于 AutoCAD 软件包中。需要指出的是 AutoCAD R2.17 及更低版本中并不包含 AutoLISP 解释程序，只有 AutoCAD R2.18 及更高版本才可以使用 AutoLISP 语言。

1. AutoLISP 的优点

1）源于 LISP 的 AutoLISP 语言语法规则简单，灵活且易学易用。

2）功能函数强大，编写环境简单。

3）可根据需求对 AutoCAD 进行二次开发，实现对 Auto CAD 的图形实体和各种参数表的数据进行存取和编辑，易于交互。

4）解释执行。

2. AutoLISP 的缺点

1）功能单一，综合处理能力差。

2）解释执行，程序运行速度慢。

3）缺乏很好的保护机制，源程序保密性差。

4）LISP 用表来描述一切，并不能很好地反映现实世界和过程，与人的思维方式不一致。

AutoCAD 软件包中包含的命令大多数是用于绘制和修改图形的，但仍有某些命令未被提供。如，AutoCAD 中没有图形文本对象内绘矩形及作全局改变的命令，但是通过使用 AutoLISP 语言编程就可实现在图形文本对象内绘制矩形或作全局选择性改变的操作。事实上，可以用 AutoLISP 编写任何程序，或把它嵌入到菜单中，这样定制的系统效率会有很大的提高。

1.3 Visual LISP 语言

Visual LISP 是 Autodesk 公司在 1997 年的 AutoCAD14 版本中推出的。是为加速 AutoLISP 程序开发而设计的软件开发工具，是一个完整的集成开发环境（IDE）。它增强并扩展了 AutoLISP 语言，可以通过 Microsoft ActiveX Automation 接口与对象交互，并扩展了 AutoLISP 响应事件的能力。Visual LISP 集成开发环境包括文本编辑器、格式编排器、语法检查器、源代码调试器、检验和监程管理系统、上下文相关帮助等。Visual LISP 用户界面良好，用过 Microsoft 软件的用户只需很短的时间即可掌握它。

Visual LISP 兼容 AutoLISP 程序。在 Visual LISP 集成环境下可以便捷、高效地开发 AutoLISP 程序，可以经过编译得到运行效率高、代码紧凑、源代码受到保护的应用程序。

Visual LISP 是新一代的 AutoLISP 语言，它对 AutoLISP 语言的功能进行了扩展，可以通过 Microsoft ActiveX Automation 接口与 AutoCAD 对象进行交互，可以通过反应器函数扩展

AutoLISP 响应事件的能力。使用 Visual LISP 中对 AutoLISP 进行扩展的功能时，必须调用 vl－load－com 函数，或将调用该函数的表达式写 acad * doc.lsp 文件内（*为通配符，代表 AutoCAD 的不同版本）。

　　Visual LISP 既是 LISP 编辑器又是编译器，提供一套简单的可视化环境来开发和维护原有的 AutoLISP 源程序。比其他的 AutoCAD 编程语言（AutoLISP，ADS，VB，ARX）更灵活，更先进，更易用，并且 Visual LISP 对硬件没有任何特殊的需求，只要能运行 AutoCAD 的系统即可运行 Visual LISP。Visual LISP 作为一个完整的集成开发环境（IDE），具有自己的窗口和菜单，但它并不能独立于 AutoCAD 运行。当用户从 Visual LISP IDE 中运行 AutoLISP 程序时，经常需要与 AutoCAD 图形交互或在命令窗口响应程序提示。当 Visual LISP 把控制传给 AutoCAD 时，AutoCAD 已被最小化，用户必须手动恢复并激活 AutoCAD 才可继续，Visual LISP 不会自动恢复 AutoCAD 窗口。相反，Visual LISP 窗口中会出现并保持一个 Visual LISP 的符号，直到激活 AutoCAD 并响应了在 AutoCAD 命令提示处的提示。

1. Visual LISP IDE 的主要组成部分和功能

　　（1）语法检查器　可识别 AutoLISP 语法错误和调用内置函数时的参数错误。

　　（2）文件编译器　改善了程序的执行速度，并提供了安全高效的程序发布平台。

　　（3）源代码调试器　专为 AutoLISP 设计，利用它可以在窗口中单步调试 AutoLISP 源代码，同时还在 AutoCAD 图形窗口显示代码运行结果。

　　（4）文字编辑器　可采用 AutoLISP 和 DCL 语法着色，并提供其他 AutoLISP 语法支持功能。

　　（5）AutoLISP 格式编排程序　用于调整程序格式，改善其可读性。

　　（6）全面的检验和监视功能　用户可以方便地访问变量和表达式的值，以便浏览和修改数据结构。还可浏览 AutoLISP 数据和 AutoCAD 图形的图元。

2. Visual LISP 的特点

　　Visual LISP 是 Autodesk 公司为 AutoLISP 提供的一个完整的开发环境，从 R14 版开始，AutoCAD 支持 Visual LISP 开发工具。Visual LISP 是一个可视化的 LISP 语言开发环境，它是 AutoLISP 语言的扩展和延伸。Visual LISP 具有以下特性：

　　（1）在完全可视化的开发环境下编写、调试程序。

　　（2）Visual LISP 程序经过编译后，提高了运行性能和保密性。

　　（3）LISP 代码通过 AutoCAD R14 的 Object ARX 接口，提高了程序的运行速度。

　　（4）Visual LISP 是一个被建立并装载的 Object ARX 应用程序，可以在 AutoCAD 外部装载和更新。

　　（5）Visual LISP 与 AutoLISP 完全兼容，因为 Visual LISP 将它的程序语法设计成与 AutoLISP 相同，并还新增了许多函数和系统变量，这使得 AutoCAD 的应用程序开发工作变得更加容易。

　　（6）功能强大的整合开发环境。Visual LISP 整合了 AutoLISP 程序开发时所需的几大主要工具和功能，包括：

　　① Visual LISP 采用 Compile-during-Load 技术，达到与 AutoLISP 完全兼容的境界。

　　② Visual LISP 采用可支持 AutoLISP 与 DCL 色彩编码以及其他 AutoLISP 语法的全屏幕文本编辑器。这样将方便用户输入 AutoLISP 源程序，并通过色彩编码对源程序的不同部分加

以区分，达到改善 AutoLISP 源程序可读性的目的。

③ Visual LISP 支持多种检查器，其中，语法检查器可以用来检查 AutoLISP 程序结构错误和内部函数中的变量错误。综合检查器可以提供对数据结构中变量和表达式值的浏览和编辑功能。

④ 将 Visual LISP 的动态调整功能用于专门调整 AutoLISP 源程序及其灵活性。它可以在一个窗口单一执行 AutoLISP 的源代码，在 AutoCAD 窗口中同时显示程序执行的效果。

⑤ Visual LISP 先进的源程序编译器可以将 AutoLISP 的源程序编译成二进制文件。这将大力改善程序的执行速度与安全性。

综上所述：Visual LISP 是一种将 AutoLISP 语言的优点完全保留，克服其缺点，并与最新的程序设计技术相结合的全新的整合开发系统，它已经成为 AutoCAD 的下一代语言标准。Visual LISP 也将充分地利用现有的 AutoLISP 资源，极力保护用户投资，所以它的推出已引起广大的 AutoCAD 用户及专业开发人员的强烈兴趣。

3. Visual LISP 为 AutoLISP 应用程序提供 3 种文件格式选项

（1）读取 LSP 文件（.lsp） 包含 AutoLISP 程序代码的 ASCII 文本文件。

（2）读取 FAS 文件（.fas） 单个 LSP 程序文件的二进制编译版本。

（3）读取 VLX 文件（.vlx） 一个或多个 LSP 文件和/或对话框控制语言（DCL）文件的编译集。

注意：名称相似的 AutoLISP 应用程序文件的加载由它们的编辑时间决定。除非指定完整的文件名（包括文件扩展名），否则将加载最近编辑过的 LSP、FAS 或 VLX 文件。

1.4 Visual LISP 的编程环境

1.4.1 Visual LISP 集成开发环境的界面

1. 启动 Visual LISP

由于 Visual LISP 集成于 AutoCAD 系统内部，因此用户必须先启动 AutoCAD，然后才能进入 Visual LISP IDE 环境。启动 Visual LISP 的方式为：

菜单："Tools（工具）"→"AutoLISP"→"Visual LISP Editor（Visual LISP 编辑器）"

命令行：vlide（或 vlisp）

启动 Visual LISP，进入 Visual LISP IDE 环境，其集成开发环境（IDE）的主界面如图 1-1 所示。

各组成部分的说明如下：

（1）菜单栏 通过选取各菜单项的选项执行 Visual LISP 命令。

（2）工具栏 提供了对常用 Visual LISP 命令的快速调用。Visual LISP 共提供了 5 个工具栏："Standard（标准）"、"Search（搜索）"、"View（视图）"、"Debug（调试）"和"Tools（工具）"如图 1-2 所示，每个工具栏各自代表不同功能的命令组。

第1章　Visual LISP 语言概述

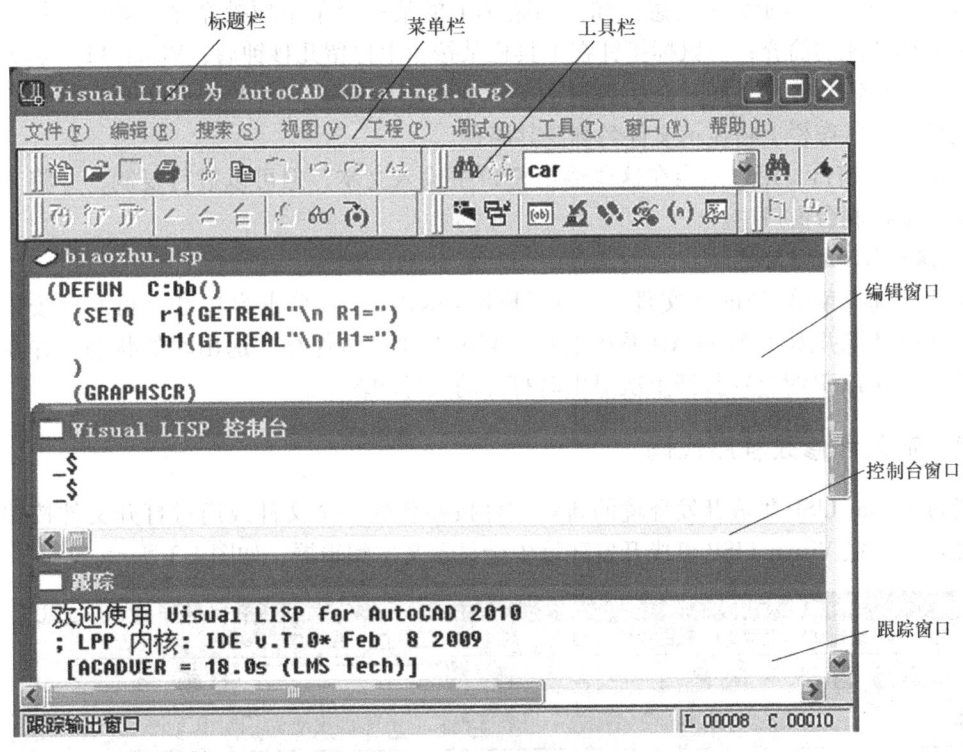

图 1-1　Visual LISP IDE 的主界面

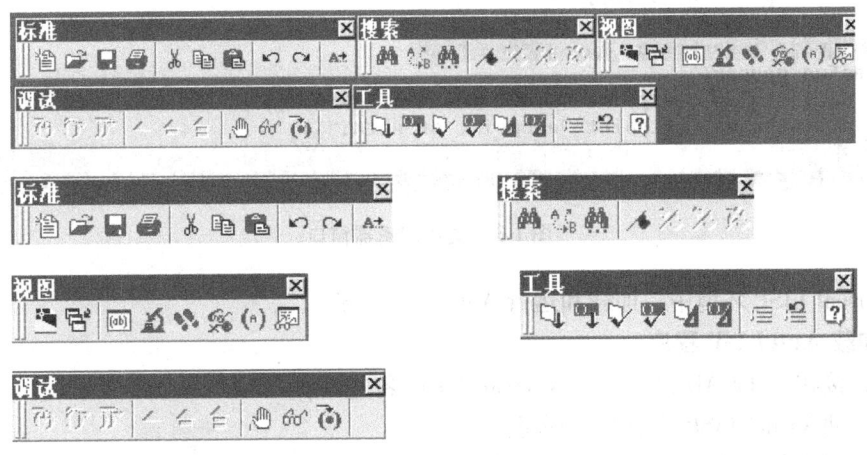

图 1-2　Visual LISP 的工具栏

（3）编辑窗口　用于编辑 LISP 文件代码。如果用户同时编辑多个文件，则 Visual LISP 使用多个编辑窗口来分别显示文件。

（4）控制台窗口　类似于 AutoCAD 的命令窗口，可在其中输入 AutoLISP 命令，也可以不使用菜单或工具栏而直接在控制台窗口中调用 Visual LISP 命令。

（5）跟踪窗口　在启动 Visual LISP 后，窗口将显示 Visual LISP 当前版本的信息。如果 Visual LISP 在启动时遇到错误，它还会包含相应的错误信息。

(6) 状态栏 显示提示信息。如，当菜单上的某一个菜单项被亮显，则状态栏上将显示相关命令功能的简介；当鼠标指针在工具栏某按钮上停留几秒钟后，Visual LISP 将显示工具提示说明按钮功能，并同时在状态栏上显示更详细的描述；当 Visual LISP 在编辑窗口中打开文件时，状态栏上将显示文件名称及其路径。

(7) 其他窗口 用户不能在这些输出窗口中输入文本，但可以进行复制，并将其粘贴到编辑器或控制台窗口中。

2. 退出 Visual LISP

用户可选择菜单"File（文件）"→"Exit（退出）"或单击窗口右上角的⊠按钮退出 Visual LISP 环境并返回 AutoCAD 系统窗口。Visual LISP 将保存其退出时的状态，并在下一次启动 Visual LISP 时自动打开上次退出时打开的文件和窗口。

1.4.2 输入和修改程序代码

通过 Visual LISP 集成开发环境的新建文件按钮新建一个文件或通过打开文件按钮打开已有文件后，在 Visual LISP 集成开发环境中会显示文本编辑器，如图1-3 所示。

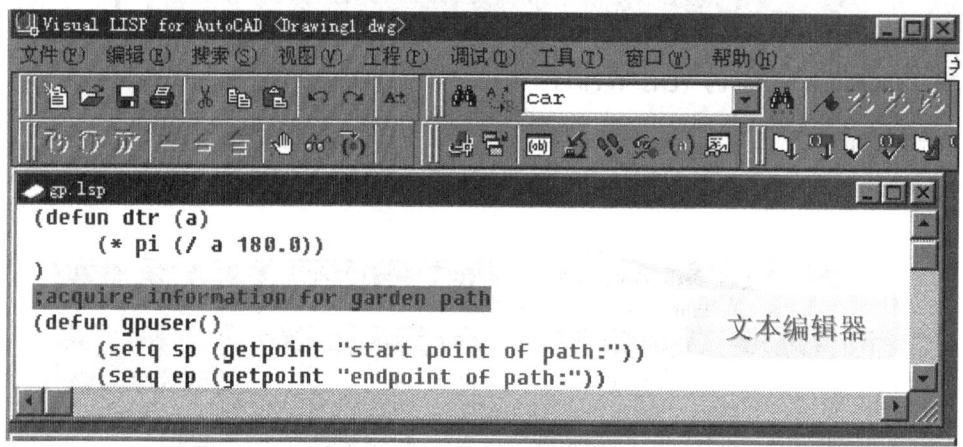

图1-3 文本编辑器窗口

在 Visual LISP 环境中，加载和运行 AutoLISP 程序。

1. 加载 AutoLISP 程序

1）直接在 AutoCAD 命令行输入 Load "文件名［.lsp］"。
2）启动 Visual LISP 集成开发环境。
3）编写新程序或打开已有的 AutoLISP 程序。
4）选择"工具"→"加载编辑器中的文字"。

2. 运行 AutoLISP 程序

1）按照"defun c：<函数名>"格式定义函数。
在 $_提示符后键入：(c:函数名)后按<Enter>键。
2）需要参数时在函数名与参数间应加空格，如图1-4 所示。

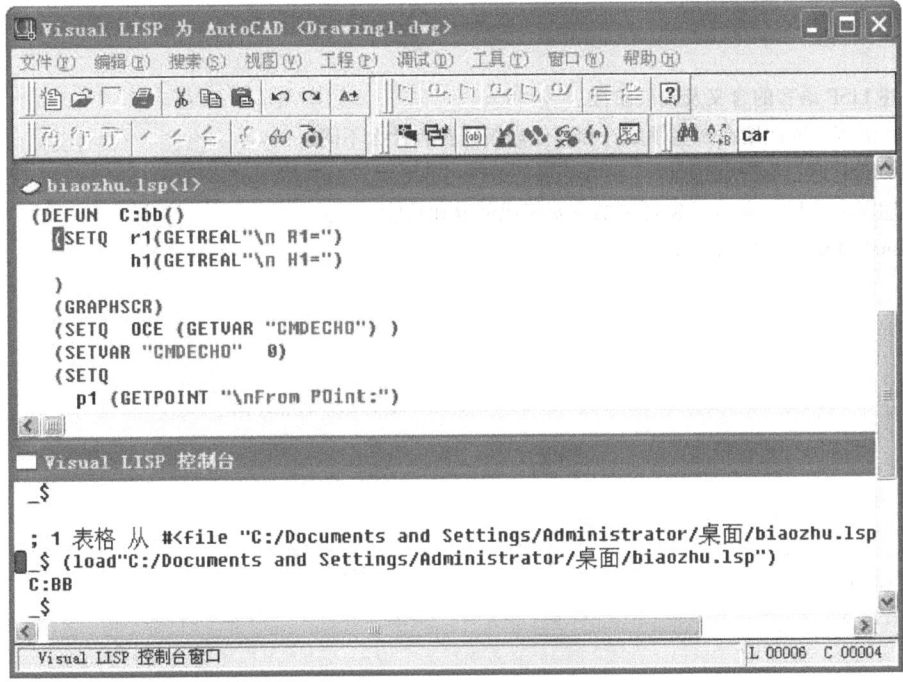

a)

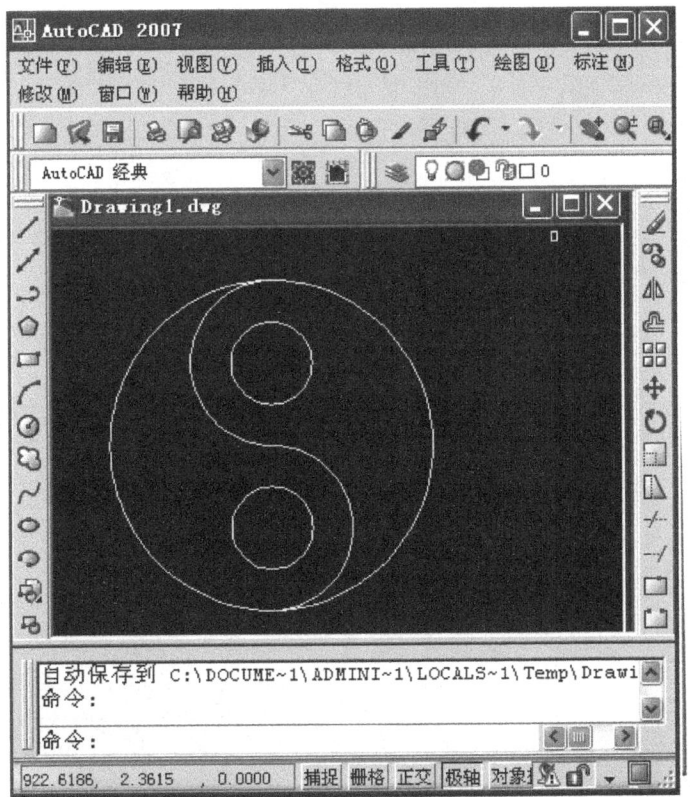

b)

图 1-4 程序编辑、运行窗口

a) 程序编辑窗口　b) 程序运行窗口

习　题

1. 简述 LISP 语言的含义及发展阶段。
2. LISP 语言主要应用在哪些领域？和其他高级语言有什么不同？
3. AutoLISP 语言有哪些特点？
4. 简述 Visual LISP 集成开发环境的主要组成部分和功能。
5. Visual LISP 语言的特点是什么？

第 2 章 数据类型、表

AutoLISP 语言的数据类型丰富,除了一般程序设计语言具有的整型、实型、字符串等类型外,还有表、函数、AutoCAD 选择集、AutoCAD 图元名、VLA 对象、函数分页表和外部函数等数据类型。

AutoLISP 语言常用数据类型有如下几种:

整数	(INT)
实数	(REAL)
符号	(SYM)
字符串	(STR)
表(及用户定义的函数)	(LIST)
文件描述符	(FILE)
AutoLISP 的内部函数	(SUBR)
AutoCAD 的选择集	(PICKSET)
AutoCAD 的实体名	(ENAME)
函数分页表	(PAGETB)

本节只介绍前 5 种数据类型,其他类型将在后面相应的章节中介绍。

在上述数据类型中,前 4 种称为原子(ATOM),原子中包括数字原子(整型数和实型数)、符号原子和串原子。

AutoLISP 语言最基本的数据类型是原子和表,称为符号表达式(Symbolic-Expression),如图 2-1 所示。其中原子(ATOM)是表的最基本元素,它本身只是一个值或符号。

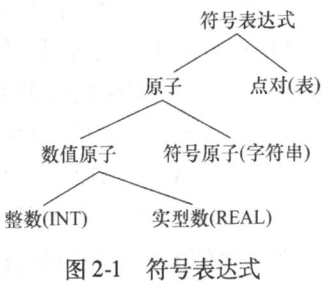

图 2-1 符号表达式

2.1 数据类型

2.1.1 原子

1. 整数

整数(INT)由数字和正负号组成,正号可以省略。AutoLISP 支持 32 位有符号整数,范围为 -2147483648 ~ +2147483647,如整数超出此范围,计算机将提示出错信息。

注意:在实际应用中,若设定和计算结果超出 AutoLISP 语言的整数范围时,可改用实型数。

2. 实型数

AutoLISP 支持双精度实数,并且至少有 14 位的精度。对于纯小数小数点前面的前导 0 不能省略。

双精度实数（DOUBLE），是以 8 个字节存储的实数，共有 64 个位，在内存中的存储方式见表 2-1。实型数范围为 $-1.797693 \times 10^{308} \sim +1.79793 \times 10^{308}$。

表 2-1 实型数在内存中的存储方式

位	63	62	61 ~ 52	51 ~ 0
用途	符号位（+/−）	指数符号位（+/−）	指数位	基数位

其中：指数部分有 10 位，即 $2^{10} = 1024$；基数用 52 位存储一个 0 到 1 之间的纯小数，即 2^{52}。

测试实数范围，可用（EXPT）函数实现。例如：

命令：(EXPT 10.0 308)　　　　　；1.0e + 308
命令：(EXPT 10.0 308.55)　　　；1.#INF；Overflow
命令：(EXPT 10.0 −308)　　　　；错误：出现异常：0xC0000093

实型数（REAL）也可采用科学计数法表示，如 0.12×10^{19} 可表示为 0.12E + 19（或 0.23e + 19）。

注：双精度实数的有效位可达 16 位，但实际中用 14 位，这里考虑了误差的因素，而 AutoLISP 指令行响应的一般为 6 位有效数字。

3. 符号

1）符号（SYMBOL）包括除左右圆括号"( )"、小数点"."、单引号"'"、双引号""""、分号";"及全部由数字组成的字符之外的任何可打印字符。

2）符号原子的长度没有限制，命名时要以能够表达清楚变量的含义为主，但尽量不要超过 6 个字符，否则要占用额外的内存，降低运行速度。

3）在 AutoLISP 中符号的大小写是等效的，如以下的符号原子都是合法的。

　　A　　A12　　PC　　X-38-6　　*A

4）AutoLISP 中的任何符号都是有值的，即符号都要赋予一定的数值，或者说符号总是约束在一定值上。一般用赋值函数 SETQ 进行赋值。

例如：　　　　(SETQ x 25.0)

其含义是将 25.0 赋给 x，这时 x 的当前约束值即为 25.0。一个符号在使用前如没有赋任何值，则该符号的值为 NIL（空），它不占用内存空间。

5）符号名最好不要使用 AutoLISP 的内部函数名、常量名称、AutoCAD 的命令、系统变量、acad.pgp 文件内定义的外部命令等。

注意：为区别起见，常用"符号"来指存储静态数据的一个符号名，例如内部函数名和用户定义函数名就是一个符号。

用"变量"来指存储程序数据的符号名，如 (SETQ x 25.0) 中的变量名为 x，它的值为 25.0。AutoLISP 程序中每一个变量都要消耗内存，故当变量值不再有用时，重复使用变量名或将变量值设置成 NIL 是良好的程序设计习惯。符号名或变量名不能包含空格字符或分隔符，并总是以字母开头。

6）常量：在程序运行过程中其值保持不变的量称为常量；AutoLISP 有 4 个内建常量，用户在设定变量或自定义函数时，要避免和这 4 个常量同名：

T/t	逻辑真值。	
NIL/nil	逻辑假值,同时也代表空值(或空表)。	
Pi	圆周率 π 值,约等于 3.141592654。	
Pause	双反斜线"\\"字符,用于(COMMAND)函数等待用户输入。	

4. 字符串

字符串(STR)是由包含在一对双引号内的一组字符组成的,如:

"ABC"　　"135"　　"Ab C"　　" "

字符串可以包括任何可打印的字符。字符串中字母的大小写及空格都是有效字符。若字符串中没有任何字符,则为空串""。

当用户在 AutoLISP 表达式中直接使用用双引号括起来的字符时,该值被称为字符串常量。

如:" string 1"和"\n Enter first point:" 都是有效的字符串常量。

在用引号括起来的字符串中,用反斜杠" \ " 字符可以添加控制字符,即反斜杠" \ "与小写字母组成的控制字符,控制字符及含义见表2-2。

表2-2　控制字符及含义表

控 制 字 符	含　　义	用 ASCII 码表示
\\	表示反斜线" \ " 字符	\114
\"	表示双引号"""	\042
\e	表示换码字符(Esc)	\033
\n	表示换行	\012
\r	表示回到行首	\015
\t	表示移到下一个定位(Tab)	\011
\nnn	表示八进制码为 nnn 的字符	

注意:"\" 后面的字符 e、n、r、t 必须为小写字母。

2.1.2　表和点对

1. 表

在 AutoLISP 语言中,表(LIST)作为一种基本的数据类型,有如下特点:

1)表是指放在一对相匹配的左、右圆括号中的一个或多个元素的有序集合。

2)表中的每一个元素可以是任何类型的符号表达式,既可以是数字、符号、字符串,也可以是表。

3)表中元素与元素之间至少要用一个空格隔开,而元素与括弧之间可不用空格,因为括弧本身就是有效的分隔号。

例如:　　(15　(a　b)　c　d)

在此例中,表内有4个元素,即15、(a　b)、c 和 d,其中第二个元素又是一个表。

4)表是可以任意嵌套的,上例表中即嵌套了一个表(a　b)。表可以嵌套很多层,从外层向里依次编号为0层(也称顶层)、1层、2层……,我们所说的表中的元素是指表的顶层元素,即0层元素。

5）表中元素是有顺序的，从左向右，第一个元素的序号为0，第二个元素的序号为1，…，第 n 个元素的序号为 $n-1$。

6）表中顶层元素的个数称为表的长度。没有任何元素的表称为空表。空表用( )或 NIL 表示。在 AutoLISP 语言中，NIL 是一个特殊的符号原子，它既是原子又是表。

7）表有两种基本类型：标准表和引用表。

标准表：标准表是 AutoLISP 程序的基本结构形式，AutoLISP 程序是由标准表组成的。标准表用于函数的调用，其中第一个元素必须是系统内部函数或用户定义的函数，其他的元素为该函数的参数，如上面提到的赋值函数的调用，即采用标准表的形式。

    (SETQ x 25.0)

表中第一个元素 SETQ 为系统内部定义的赋值函数，x 和 25.0 均为 SETQ 的参数。

引用表：这种表第一个元素不是函数，这种表不作为函数调用，通常作为数据处理，在程序中以如下两种形式存在：

'(a d b)

或：(QUOTE (a d b))

引用表的一个重要应用是表示图中点的坐标。当表示点的坐标时，表中的元素是用实型数构成的。

2. 点对

点对（DOTTED PAIR）也是一种表，该表中只有两个元素，两元素中间为一圆点"."，且圆点与元素之间必须用空格分开。

例如：(A . B)就是一个点对，A、B 与圆点均用空格分开，其中第一个元素 A 为该点对的左元素，第二个元素 B 为点对的右元素。点对亦可任意嵌套。当使用点对时，切记要注意它的书写格式。

例如：(X . (B . (Y . Z)))为合法点对，而(X . (B . Y) . Z)为非法的。

点对常用于构造关联表。

表的存储结构：表是一种数据结构，表的存储是一种串行结构。

例如：(1 2 3 (A B) 5 6)的存储结构，如图2-2所示。

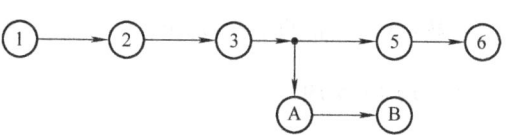

图2-2 表的存储结构

2.1.3 其他类型

1. 函数

函数（SUBS）分为内部函数和外部函数。

AutoLISP 提供的或用 AutoLISP 语言定义的函数为内部函数。用 ADS、ADSRX 或 ARX 定义的函数为外部函数。例如 sin、cos、sqrt 为内部函数。运算符在 AutoLISP 里属于内部函数，例如" + "、" - "、" * "、" / "、" < "、" < = "、" > "等。

2. 文件描述符

文件描述符（FILE）是 AutoLISP 赋予被打开文件的标志号。下面的例子是以"读"的方式打开文件 myfile.dat，并将该文件的描述符赋予符号 f1。

(setq f1 (open "myfile.dat" "r")) 返回 <File:#34614>

3. 图元名

图元名（ENAME）是 AutoCAD 为图形对象指定的 16 进制的数字标志。AutoLISP 通过该标志，找到该图形对象在数据库中的位置，以便对其进行访问或编辑。

4. 选择集

选择集（PICKSET）是一个或多个图形对象命名的集合。可通过 AutoLISP 程序建立选择集、向指定的选择集添加或移除图形对象，通过选择集可以对其内指定的成员进行访问或编辑。

5. VLA 对象

VLA 对象是 ActiveX 应用程序的主要组成部分。不仅直线、圆弧、多义线和圆等都被称为 VLA 对象，图层、组、块、视图、图形的模型空间、图纸空间、线型和尺寸标注样式等也被称为 VLA 对象，甚至 AutoCAD 本身也被认为是 VLA 对象。

2.1.4 AutoLISP 的程序结构

AutoLISP 处理的对象是符号表达式（简称表达式）。表达式相当于其他编程语言中程序语句。

2.1.4.1 表达式的构成

表达式是由原子或表构成的。

原子可分为数原子、串原子和符号原子。数或串原子的值是数或串本身，符号原子的值是赋给该符号的值。例如：5、12.5、"ABC"是单个原子构成的表达式。

多数情况下，表达式以表的形式存在，其格式如下：

(函数名[变元]…)

变元的数量可以是 0 个，或多个，取决于具体函数。每个参数还可以是一个表达式。

注意：表达式形式的表，左圆括号之后的第一个元素必须是函数名。

2.1.4.2 表达式的求值过程

在 LISP 语言中，函数之间不存在是否优先的关系，运算的先后顺序只能通过表的层次来实现，最里层的表最先被求值，把求值的结果返回给外层表，直至求值完毕。

例如，表达式(setq x(*(+ a b)c))的求值顺序是，先求出最内层 a 与 b 之和，然后求出 a、b 之和与 c 的积，将求得的积赋给 x，最后返回 x 的值。

在 AutoCAD 的命令提示符下，输入一个表达式，AutoCAD 将计算该表达式并返回计算结果。AutoCAD 至多显示 6 位小数。

例如，在 AutoCAD 的命令提示符下，键入(sin 0.5)后回车，返回 0.479426。

如果输入的信息或从文件中读入的表达式不正确，将显示出错信息，最常见的出错信息是：(((_>

它表示缺少与左圆括号匹配的右圆括号，"("的个数即为缺少右圆括号的数量。如果出现该信息，输入与所提示的左圆括号相等的右圆括号即可。由于所缺的右圆括号不一定都是最后的，所以可能产生错误的结果。

如果遗漏了与左端双引号匹配的右端双引号，显示的出错信息为：("_>

在这种情况下输入匹配的双引号也不一定使表达式能正常求值。此时只能按<Esc>键终止当前的输入，重新输入表达式。

2.1.4.3 表达式的求值规则

1）整型数、实型数、字符串，以它们本身的值作为求值结果。

2）符号以它们当前的约束值作为求值结果。

3）表是根据其第一个元素进行求值。

① 如果第一个元素或第一个元素的计算结果是一个函数名，那么以表中剩余的元素作为该函数的参数，计算出该函数的值。

例如，表达式：（+（* 2 3）（/ 50 3））

先计算最内层的表达式（* 2 3）和（/ 50 3），将结果 6 和 16 返回给其外层表达式，原表达式变为：（+ 6 16），继续计算表达式（+ 6 16），返回 22。

② 如果第一个元素是一个表，该表不是调用而是定义函数，若语法正确，首先定义这个函数，然后继续对表达式进行求值。

③ 如果第一个元素既不是函数名，也不是定义函数，将停止求值并显示出错信息。

例如（25 a b c），将停止求值并显示"error：bad function：25"，因为 25 是非法的函数名，所以显示 25 是坏函数的出错信息。

又如（fx a b c），将停止求值并显示"error：no function definition：FX"，指出没有定义 FX 这个函数。

④ 用 quote 函数可以禁止对表求值。

对于不需求值而直接整体引用的表，如将一个表示三维点的表（3 2 1）赋给变量 p，正确的赋值为：(setq p (quote (3 2 1))) 或(setq p '(3 2 1))。

quote 是 AutoLISP 程序中使用最多的函数，因此该函数可用一个单引号"'"表示。例如(quote (10 20))可以表示为'(10 20)。如果将（10 20）这个二维点赋给变量 p2，可写成：(setq p2 '(10 20))。

2.1.4.4 数据的存储结构

计算机的内存由许多编了码的内存单元组成。一个特定内存单元的编号称为内存地址。内存单元的内容可以是数字，也可以是内存单元的编号（即地址）。当单元的内容是地址时，这个内存单元被称为是指向另一个内存单元的指针。如果一个内存单元分为左、右两部分，分别存放两个内存单元的地址，那么，这个内存单元就具有左、右两个指针，这种内存单元被称为节点。AutoLISP 通过这样的一些节点构成链表，并以链式方式存储各种数据。

1. 符号

创建一个符号，如（setq radius 10），需要 3 个节点。一个节点链接到符号原子表的链尾并指向存放符号名的节点，一个节点存放符号名和存放符号值的指针，最后一个节点存放符号的值，如图 2-3a 所示。如果符号的长度超过 6 字符，例如（setq fillet_radius 5），需要申请存放符号名的存储空间，用原来存放符号名的半个节点作为指向存放符号名的指针，如图 2-3b 所示。

2. 字符串

字符串在内存中是连续存储的。

3. 表

表通过一组节点来存储。这些节点用右指针指向各自下一个元素的地址，最后一个节点

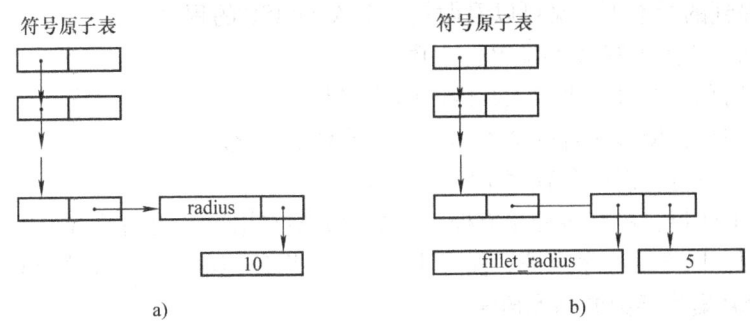

图 2-3 符号的存储结构

a）符号长度小于 6 字符的存储结构　b）符号长度超过 6 字符的存储结构

的右指针为空，用左指针指向各自的元素。

图 2-4 所示依次是表（A B C D）、（A（B C）（D E））和（setq x（+（* a b）（/ c d）））的存储结构。

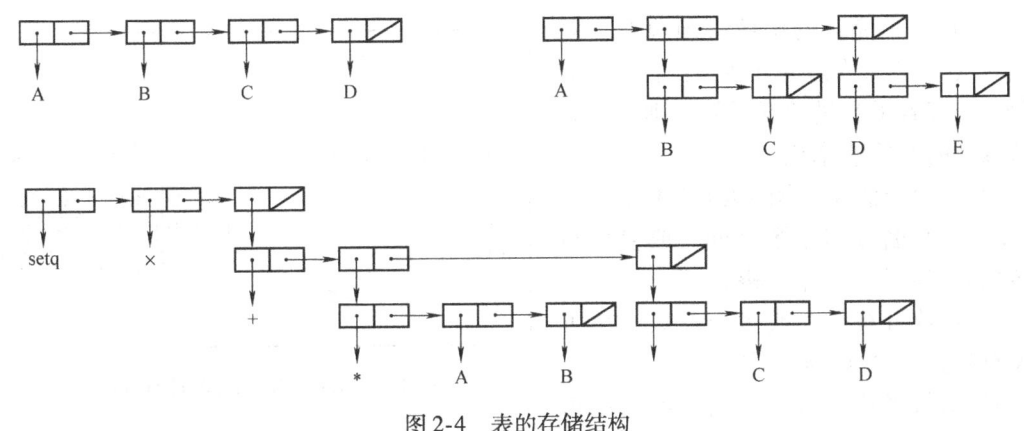

图 2-4 表的存储结构

4. 点对

点对（dotted pair）是一种特殊的表。点对的形式为（原子.原子），如（0 . "LINE"）、（8 . "A1"）、（40 . 15.0）。用一个节点存放点对，节点的左指针指向第一个元素，右指针指向第二个元素。图 2-5a 是只有两个元素（元素为原子）的表的存储结构，图 2-5b 是点对的存储结构。从图 2-5 中不难得出结论，两个元素都是原子的表，用点对会节省存储空间。点对的另一个特点是简化了某些函数对表的运算。

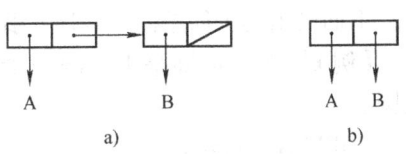

图 2-5 点对存储结构

a）包含两个元素的表的存储结构
b）点对的存储结构

2.1.4.5 AutoLISP 程序的书写规则

1. AutoLISP 程序的书写规则

AutoLISP 语言没有"语句"这一术语，其程序一般是由一个或一系列按顺序排列的标准表所组成。**例如**：

（SETQ x 25.0）

它是上面提到的标准表，又可以看做是一个 AutoLISP 的程序。

建议按照如下原则书写 AutoLISP 源程序：

1）先写出对称的括号，再填入其内的函数和参数。

2）适当地缩排，使程序各标准表间的主从关系明确化。

3）做必要的空行，以区分程序中的各个单元。

4）尽量加上注释，最好将程序流程、变量的类型与用途、用到的 AutoCAD 系统变量与命令都加以说明，以方便程序维护。程序注释可以使用任何语言，且不影响程序的执行。

2. AutoLISP 语言函数的基本语法

在 AutoLISP 程序语言中所有的成分都是以函数的形式出现，AutoLISP 程序就是顺序执行函数。函数的运行过程是对函数的求值过程；AutoLISP 语言表达式是前缀型的表达式，函数的基本语法如下：

（函数名称 参数1 参数2...）

如： （PRINC "AutoLISP Programming"）

说明：

1）每一个完整的函数必须包在一对小括号（ ）内，左边为开括号，右边为关括号；如有若干数量的开括号，则一定有同等数量的关括号对应。

2）左边开括号后紧随函数名称。

3）函数名称与参数之间，或参数与参数之间需最少留一个空格。

4）函数可有一个或多个参数（也可能没有参数），视该函数而定。

5）函数名称不分大小写，即大小写字母视为相同，如图 2-6 所示。

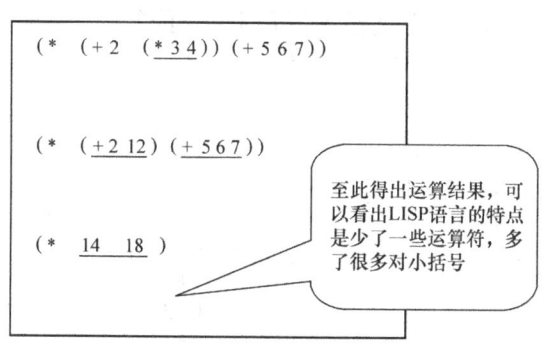

图 2-6　AutoLISP 函数的计算顺序

3. 举例

下面给出几个简单的例程序，我们来体会 LISP 程序的基本结构。

【例 1】在图形屏幕上，画一个如图 2-7 所示圆心在（5　5），半径为 8 的圆。

（DEFUN　mm( )

　（SETQ　r　（GETREAL "\n 半径:" ））

　（SETQ　p　（GETPOINT "\n 中心点:"））

　（COMMAND "circle"　p　r ）

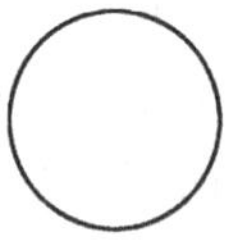

）

程序执行结果如图 2-7 所示。

图 2-7　【例 1】运行结果

【例 2】编程：随机输入两点坐标 p1、p2，求两点距离及两点连线的方位角，并画出此线段，如图 2-8 所示，程序文件名为 PROG1. LSP。

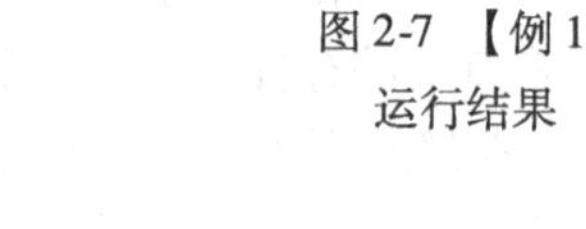

（DEFUN　mm1( )

图 2-8　【例 2】运行结果

```
   (SETQ p1 (GETPOINT "\n p1:")
         p2 (GETPOINT "\n p2:")
   )
   (SETQ  d  (DISTANCE p1 p2))
   (SETQ ang (ANGLE  p1 p2))
   (PRINT d)
   (PRINT ang)
   (COMMAND  "line"  p1  p2  "")      ;在 p1 与 p2 两点间画一条直线
)
```

执行结果：
命令：(LOAD "C:PROG1.LSP")   返回 mm1
命令：(mm1)
命令：p1:30,45
命令：p2:123,89
139.461
　　0.439063　nil

【例 3】 文件名为 PQ.LSP 的 AutoLISP 文件是由以下程序组成的：

```
(DEFUN  mm2()
   (SETQ  x  25.0)
   (SETQ  y  12.2)
   (+ (* x y) x)     ;表示 x*y+x
)
```

以上是由 3 个标准表组成的程序，每个标准表的第一个元素均为系统提供的函数（如：SETQ，+，*）称为系统的内部函数。

4. AutoLISP 语言源程序的书写格式

1) AutoLISP 程序的所有括号都必须左右匹配，由于 AutoLISP 语言的程序是由函数组成，而所有函数又以表结构形式存在。

2) AutoLISP 程序阅读函数时，按照从左到右的规则进行。

3) 函数必须放在表中第一个元素的位置，如：(SETQ x 25.0)中的赋值函数 SETQ 要放在操作数 x 和 25 之前，而不是放在它们的中间，且各参数之间均至少留一个空格。

4) 两个表之间和表内的多余空格和回车是不需要的，一个表可占多行，一行也可写多个表，如：

PQ.LSP 程序可写成如下形式：

```
(DEFUN  mm2()
   (SETQ  x  25.0)  (SETQ y 12.2)(+ (* x y) x)
)
```

5) AutoLISP 程序中可以使用分号";"作注释。注释的作用是对程序作解释。且注释可放在程序中的任何地方。

6) AutoLISP 源程序是扩展名为".LSP"的 ASCII 码文本文件。

执行 AutoLISP 程序就是对一个个函数的调用，AutoLISP 对函数的调用是通过标准表来实现的。函数是 AutoLISP 语言处理数据的工具，学习掌握 AutoLISP 语言，核心就是要掌握 AutoLISP 函数。AutoLISP 函数分为系统内部函数和用户定义的外部函数。AutoLISP 提供了大量的系统内部函数，以满足编程的需要。

5. 学习 AutoLISP 的系统内部函数必须掌握的基本内容

（1）函数调用格式　即函数名、函数要求的参数个数和类型。

（2）函数的功能　即该函数的功能和作用，以及它对其参数如何进行处理。

（3）函数的求值情况　即哪些参数要求值，哪些不被求值。

（4）函数求值结果的返回值类型　这点很重要，因为大多数函数的返回值都要被其他函数接受，而每个函数所需要的参数都有特定的类型。因此只有清楚被调用函数的返回值的类型，才不会因用错函数的参数而出错。

2.2　变量

在 AutoLISP 程序中，用户使用变量来保存信息，用 SETQ 函数建立变量与数据的联系。因此，用户可以使用变量替代常量。用户可以在命令提示符、宏中使用变量，或在 AutoLISP 表达式中使用变量进行计算和逻辑决策。为获得对变量的进一步了解，可查看系统变量。

2.2.1　符号

符号（SYMBOL）可以理解为标志符，用来作为变量、函数的名字。其命名规则是由除"（"、"）"、"·"、"'"、"""、";"字符以外的任何可打印的字符组成：

例如，a1、b2、c_3 是合法的符号，(a、) b、. c、'4、" 5 是非法的符号。

注意：

在 AutoLISP 中，不区分符号的大小，对符号的长度也没有限制，且所有的字符都是有效的。

AutoLISP 语言规定，如果一个符号的长度不超过 6 个字符，就用节点本身存储；否则符号就不能用节点来存储，而是在节点中存放一个指向实际存储符号名的指针。这将会多占用存储空间，而且减慢了执行速度。因此，符号的长度最好不要超过 6 个字符。

2.2.2　变量的数据类型

AutoLISP 变量是指存储静态数据的符号，但是变量在程序运行中是代表有具体数据类型的数据，如果用户仔细阅读 AutoLISP 的系统变量表，就会发现主要有 3 种数据类型：字符串、整型和实型。

数据类型是变量的重要特征，它决定变量所占存储空间的大小。

AutoLISP 语言不需要对变量做事先的类型说明，由变量被赋予值的类型决定。如：(setq a 5)，由于 5 是整型的，所以赋值后，变量 a 就是整型的；同样，执行（setq b 2.5）后，b 是实型；执行（setq c " ABC"）之后，c 就是字符串型。

在程序运行过程中，同一变量在不同的时刻可以有不同类型的值，因此在程序运行过程中，变量代表的数据类型是可以被改变的。

例如，在一个程序里有以下两行

（setq a 5） ；当前变量 a 是整型的。

（setq a "ABC"）；当前变量 a 是字符串类型的。

可以用 type 函数查询变量的数据类型，例如（type a）返回 INT，显示变量 a 是整型的；（type b）返回 REAL，显示变量 b 是实型的，（type c）返回 STR，显示变量 c 是字符串类型。

2.2.3 变量赋值

1. Setq 函数

给一个符号赋予具体的值就创建了一个变量，用 setq 函数为变量赋值，其格式如下：

（setq 变量 1 值 1 [变量 2 值 2 . . .]）

函数依次将每个值赋给对应的变量，要求参数必须成对出现，并返回最后一个表达式的值。

例如：Command：(setq x 1.5 y 20 p "Center")

返回 "Center"

除了为变量 x、y、p 赋值外，还返回最后一个表达式的值 "Center"。

Command：(setq v (setq x 1.5 y 20 p "Center"))

返回 "Center"；

该表达式同时为 x、y、p 赋值，并将内层表返回的结果 "Center" 赋给变量 v，最后返回 "Center"。

创建变量后 AutoLISP 自动指定数据类型，AutoLISP 变量完全独立于 AutoCAD 系统变量，它们可以和 AutoCAD 系统变量重名。每次使用变量或在宏中引用变量、程序和表达式时，程序以最近指定的值替代变量名。但是，不能使用 AutoLISP 函数名作为变量名，否则，在用户退出绘图之前该函数是不能访问的。

2. Set 函数

set 函数为变量赋值的格式为：

（set 表达式 1 表达式 2）

函数返回值为变量的值。

其中：表达式 1 的值必须是符号，执行过程是分别求表达式 1 和表达式 2 的值，再把表达式 2 的值赋给表达式 1 的值。

set 函数与 setq 函数类似，但是 set 函数是对表达式的结果进行赋值，而 setq 函数则仅对参数中的表达式进行求值操作，要求必须是对变量进行赋值，并且该函数可以同时为多个变量赋值，具有串行赋值的特点。

3. Quote 函数

Quote 函数的调用格式是：

（Quote 表达式）

函数的作用是禁止求值器对表达式进行求值，返回没有被求值的表达式。

说明：由于 Quote 函数使用频率较高，因此 AutoLISP 在函数中允许用单撇号（'）来代替 Quote 函数,达到简化程序的目的。

例如:

(quote (+ a 23));返回值为(+ A 23)

(setq x (quote (* 2 4 6)))与(setq x ′ (* 2 4 6))是等价的,返回值均为(* 2 4 6)。

4. Eval 函数

该函数的作用与 quote 的作用相反,调用格式为:

(eval 表达式)

函数运行时,先对表达式进行第一次求值,然后再对求值结果进行二次求值,并将第二次求值结果作为函数的返回值。如:

(eval(quote(+ 23 12)))　　　;返回值为 35

表达式(quote(+ 23 12))的值为"(+ 23 12)",eval 函数再对此函数进行求值得 35,然后将此结果作为返回值返回。

2.2.4 显示变量的值

在 AutoCAD 命令提示区显示变量的值,必须在变量名前添加惊叹号!。例如了解前面已赋值的变量 x、v 的值,操作如下:

Command:! x

1.5

Command:! v

"Center"

Command:! z

nil (假定变 z 尚未被定义)

2.2.5 在交互方式下将变量的值传递给 AutoCAD

在变量前加一个感叹号"!",即可将表达式的值传递给 AutoCAD。例如:

Command:(setq p′(20 10)r 5)

Command:circle.. Specify center point for or [3P/2P/Ttr(tan tan radius)]:

! p.. Specify radius:! r..

即可画出 (20, 10) 半径为 5 的圆。

2.2.6 AutoCAD 的系统变量

在一般情况下,用户不需要对 AutoCAD 的系统变量值做修改和设置,取其默认值就能正常工作。当用户有特殊要求时,须修改相关的系统变量。

1. 用 SETVAR 命令查看系统变量

在 AutoCAD 命令行输入 SETVAR 命令,进入系统变量设置状态,输入变量名和相应的设置值,便可查看相关的系统变量值。(注:在输入变量名时,如果输入"?",可以查看所有的系统变量及其默认值,见图 2-9)。

2. 系统变量的设置方法

(setvar varname value)

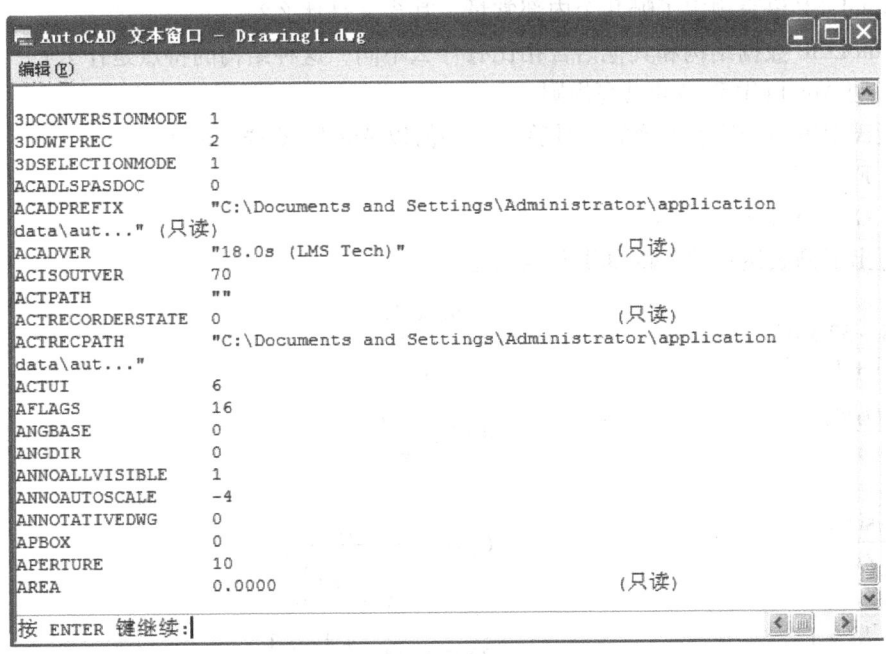

图 2-9　SETVAR 命令查看系统变量

参数：

Varname：命名变量的字符串或符号。

Value：原子或表达式，其计算结果将被赋值给 varname。如果系统变量的值为整数，则 value 的值必须在 -32768 至 +32767 之间。

返回值：如果成功则 setvar 返回 value。

例如：

(setvar "CMDECHO" 0)　关闭命令行回显

(setvar "CMDECHO" 1)　打开命令行回显

将 AutoCAD 圆角半径设置为 0.5 个单位

(setvar " FILLETRAD" 0.50)　返回值为 0.5

3. SETVAR 使用说明：

某些 AutoCAD 命令在给出提示之前，就已经获得了系统变量的值。如果在命令的执行过程中使用 SETVAR 函数为某个系统变量设置新值，该新值可能要等到执行下一个 AutoCAD 命令时才有效。

习　　题

1. AutoLISP 语言的基本数据类型有哪些？
2. AutoLISP 语言符号的命名规则是什么？
3. 说明 AutoLISP 语言符号、表及点对的存储结构。
4. AutoLISP 语言是否需要对变量进行类型说明？在程序运行过程中是否可以改变变量的数据类型？

5. AutoLISP 语言规定了哪几个内部常量,其含义是什么?
6. AutoLISP 数据结构和其他语言相比有什么不同,这种结构的特点是什么?
7. 说明 AutoLISP 程序的书写规则。
8. 摄氏温度与华氏温度换算的计算式,如何以 AutoLISP 语句表示?

$$F = 9/5 * C + 32$$
$$C = 5/9 (F - 32)$$

9. 写出下列表达式的 AutoLISP 语言表达式:

1) $\dfrac{88 - 52 \times 63}{18 + 47 + 3}$

2) $\dfrac{2\sin\dfrac{\pi}{4}}{e}$

3) $G\dfrac{m_1 m_2}{r^2}$

4) $2\alpha^r \sqrt{\dfrac{m}{k}}$

5) $\dfrac{V_0^2 \sin^2\alpha}{2g}$

6) $D\dfrac{i\dfrac{A}{N}}{1-\left(\dfrac{i}{n}+1\right)^{-ny}}$

7) $\dfrac{R_1 + 1}{\dfrac{1}{R_2} + \dfrac{1}{R_3} + \dfrac{1}{R_4}}$

8) $109887 \times \left(\dfrac{1}{2^2} - \dfrac{1}{n^2}\right)$

9) $x^3 - 9.6x^2 + 25.837x - 19.25$

10) $\sqrt[5]{(-a)^2 + (-b)^2}$

10. 定义一个求三角形面积的函数。
11. 输入圆柱的半径和高,编写程序输出圆柱体积及表面积。

第3章 AutoLISP 基本函数

AutoLISP 语言将函数分为内部函数和外部函数。AutoLISP 语言提供的或用 AutoLISP 语言定义的函数为内部函数。用 ADS、ADSRX 或 ARX 定义的函数为外部函数。

3.1 数值函数

数值函数是 AutoLISP 语言最基本的函数之一，它用于处理整型数和实型数。包括：基本标准函数、三角函数及布尔操作函数。数值函数返回值的数据类型取决于参数表中参数的数据类型。

数值函数的运算规则：

1）若参数表中的所有参数都为整型数，则求值器对参数表中的参数做整数运算，返回整数值。例如(/ 17 3)返回值为5而不是5.6667。

2）若参数表中有一个实型数，则对参数表中的参数进行浮点数运算，返回实型数。例如(/ 17 3.0)返回值为5.6667。

3）若参数表中的参数多于两个，则从前到后，遵循前两条规则，每两个参数进行数值运算，再把运算结果与下一个参数进行运算。例如(/ 17 3 2.0)求值器先进行17除以3，得5，再用5除以2.0得2.5，该函数最后返回值为2.5。

注意：

AutoCAD 提供一个数学求值器，此求值器可在 AutoCAD 的命令行使用，如上述函数使用如下：

命令：(/ 17 3 2.0)
　　　2.5　　　　　　　；屏幕显示运算结果2.5

3.1.1 计算函数

1. (+ <数1> <数2> …)

函数返回所有 <数 i> 的和。其中的数可以是整型，或是实型。如果参与运算的数都为整型，其结果也为整型。否则，只要其中有一个是实型的，那么其他整型数都将被转换为实型数，结果是实型数。如果本函数仅提供了一个 <数>，则函数返回 <数> 与零相加的结果。如果不提供数，则返回零。

例如：　　(+ 4)　　　　　　　　返回4
　　　　　(+ 2 3)　　　　　　　返回5
　　　　　(+ 1 2 3 4.5)　　　　返回10.5000
　　　　　(+ 1 2 3 4.0)　　　　返回10.0000

2. (- <数1> <数2> …)

此函数将第一个数减去以后所有数之和，并返回最后结果。

函数中的<数i>可以是实型或整型，运算时按标准规则进行类别转换。

例如：

(- 50 40)　　　　　　　　　返回 10
(- 50 40.0)　　　　　　　　返回 10.0000
(- 50 40 10.0)　　　　　　 返回 0.0000
(- 8)　　　　　　　　　　　返回 -8

3. (1+ <数>) 和 (1- <数>)

其参数只有一个<数>，"1+"、"1-"必须连写，中间无空格，数加1或减1，并返回最后结果。

函数中的<数>可为实型或整型，返回值类型取决于<数>的类型。

例如：

(1- -3)　　　　　　　　　 返回值 -4
(1+ 3)　　　　　　　　　　返回值 4
(1- 3)　　　　　　　　　　返回值 2
(1+ 2.0)　　　　　　　　　返回值 3.0000
(1- 2.0)　　　　　　　　　返回值 1.0000

4. (* <数1> <数2> …)

函数返回所有<数i>的乘积，返回值类型取决于参数类型，只要参与运算的<数i>中有一个是实型数，则结果为实型；只有所有参与运算的数全部为整型，其结果才为整型。

注意：函数返回值的范围，防止溢出。

例如：

(* 3)　　　　　　　　　　　返回值 3
(* 3 2 7)　　　　　　　　　返回值 42
(* 3 (+ 1.0 4))　　　　　　返回值 15.000

5. (/ <数1> <数2> …)

本函数返回<数1>除以<数2>，再除以<数3>…依次做除法运算的结果。如果仅提供了一个<数>，则返回<数>除以1的结果。

各个<数>类型不同，计算结果不同，返回值类型也不同。

例如：

(/ 9 2)　　　　　　　　　　返回值 4
(/ 9 2.0)　　　　　　　　　返回值 4.5000
(/ 9 (/ 2 3))　　　　　　　error：divide by zero
(/ 9 (/ 2.0 3))　　　　　　返回 13.5000
(/ 4)　　　　　　　　　　　返回 4（相当于 4÷1=4）

6. (REM <数1> <数2> …)

函数返回<数1>除以<数2>的余数，若参数多于两个，则将<数1>除以<数2>的余数再除以<数3>得余数，…，即为运算结果。

例如：

(REM 42 12)　　　　　　　　返回 6

(REM 42 12.0)	返回6.0000
(REM 20 2)	返回0
(REM 36 5 2)	返回1,此式相当于(REM(REM 36 5)2)
(REM 3)	返回3

注：余数的符号与被除数的符号相同。

(REM -13 5)	返回-3
(REM 13 5)	返回3
(REM 13 -5)	返回3
(REM -13 -5)	返回-3

7.（GCD ＜数1＞ ＜数2＞）

该函数返回＜数1＞,＜数2＞的最大公约数。

注意：

＜数1＞和＜数2＞必须为正整数。

例如：

(GCD 81 57)	返回3
(GCD 81 80)	返回1
(GCD 12 20)	返回4
(GCD 81)	提示：；错误：参数太少

8.（MAX ＜数1＞ ＜数2＞…）

　　（MIN ＜数1＞ ＜数2＞…）

该函数返回＜数i＞(i=1,2,3,…)中的最大数或最小数。

例如：

(MAX 4.07 -2)	返回4.0700
(MAX 4 9.0 2)	返回9.0000
(MIN 3 2 -1)	返回-1
(MAX 4 9.0 2)	返回9.0000
(MIN 73.0 2 48 5)	返回2.0

9.（EXP ＜数＞）

该函数返回e的＜数＞次幂的值。

注意： 返回值为实型。

例如：

(EXP 1.0)	返回值2.718282（即e^1）
(EXP 0)	返回值1.000000（即e^0）
(EXP -0.4)	返回值0.670320（即$e^{-0.4}$）
(EXP 2.2)	返回值9.02501（即$e^{2.2}$）

10.（EXPT ＜底数＞ ＜幂＞）

该函数返回＜底数＞的＜幂＞次方，如果底数和幂都是整数，其结果也是整数；否则，结果为实数。

例如：

（EXPt　3　2）	返回 9
（EXPT　3.0　2）	返回 9.0000
或| （EXPT　3　2.0）	返回 9.0000
（EXPT　3　−2）	返回 0
（EXPT　3.0　−2）	返回 0.111111

11.（LOG ＜数＞）

该函数是 EXP 的反函数，返回值为＜数＞的自然对数值，其数据类型为实型数。

例如：

（LOG 3）	返回 1.098610
（LOG　1）	返回 0.00000
（LOG　1.22）	返回 0.198850
（LOG　−90）	返回错误：没有为参数定义函数：−90

12.（SQRT ＜数＞）

该函数返回＜数＞的平方根，其数据类型总为实型数。要求＜数＞大于等于零。

例如：

（SQRT　9）	返回 3.0000
（SQRT　9.0）	返回 3.0000
（SQRT（／　4　2.0））	返回 1.4142
（SQRT　−9）	返回；错误：没有为参数定义函数：−9

13.（ABS ＜数＞）

该函数返回＜数＞的绝对值，其中＜数＞可为实型或整型数。

例如：

（ABS　0.0）	返回 0.0
（ABS　100）	返回 100
（ABS　−100）	返回 100
（ABS　−2.1）	返回 2.100000

14.（MINUSP ＜数＞）

函数检查一个数是否是负数，若＜数＞为负数，则函数返回 T；否则，返回 NIL。

例如：

（MINUSP　−2）	返回 T
（MINUSP　3.1）	返回 NIL
（MINUSP 0）	返回 NIL

15.（ZEROP ＜数＞）

函数检查一个＜数＞的求值是否为零，若为零，则返回 T；否则，返回 NIL。

例如：

（ZEROP 0）	返回 T
（ZEROP 0.0）	返回 T
（ZEROP 0.0001）	返回 NIL

16.（NUMBERP <项>）

函数检查<项>是否是一个数。如果<项>是一个数，该函数返回 T；否则，返回 NIL。

例如：

（SETQ　a　123　b　'a)
（NUMBER　4）　　　　　　　返回 T
（NUMBER　B)　　　　　　　返回 NIL
（NUMBER　4.0)　　　　　　返回 T
（NUMBER（EVAL B））　　　返回 T
（NUMBER　A）　　　　　　　返回 T
（NUMBER　"HU"）　　　　　返回 NIL

17.（FLOAT <数>）

该函数将<数>转换成实型数后返回。此函数非常有用，如在除法函数中，通过 FLOAT 函数强制把数转换为实型数，从而使可能为整除的运算变为浮点除运算。

例如：

（FlOAT　3)　　　　　　　　返回 3.0
（FLOAT　3.75)　　　　　　返回 3.75
（FLOAT（- 34 2 3.7))　　 返回 28.3

18.（FIX <数>）

该函数忽略实数<数>的小数部分，将<数>的整数部分返回。

例如：

（FIX　3)　　　　　　　　　返回 3
（FIX　3.7)　　　　　　　　返回 3
（FIX　-3.99)　　　　　　　返回 -3
（FIX（/ 34.67 23)) 　　　 返回 1

3.1.2 布尔运算函数

1.（LOGAND <整数> <整数>…）

该函数返回一个整型数表的各数按位逻辑"与"（AND）的结果。当 LOGAND 函数表中不含参数时，则返回 0。

例如：

（LOGAND　7　15　3)　　　　返回 3
（LOGAND　2　3　15)　　　　返回 2
（LOGAND　8　3　4)　　　　 返回 0

注意：各数以二进制形式按位"与"。

2.（LOGIOR <整数> <整数>…）

该函数返回一个整型数表的各数按位逻辑"或"（OR）的结果。当 LOGIOR 函数表中不含参数时，则返回 0。

例如：

（LOGIOR　1　2　4)　　　　 返回 7

(LOGIOR 9 3)　　　　　　　　返回11
(LOGIOR)　　　　　　　　　返回0

注意：各数以二进制形式按位"或"。

3.（LSH ＜整数＞ ＜次数＞）

该函数实现整数的逻辑移位，它返回整数按位做数次逻辑移位的结果。

注意：各数以二进制形式按位做移位。

＜次数＞必须为整数，若＜次数＞为正整数，则数向左移位数次；若＜次数＞为负整数，则数向右移位数次。在这两种情况下，移入位为0，移出位丢弃。

如果移位运算后符号位包含的是0，则返回值为正数；否则，返回值为负数。执行一次逻辑左移操作，＜整数＞的绝对值增大一倍（即相当于乘以2）；执行一次逻辑右移，＜整数＞的绝对值减少一半（即相当于除以2）。

例如：

(lsh (- 40 2)(/ 23 8))　　　　　返回152
(LSH 2 1)　　　　　　　　　返回4，即0010向左移位1次，得0100
(LSH 2 -1)　　　　　　　　返回1，即0010向右移位1次，得0001
(LSH 40 2)　　　　　　　　 返回160
(LSH -2 1)　　　　　　　　 返回-4

3.1.3 三角函数

三角函数参数的类型可为整型数或实型数，返回值类型是实型数。

1.（SIN ＜角度＞）

该函数返回值为＜角度＞的正弦值，其中＜角度＞用弧度表示。

(SIN 2)　　　　　　　　　　返回值为0.90929
(SIN2.0)　　　　　　　　　　返回值为0.90929

例如：求SIN45°

(SIN(* (/ Pi 180.0)45))　　　返回值0.707097

2.（COS ＜角度＞）

该函数返回＜角度＞的余弦值，其中＜角度＞用弧度表示。

例如：

(COS 0.0)　　　　　　　　　返回1.000000
(COS Pi)　　　　　　　　　　返回-1.000000
(COS 2)　　　　　　　　　　返回-0.416147

3.（ATAN ＜数1＞ [＜数2＞]）

如果没有提供＜数2＞，ATAN将返回＜数1＞的反正切值（单位为弧度），返回角度范围为[-Pi, Pi]。

例如：

(ATAN 1.0)　　　　　　　　 返回0.785398(弧度)，即45°
(ATAN -1.0)　　　　　　　　返回-0.785398(弧度)，即-45°

如果＜数1＞和＜数2＞都存在了，则返回＜数1＞/＜数2＞的反正切值（单位为弧度)。
(ATAN 2.0 3.0)	返回值 0.588002(弧度)
(ATAN 2.0 -3.0)	返回值 2.553590(弧度)
(ATAN -2.0 3.0)	返回值 -0.588002(弧度)
(ATAN -2.0 -3.0)	返回值 -2.553590(弧度)

如果 <数2> 为零,则返回的符号与 <数1> 相同,其值为 1.570796 弧度;即 90°。

(ATAN 2.0 0)	返回值 1.570796
(ATAN -2.0 0)	返回值 -1.570796
(ATAN 1.0 0)	返回值 1.570796

3.1.4 数值函数举例

【例1】编程求 $x^3 + x - 1$, $x = 4$。
```
(DEFUN  prg1( )
   (SETQ x  4)
   ( - ( + (EXPT   x   3)x)1)
)
```

【例2】编程求 $\cos(2x) + x * \sin(x/2)$
```
(DEFUN  prg2( )
   (SETQ x (GETREAL "\n x = "))
   (PRINT ( +   (COS ( *   2   x))( *   x (SIN (/   x   2.0)))))
   (PRINT)
)
```

【例3】编程,实现由用户输入 A、B 的值,计算它们的加、减、乘和除的结果。
```
(DEFUN  prg3(A   B)
   (SETQ W ( +   A   B)
         X ( -   A   B)
         Y ( *   A   B)
         Z (/   A   B)         ;假设 B 不为零
   )
   (PRINT   W)
   (PRINT   X)
   (PRINT   Y)
   (PRINT   Z)
)
```

【例4】定义一个四舍五入的取整函数,其调用格式为:
(CINT <数>)
要求:当 <数> 为实型数时,对小数部分进行四舍五入后再取整。
```
(DEFUN CINT(X)
   (IF( >= X 0)(FIX( + X   0.5))
```

　　　　　(FIX(- X　0.5))
　　)
)

例如：
(cint　343.56)　　　　　返回344
(cint　-34.567)　　　　返回-35

【例5】定义一个函数，其调用格式为：
(INT <数>)
要求：返回小于或等于<数>的最大整数。
(DEFUN　INT(X)
　(IF(>=　X 0)(FIX　X　)
　　　　　　　(FIX(- X　0.5))
　　)
)

例如：
(INT　45.67)　　返回45
(INT　-45.67)　返回-46

3.2　表处理函数

AutoLISP 语言是表处理语言，表是最基本的数据类型，它分为两大类：① 标准表，即函数调用表是 AutoLISP 程序的基本结构；② 引用表，用来存储数据，它包括一般表，如(1 2 3)；表示二维的表，如 (30 20.0)，这类表使用时必须用禁止求值函数 QUOTE 函数或在表前加西文单引号"'"。

本节所介绍的表处理函数主要是针对引用表的顶层元素进行处理。

3.2.1　提取表中数据的函数

1.（CAR <表>）

函数返回<表>顶层的第一个元素。如果<表>是空的，它返回 NIL。如果<表>是点对，则返回点对的左元素。

例如：
(CAR　'(a))　　　　　　　返回 A
(CAR　'(a　b　c))　　　　返回 A
(CAR　'((a　b)c))　　　　返回(A　B)
(CAR　'())　　　　　　　　返回 NIL
(CAR　'(12 . 8))　　　　　返回 12

2.（CDR <表>）

函数返回<表>中去掉顶层第一个元素后剩余元素组成的表。如果<表>为空，则返回 NIL。如果<表>是点对，则返回点对的右元素。

例如：

(CDR '(a b c))	返回(B C)
(CDR '((a b)c))	返回(C)
(CDR '())	返回 NIL
(CDR '(a))	返回 NIL
(CDR '(a . b))	返回 B

注意：AutoLISP 接受 CAR 和 CDR 的任意组合，其组合深度最多可达 4 级，下面是有效的函数组合：

CAAAAR	CADAAR	CDAAAR	CDDAAR
CAAADR	CADADR	CDAADR	CDDADR
CAAAR	CADAR	CDAAR	CDDAR
CAADAR	CADDAR	CDADAR	CDDDAR
CAADDR	CADDDR	CDADDR	CDDDDR
CAADR	CADDR	CDADR	CDDDR
CAAR	CADR	CDAR	CDDR

这些组合等同于对 CAR 和 CDR 的嵌套调用。每个 A 表示一个对 CAR 的调用，每个 D 表示一个对 CDR 的调用。

(CAAR X)	等同于(CAR (CAR X))
(CDAR X)	等同于 (CDR (CAR X))
(CADAR X)	等同于 (CAR (CDR (CAR X)))
(CADR X)	等同于 (CAR (CDR X))
(CDDR X)	等同于 (CDR (CDR X))
(CADDR X)	等同于 (CAR (CDR (CDR X)))

例如：

(SETQ L '((a b)(e)))	
(CAR L)	返回(A B)
(CAR(CDR L))	返回(E)
(CAR(CDR (CAR L)))	返回 B

表示点的表，提取 X 坐标时用 CAR，提取 Y 坐标时用 CADR，提取 Z 坐标时用 CADDR。

例如：

(SETQ Pt '(3 2 1.0))	返回(3 2 1.0)
(SETQ X (CAR Pt))	返回3
(SETQ Y(CADR Pt))	返回2
(SETQ Z (CADDR Pt))	返回1.0

3.（LAST <表>）

该函数返回 <表> 中顶层的最后一个元素。

例如：

(LAST '(a b x))	返回 x

(LAST '(a b(c (d e))))   返回(C (D E))
(LAST '())   返回 NIL

4.（NTH <N> <表>）N=0，1，2，…

函数返回<表>中顶层第 N 个元素，其中<N>是返回元素的序号（0 表示第一个元素）。如果<N>大于<表>的最高元素序号，则返回 NIL。

例如：

(NTH 2 '(a(a b)(c d)e))   返回(C D)
(NTH 5 '(a b c d))   返回 NIL
(NTH 3 '(a b c d e))   返回 D
(NTH 0 '(a b c d e))   返回 A

此函数广泛用于数据表中元素的提取。

例如：

(SETQ R '(5 10 15 21 30))
(SETQ R0 (NTH 0 R)
      R1 (NTH 1 R)
      R2 (NTH 2 R)
      R3 (NTH 3 R)
      R4 (NTH 4 R)
)
命令：！R0   返回 5
命令：！R4   返回 30

注意：

！为查询全局变量值的运算符。

5.（LENGTH <表>）

该函数返回<表>顶层元素的个数，若<表>为空表，则返回值为 0。

例如：

(LENGTH '(A B C D))   返回 4
(LENGTH '(A B (C D)))   返回 3
(LENGTH '())   返回 0
(LENGTH '(A . B))   ；错误：列表错误：B

注意：LENGTH 函数只能对引用表进行操作。

3.2.2 构造和修改表的函数

1.（LIST <表达式>…）

该函数将任意数目的<表达式>的值按顺序串联在一起，并返回由它们组成的表。

例如：

(LIST 'a 'b 'c)   返回(A B C)
(LIST 'a '(b c) 'd)   返回(A (B C) D)
(LIST 3.6 9.7)   返回(3.6 9.7)

重要应用：为点赋值。
(SETQ x 4.5 y 9.0)
(SETQ pt (LIST x y))等效于(SETQ pt '(4.5 9.0))返回(4.5 9.0)
命令：! pt   显示(4.5 9.0)

2.（APPEND <表>…）
该函数将所有<表>中的元素顺序组合在一起，构成新表。如果不提供<表>，函数返回 NIL。
例如：
(APPEND '(a b)'(c))   返回(A B C)
(APPEND '(a b)'(c d))   返回(A B C D)
(APPEND '((a)(b))'((c)(d)))   返回((A)(B)(C)(D))
(APPEND '(a) (LIST (LIST 2 3)))   返回(A (2 3))
注意：APPEND 要求它的所有参数必须是表。
(APPEND '(a b c) 'c)；错误：参数类型错误：LISTP C

3.（CONS <新的第一个元素> <表>）
该函数将<新的第一个元素>加入<表>的开头，返回加入元素之后的表。
例如：
(CONS NIL'(a))   返回(NIL A)
(CONS 'a '(b c))   返回(A B C)
(CONS '(a) '(b c))   返回((A)B C)
注意：<表>也可以用原子代替，以便构造一个点对。
例如：
(CONS 'a 'b)   返回(A . B)
(CONS 1 "one")   返回(1 . "One")
(CONS NIL "NIL")   返回(NIL . "NIL")

4.（REVERSE <表>）
该函数返回表中顶层元素倒序排序后构成的新表。
例如：
(REVERSE '(a (b c)(d e)f))   返回(F (D E)(B C)A)
(REVERSE '((a) b c))   返回(C B (A))

3.2.3 提取并修改表中数据的函数

1.（ASSOC <关键字> <关联表>）
关联表是指以点对或子表为元素组成的表，子表中的第一个元素为"关键字"。
　　ASSOC 函数搜索<关联表>，以找到此表中<关键字>，提取包含<关键字>的一个子表，并返回该子表，若未找到<关键字>，则返回 NIL。
例如：
(SETQ L ((0 . "CIRCLE")
        (8 . "MYLAYER")
        (10 5.0 7.0 0.0)

```
                    (40  .  1.0)
                )
)
```

则：
(ASSOC 0 L)   返回(0 . "CIRCLE")
(ASSOC 40 L)   返回(40 . 1.0)
(ASSOC 10 L)   返回(10 5.0 7.0 0.0)

例如：
(SETQ m '((name box)(width 3)(size 4.2)(depth 5.1)))

则：
(ASSOC 'size m)   返回(size 4.2)
(ASSOC 'width m)   返回(width 3)

例如：
(SETQ A '((d . 30)(L . 60)(R . 4)))

则：
(ASSOC 'R A)   返回(R . 4)
(ASSOC 'H A)   返回 NIL

例如：
(SETQ F '(Q W E T 5 6 7))

则：(ASSOC 'E F)   ；错误：关联列表错误：(Q W E T 5 6 7)
注意：关联表经常用于存储可由关键字进行访问的数据。

2.（SUBST <新项> <旧项> <表>）

该函数从<表>的顶层搜索<旧项>，将<表>中的每一个<旧项>用<新项>替换，并返回替换后的表；如果<表>中没找到<旧项>，则该函数返回没有更改的表。

例如：
(SETQ sample '(a b (c d) b))

则：
(SUBST 'qq 'b sample)   返回(A QQ (C D)QQ)
(SUBST 'qq '(c d) sample)   返回(A B QQ B)
(SUBST '(qq rr) 'z sample)   返回(A B (C D)B)

注意：
SUBST 函数常与 ASSOC 函数一起使用，方便地替换与关联表中的关键字相对应的值。

例如：
将变量 L 设置为关联表：
命令：(SETQ L ((0 . "CIRCLE")
                (8 . "MYLAYER")
                (10 5.0 7.0 0.0)
                (40 . 1.0)
)

)

返回((0 . "CIRCLE")(8 . "MYLAYER")(10 5.0 7.0 0.0)(40 . 1.0))

命令：(SETQ OLD (ASSOC 40 L) NEW '(40 3.0))

返回：(40 3.0)

最后，替换关联表中第一项的值：

命令：(SUBST NEW OLD L)

返回：((0 . "CIRCLE")(8 . "MYLAYER")(10 5.0 7.0 0.0)(40 . 3.0))

3.2.4 表循环处理函数

1. （FOREACH ＜符号原子＞ ＜表＞ ＜表达式＞…）

该函数循环地将＜表＞顶层的每一个元素顺序地赋给＜符号原子＞，再对循环体中的每一个表达式依次求值，并返回最后一次循环时循环体中最后一个表达式的求值结果。

【例6】(SETQ a 1 b 2 c 3)
　　　(FOREACH n (a b c)(PRINT n))

等价于：

　　(PRINT a)
　　(PRINT b)
　　(PRINT c)   返回3

【例7】
(DEFUN xx( )
　(FOREACH cir '((3 2 1)(4 4.5 0.5)(7 5 2))
　　(SETQ CP (LIST(CAR cir)(CADR cir)))
　　(SETQ r (CADDR cir))
　　(COMMAND "circle" CP r)
　)
)

执行结果如图3-1所示。其中3个圆圆心分别为（3，2）、（4，4.5）、（7，5），半径分别为1、0.5、2，如图3-1所示。

注意：FOREACH 函数中出现的＜符号原子＞并不被求值，只被当做一个变量名使用，只有＜表＞及其后的＜表达式 i＞（i = 1，2，3，…）才会被求值，而且，＜符号原子＞的作用域是局部的，即在FOREACH 调用后并不改变它在调用前的值。

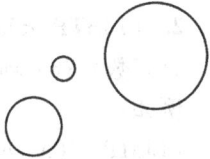

图3-1 【例7】运行结果

2. （MAPCAR ＜函数名＞ ＜表1＞ ＜表2＞…＜表n＞）

该函数依次循环地把＜表1＞、＜表2＞…＜表n＞的对应元素作为＜函数名＞的参数，并调用此函数进行求值，把每次循环的求值结果按求值顺序构成一个表，作为 MAPCAR 函数的返回值。

说明：

1) ＜表1＞…＜表n＞的数目必须和＜函数名＞所指函数要求的参数数目相匹配。每个

<表>中元素的数据类型也应与<函数名>所指函数要求的参数类型相匹配。
（MAPCAR '1+ （LIST 2 3 4))   返回(3 4 5)

2)<表>的长度决定了调用<函数名>的次数，也决定了 MAPCAR 函数返回表的长度。若各个表的长度不等，则 MAPCAR 只循环其中的最小长度次数。

3) 若<函数名>不是一个变量，则必须在<函数名>前加一个单撇号来禁止求值，否则出错。

4) MAPCAR 与 FOREACH 一样，不对参数表中的元素求值。

例如：

(SETQ a 10 b 20 c 30)   返回30
(MAPCAR '1+ （LIST a b c))   返回(11 21 31)
(MAPCAR '+ '(a b) '(1 2))   参数类型错误：NUMBERP：A

5) 可以用 LAMBDA 函数指定无名函数来由 MAPCAR 执行。当某些函数的参数是常量或由其他方法提供时，这种办法很有用。如：

(MAPCAR '(LAMBDA (X)
    (+ X 3)
)
    '(10 20 30)
)
返回：(13 23 33)

3.2.5 其他表处理函数

1.（MEMBER <表达式> <表>）

该函数在<表>中检查第一个<表达式>的出现，并返回从第一个<表达式>出现处开始至表尾的所有元素组成的表。若<表>中无<表达式>出现，则本函数返回 NIL。

例如：

(MEMBER 'c '(a b c d e))   返回(C D E)
(MEMBER '3 '(2 3 4 3 1))   返回(3 4 3 1)
(MEMBER 'F '(a b c d e))   返回 NIL

2.（LISTP <项>）

该函数检查<项>是否为表，若为表，则返回 T；否则，返回 NIL。

例如：

(LISTP '(a c e))   返回 T
(LISTP 'a)   返回 NIL
(LISTP 3.14)   返回 NIL
(LISTP '())   返回 T

说明：

由于 NIL 既可表示一个原子，也可表示一个表，所以，(LISTP NIL) 返回 T。

3.2.6 表处理函数举例

【例8】图 3-2 所示的矩形 ABCD 中，长 3cm，宽 2cm，点 A 的坐标为（3,6），编程为

B、C、D 点赋值，在图形屏幕绘制该矩形。

```
(DEFUN dd( )
    (SETQ  A  '(3  6))
    (SETQ  B (LIST( +  (CAR  A) 3)(CADR  A)))
    (SETQ  C (LIST(CAR  B)( - (CADR  B)2)))
    (SETQ  D (LIST(CAR  A)( - (CADR  A)2)))
    (COMMAND  "line"  a  b  c  d  "c")
)
```

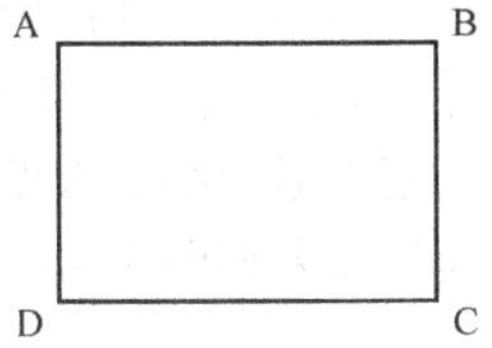

图 3-2 【例 8】运行结果

【例 9】编程序，在图形屏幕上输入矩形对角线坐标 P1 和 P3，画出矩形，程序一：文件为" JUXING. LSP"；程序二：文件为 SS. LSP。

程序一：
```
(DEFUN  C:rec1 ( )
    (SETQ  P1 (GETPOINT "\n 指定矩形第一个角点:")
           P3 (GETCORNER P1   "\n 指定另一个角点:")
           P2 (LIST (CAR P3)(CADR P1))
           P4 (LIST (CAR P1)(CADR P3))
    )
    (COMMAND "pline"  P1  P2  P3  P4  "c")
)
```

命令：(LOAD "C:JUXING. LSP")   返回 REC1

命令：REC1

指定矩形第一个角点：单击 P1 点

指定另一个角点：单击 P3 点

程序运行结果如图 3-3 所示。

程序二：
```
(DEFUN C:REC2 ( )
    (SETQL (GETDIST "\n 输入矩形的宽度:")
        H (GETDIST "\n 输入矩形的高度:")
        P (GETPOINT "\n 指定矩形中心插入点:")
    )
    (SETQ  P1 (LIST ( - (CAR P)(/ L 2.0))( - (CADR P)(/ H 2.0)))
           P2 (LIST ( + (CAR P1)L)(CADR P1))
           P3 (LIST (CAR P2)( + (CADR P2)H))
           P4 (LIST (CAR P1)(CADR P3))
    )
    (COMMAND "PLINE" P1 P2 P3 P4 "C")
    (PRINC)
)
```

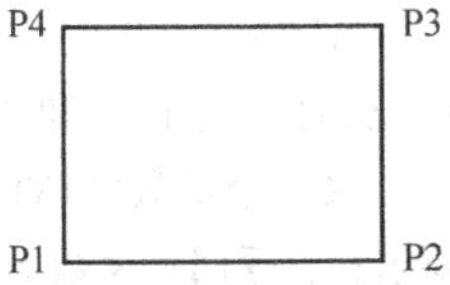

图 3-3 程序运行结果

加载后执行如下：

命令：REC2
输入矩形的宽度：100
输入矩形的高度：50
指定矩形中心插入点：单击 P 点
运行结果如图 3-4 所示。

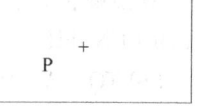

图 3-4 【例 9】运行结果

习　题

1. 求下列符号表达式的值：
(1)(／(1 − 3)(1 + 3)2.0)
(2)(／(1 − 3.0)(1 + 3)2.0)
(3)(* (MAX 3 1 4)(MIN 3 4 5))
(4)(MIN (MAX 4 7 9)(MAX 12 3 5))
(5)(+ (* 2 3 4)(／4 5 2)2.0)
(6)(EXP 1.0)
(7)(EXPT 3.0 2.0)
(8)(FLOAT 3)
(9)(FIX 3.746)
(10)(GCD 12 20)

2. 求下列符号表达式的值：
(1)(LOGAND 8 6 5)　　　　　(2)(LOGAND 11 13 4)
(3)(LOGIOR 6 5 4)　　　　　(4)(LOGIOR 11 2)
(5)(LSH 41 2)　　　　　　　(6)(LSH 14 3)

3. 求下列三角函数值：
(1)(SIN 1.0)　　　　　　　　(2)(SIN 3.0)
(3)(COS 1.0)　　　　　　　　(4)(COS 3.0)
(5)(ATAN −1.0)　　　　　　　(6)(ATAN 2.0 −3.0)
(7)(ATAN 1.0 0.0)　　　　　(8)(ATAN 2.0 3.0)

4. 已知长方形的长和宽，编程求其面积。

5. 定义一个函数(FINT <数>)
要求：它返回将<数>小数点后保留两位，第三位四舍五入的结果。

6. 求下列表达式的值：
(1)　(LIST'(1 2)　(LIST 'A　'B)(1 + 　5.5)(CADR '(1 2)))
(2)　(LENGTH '(1　2　(3 4 5)))
(3)　(CONS '(1 2)(CAR '(1 2)))
(4)　(CONS '(1 2)(CDR '(1 2)))
(5)　(NTH 2 '(1 2 3))
(6)　(CDDDR '(1 2 3 3 4))
(7)　(CADDDR '(1 2 3 3 4))
(8)　(CONS 1 REVERSE (CONS 2 (REVERSE '(4 5 6)))))
(9)　(APPEND (LIST '(1 2) '(3 4))(APPEND '(1 2) '(3 4)))
(10)　(SUBST 2 "A"　'("A" "B" "C" "B" "A"))
(11)　(CDR (ASSOC 2 '((1 . 2)(2 . 2)(3 . 2)(4 . 2))))

(12) (CDR (ASSOC 2 '((1 2)(2 2)(3 2)(4 2))))

7. 下列表达式都是错误的，请说明理由：

(1) (CONS '(1 2 3)(CAADR '((1 2 3) 4 5)))

(2) (NTH 5 '(1 2 3 4 5))

(3) (SUBST '(1 2) '((1 2)(3 4)))

8. 用 CAR 和 CDR 编程从下列表中提取原子 ATOM

(1) (ONE TWO THREE ATOM)

(2) ((ONE TWO) (THREE ATOM))

(3) ((((ONE ATOM) THREE))TWO)

(4) ((((ONE TWO) THREE) ATOM))

9. 求下面符号表达式的值

(1) (LENGTH '(1.2 3.0 (5.0 234)4.0)

(2) (LENGTH '((1.2 3.0) (5.0 234) 4.0))

(3) (REVERSE '((1.2 3.0) ((5.0 234) 4.0))

(4) (SUBST 'desk 'chair '(This is a chair))

10. 已知长方体的长、宽、高，编程求其体积。

第 4 章 程序流程控制

AutoLISP 语言程序的流程是通过控制函数来实现的，其基本结构有顺序结构、选择结构和循环结构三种。

4.1 顺序结构

顺序结构程序设计是最简单的，只要按照解决问题的顺序写出相应的语句即可，它的执行顺序是自上而下依次执行的。

例如：a=3，b=5，现交换 a、b 的值，这个问题就好像交换两个杯子里的水，当然要用到第三个杯子，假如第三个杯子是 c，那么正确的程序为：c=a；a=b；b=c；执行结果是 a=5，b=c=3，如果改变其顺序，写成：a=b；c=a；b=c；则执行结果就变成 a=b=c=5，不能达到预期的目的，初学者最容易犯这种错误。

顺序结构可以独立使用构成一个简单的完整程序，常见的输入、计算、输出三部曲的程序就是顺序结构；不过大多数情况下顺序结构都是作为程序的一部分，与其他结构一起构成一个复杂的程序。

4.1.1 GET 族输入函数

1. （GETXXX［＜提示＞］)

＜提示＞是任意字符串，当调用 GETXXX 时，程序暂停＜提示＞所提示的信息，显示在屏幕上等待用户输入指定类型的数据（见表4-1)，并返回输入的值。

表 4-1　GETXXX 类函数允许用户输入的类型

函 数 名	允许用户输入的数据类型
GETINT	输入一个整型值
GETREAL	输入一个整型或实型值
GETSTRING	输入一个字符串
GETPOINT	输入一个点值
GETCORNER	输入一个点值（一个矩形框的对角点）
GETDIST	输入一个距离值（实型或整型）
GETANGLE	输入一个角度值（用现行角度格式表示）或基于从屏幕上选取的点决定角度值
GETORIENT	输入一个角度值（用现行角度格式表示）或者基于从屏幕上选取的点决定角度值
GETKWORD	输入一个预定义关键字或关键字的缩写形式

函数 GETINT、GETREAL 和 GETSTRING 均暂停下来，等待用户从 AutoCAD 提示行输入整数、实数和字符串，并返回与输入值相同的值。

注意：

1) 尽管函数 GETVAR、GETCFG 和 GETENV 也以 GET 开始，但它们不是用户输入函数。关于这些函数请参见查询和命令函数。

2) 函数 GETINT、GETREAL 和 GETSTRING 暂停以等待用户从 AutoCAD 命令行进行输入。它们仅返回与所需类型相同的值。

3) 函数 GETPOINT、GETCORNER 和 GETDIST 暂停以等待用户从命令行或通过在图形屏幕中选择点进行输入。函数 GETPOINT 和 GETCORNER 返回三维点，GETDIST 返回实数值。

4) 函数 GETANGLE 和 GETORIENT 都暂停以等待用户从命令行输入角度值，或由图形屏幕中选定的点决定角度值。对于 GETORIENT 函数，0 度方向总是朝正东方。对于 GETANGLE 函数，0 度方向则是由 ANGBASE 的值决定，该变量可以被设置为任何角度。GETANGLE 和 GETORIENT 都返回从基准方向（0 度）起逆时针测量的角度值（实数），并以弧度制计量。

5) 建议使用 GET 族函数时最好采用有提示的方式，以便于用户使用。

2. （GETINT [提示]）

传给 GETINT 函数的有效数值范围是 -32768 至 +32767，如果用户输入非整数，GETINT 将显示信息"需要整数值"，然后等待用户重试。用户不能输入一个 AutoLISP 表达式来响应 GETINT 函数的请求。

例如：

（SETQ　r (GETINT))　　　　　　　　无提示

（SETQ　r(GETINT　"缩放比例:"))

屏幕提示"缩放比例:"只有当输入一个整数如 5 时，程序才继续运行。

（SETQ　num　（GETINT　"请输入一个整数:"))

请输入一个整数：25

　　　　　　　　25

（SETQ　num　（GETINT))

输入：　15.0

需要整数值。

再输入：15

3. （GETREAL [提示]）

返回用户输入的实数。

例如：

（SETQ　val　（GETREAL))

（SETQ　val　（GETREAL　"缩放比例:"))

注意：用户不能输入其他 AutoLISP 表达式来响应 GETREAL 的请求。

4. （GETSTRING [参数] [提示]）

说明：

[参数]：如果提供了该参数且其值不为 NIL，那么输入的字符串可以包括空格且必须按回车键结束。否则，输入的字符串以空格键或回车键结束。

返回用户输入的字符串。如果用户输入空字符串，则返回 NIL。

如果输入的字符串长度超过 132 个字符，GETSTRING 仅返回前面的 132 个字符。如果输入的字符串中包含了斜杠（\），那么该斜杠会被转换成两个斜杠（\\）。这样用户就可以在其他函数中使用包含文件名路径的返回值。

例如：

(SETQ s(GETSTRING "what's your name?"))

屏幕提示 what's your name?，只有输入一个字符串如"liang"，程序才继续运行。

(SETQ s (GETSTRING T "请输入文件名:"))

请输入文件名： c:\my documents\vlisp\secrets

"C:\\MY DOCUMENTS\\VLISP\\SECRETS"

5.（GETDIST [<基点>] [<提示>]）

用户可以通过选择两个点来指定距离，如果提供了基点，则只需选择第二个点。用户还可以通过输入一个以 AutoCAD 的当前距离单位格式表示的数来指定距离。虽然当前距离单位格式可能是以英尺和英寸（建筑单位制）表示的，但是 GETDIST 函数总是以实数形式返回这个距离值。

GETDIST 函数从第一个点到当前十字光标位置显示一条拖引线，以帮助用户确定距离值。

用户不能输入另一个 AutoLISP 表达式来响应 GETDIST 的请求。

例如：

(SETQ d (GETDIST "距离:"))

屏幕显示：

距离:5   ;返回值 5.0000

或

距离:3,2   ;输入一个点

再提示：

第二点:8,2   ;输入第二点，两点间距离即为返回值 5.0000

或：

(SETQ d (GETDIST '(3.0 2.0) "距离:"))

屏幕显示：

距离：8,2 ；返回两点间距离即为返回值 5.0000，即将已知点（3.0，2.0）与输入点（8，2）间的距离返回。

其他例题：

(SETQ dist (GETDIST))

(SETQ dist (GETDIST '(1.0 3.5)))

(SETQ dist (GETDIST "距离："))

(SETQ dist (GETDIST '(1.0 3.5) "距离："))

6. GETPOINT，GETCORNER 函数

等待用户从提示行或屏幕上选取点作为输入，GETPOINT 和 GETCORNER 返回 3D 点或 2D 点的坐标值。

1)（GETPOINT [<基点>] [<提示>]）

例如：

(SETQ p (GETPOINT "点:"))

点：1，2   返回值(1.0000 2.0000)

若任选项 <基点> 存在，则通过拖引线可观察输入点与给定 <基点> 的相对位置。

2)（GETCORNER <基点> [<提示>]）

注意：<基点> 必须存在。GETCORNER 函数需要一个以当前 UCS 坐标系表示的基点作为参数，当用户在屏幕上移动光标时，它会从这个基点开始拖引出一个矩形框。返回值与 GETPOINT 类似，返回一个以当前 UCS 坐标系表示的点。

(SETQ Pt (GETCORNER '(1 2) "第二点:"))

第二点:5,4   返回值(5.0 4.0)

屏幕显示见图 4-1。

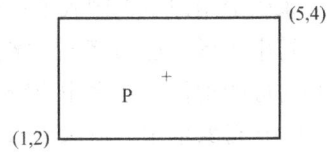

图 4-1 GETCORNER 函数例图

7. GETANGLE，GETORIENT 函数

GETANGLE，GETORIENT 函数等待用户从命令行键入一个角度值，或者移动鼠标从图形屏幕上选取点，由拖引线确定一角度值作为输入。

1)（GETANGLE [基点][提示]）

参数：[基点] 是以当前 UCS 坐标系表示的一个 2D 基点，用户再指定另一个点，两点确定一条直线，GETANGLE 函数测量零度方向（由 ANGBASE 系统变量设定）逆时针到该直线的夹角，其返回值为弧度。或以当前角度单位格式输入一个角度值，该函数总是以弧度为单位返回角度值。

例如：

(SETQ ang(GETANGLE))
(SETQ ang(GETANGLE '(1.0 3.5))
(SETQ ang (GETANGLE '(1.1 5.5) "输入角度值:"))

输入角度值:1.1,9.5   返回 1.5708 弧度

(SETQ ang (GETANGLE "输入角度值:"))

输入角度值：-60   (即 -π/3)   返回 5.23599 (5π/3)弧度

2)（GETORIENT [基点][提示]）

GETORIENT 函数与 GETANGLE 函数相似，等待输入一个角度，输入方式与 GETANGLE 相同。不同的是返回的是一个方位角度值，即绝对角度（总是以正东方向为零度，逆时针方向测量输入角度）。而 GETANGLE 返回的是相对角度（以当前零度方向为基准，逆时针方向测量角度）。

例如：

ANGBASE 被设置为 90°（正北），ANGDIR 被设置为顺时针方向，表 4-2 中列举了不同角度输入值时，GETANGLE 和 GETORIENT 的返回值。

表 4-2 GETANGLE 和 GETORIENT 的返回值

输入值/(°)	GETANGLE	GETORIENT
0	0.0	1.5708
90	1.5708	3.14159
180	3.14159	4.71239
270	4.71239	0.0

8. INITGET 函数

(**INITGET** [<位值>] [<关键字字符串>])

INITGET 函数为控制输入函数,可以为紧随其后的 GET 族函数(除 GETSTRING 外)建立各种字符串选择项,并控制其输入值的范围。

在随后调用用户输入函数时,如果用户输入的不是相应的数据类型,该函数将检索关键字表来确定用户是否键入了一个关键字。如果用户输入和表中的一个关键字相匹配,函数将以字符串的形式返回该关键字。程序也可以对返回的关键字进行检测,并执行与每一个关键字相对应的动作。如果用户输入的不是相应的数据类型且和表中任何一个关键字都不匹配,AutoCAD 将要求用户再次输入。INITGET 函数的位编码值与关键字表仅对紧随其后的那个用户输入函数有效。

如果 INITGET 函数设置了一个控制位,而该控制位对应用程序随后调用的那个用户输入函数来说没有意义,则忽略该控制位。

该函数的返回值为 NIL。

<关键字字符串> 按如下规则定义:

1) 每个关键字与随后的关键字之间用一个或多个空格分隔。例如,"Width Height Depth"定义了3个关键字。

2) 关键字只能由字母、数字和连字符(-)组成。

3) 关键字有如下两种缩写办法:

第一:关键字的必需部分用大写字母表示,而其余部分用小写字母表示。大写的缩写部分可以位于关键字的任何位置(例如,"LType"、"eXit"或"toP")。

第二:整个关键字用大写字母表示,其后紧跟一个逗号,然后再跟随其必需部分(例如,"LTYPE,LT")。这时,关键字的必需部分必须包含关键字的第一个字符,而"EXIT,X"是无效的。

"LType"和"LTYPE,LT"这两种关键字缩写方式是等价的。如果用户键入 LT(无论是大小写),都可以被识别为这个关键字。用户还可以输入关键字必需部分之后的字符,这样就不会与缩写规则相冲突了。

4) 如果 string 参数完全以大写或小写字符给出,其后没有逗号,也没有跟随必需部分,则只有用户完整输入这个关键字时 AutoCAD 才能识别。

<位值>:是按位编码的二进制整数,用于控制是否允许某些类型的数据输入。这些控制位可以任意组合(即把各位加起来),构成 0~225 之间的值。如果没有指定<位值>参数,则假定它是 0。各位的值见表 4-3。

表 4-3　INITGET 函数的<位值>及含义

位　　值	控　制　意　义
1 (2^0)	不接受空输入(直接回车或按空格键)
2 (2^1)	不接受零值
4 (2^2)	不接受负值
8 (2^3)	允许用户在现行图形的极限之外输入一个点。即使 AutoCAD 的系统变量 LIMCHECK 被设置为开(ON),本规则也照样对随后的用户输入函数的调用有效

(续)

位　值	控　制　意　义
16（2^4）	返回三维点而不是二维点
32（2^5）	用虚线（或其他加亮的线）画拖引线或拉伸框
64（2^6）	在使用 GETDIST 函数时，本控制位禁用 z 坐标的输入，这样可以保证在使用 GETDIST 函数的应用程序中，返回的是 2D 距离
128（2^7）	在尊重任何其他的控制位和所列出的关键字的情况下，允许任意地输入，只要它是一个关键字。这个控制的优先权高于 0 位；如果位 7（128）设置为 0，用户按回车键响应函数的输入请求，则返回一个空字符串

例如：

（INITGET　（+　1　2　4））

　　SETQ　age　（GETINT　"How　old　are　you?"））

如果用户输入一个空值、负值或零值，将自动提示用户重新输入；只有当输入一个正整数时，程序才接受输入值，继续运行。

注意：

INITGET 函数对 GETSTRING 不起控制作用，但对 GETKWORD 的输入设置关键字有控制作用。

（INITGET　"Yes　No"）

（SETQ　k（GETKWORD　"Are　you　sure?（Y/N"））

Are　you　sure?　l 回车

非关键字，重新输入

Are　you　sure?　　Y　　　　　　返回值"YES"

　　　　　　　　　　N　　　　　　返回值"NO"

9. GETKWORD 函数

暂停程序执行，等待用户输入一个关键字或关键字的缩写词，关键字必须在调用 GETKWORD 之前，用 INITGET 函数定义。用户不能输入一个 AutoLISP 表达式来响应 GETKWORD 的请求。

（**GETKWORD**［提示］）

【例 1】先调用 INITGET 函数创建关键字列表（如："Yes"和"No"），并且不允许随后的 GETKWORD 接受空输入（将 <位值> 设为 1），然后调用 GETKWORD 函数：

命令：（INITGET 1　"Yes No"）　　　　　　返回 NIL

命令：（SETQ x　（GETKWORD　"确实要这样做吗?（Yes or No)："））

确实要这样做吗?（Yes or No）：yes　　　　返回"Yes"

如果在 GETKWORD 函数的请求下，用户的输入无效，则：

命令：（INITGET 1　"Yes No"）　　　　　　返回 NIL

4.1.2　图形处理函数

1.（POLAR <点> <方向角> <距离>）

用于求相对于 <点> 为一定 <方向角>，一定 <距离> 的点的坐标。<方向角> 是从 x

轴正方向按逆时针方向计算，单位为弧度，其函数原理示意图如图 4-2 所示。在编制绘图程序时，已知一点求另一相关点有两种情况：一是已知 x 的变化值和 y 的变化值，则用表处理函数 CAR，CADR 或 LIST 函数进行处理；二是已知相对角度和相对距离，则用 POLAR 函数更为方便。

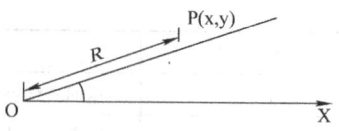

图 4-2　POLAR 函数原理示意图

注意：根据指定 <点> 的类型，返回二维或三维点。

例如：

(POLAR '(1 1 3.5) 0.7854 1.4142)　　　　返回(2.0 2.0 3.5)
(SETQ A (LIST 2 3))　　　　　　　　　　返回(2 3)
(SETQ B (POLAR A 0 4))　　　　　　　　返回(6.0 3.0)
(SETQ C (POLAR B (/ (-Pi)2) 4.5))　　　 返回(6.0 -1.5)
(POLAR '(1 1) 0.785398 1.414214)　　　　返回(2.0 2.0)

2. (DISTANCE <点1> <点2>)

该函数返回两个点之间的 3D 距离，若提供的点中有一个或两个都是 2D 点，函数就会忽略所提供的任何 3D 点的 z 坐标，而返回将这些点投影到当前绘图平面上得到的 2D 距离。

例如：

(DISTANCE '(1.0 2.5 3.0) '(7.7 2.5 3.0)) 返回 6.7
(DISTANCE '(1.0 2.5 0.5) '(3.0 4.0 0.5)) 返回 2.5
(SETQ pt1 '(12.0 76.0 0.0))
(SETQ pt2 '(15.0 -32.0 30.0))
(SETQ len (DISTANCE pt1 pt2))　返回在三维空间中的距离值为 112.129。

3. (ANGLE <点1> <点2>)

函数返回由两点确定的一条直线与 x 轴正向的夹角，单位为弧度。

返回的角度是从当前绘图平面的 x 轴算起，按逆时针方向测量的角度。若指定的点是 3D 点，在计算角度时先将它们投影到当前绘图平面上，然后再计算。

例如：

(ANGLE '(1.0 1.0) '(1.0 4.0))　　　　返回 1.5708
(ANGLE '(5.0 1.33) '(2.4 1.33))　　　返回 3.14159

4. (INTERS <端点1> <端点2> <端点3> <端点4> [<任选项>])

<端点1>和<端点2>确定第一条直线，<端点3>和<端点4>确定第二条直线，本函数用来求两条直线的交点坐标。

若<任选项>存在并且其值为 NIL，则函数可以求两条直线或其延长线上的交点。若<任选项>被省略或其值为非 NIL，则交点必须同时位于两条线上；否则，函数返回 NIL。

所有点都以当前的 UCS 坐标系为单位来表示。如果所提供的 4 个点都是 3D 点，函数将检查 3D 交点。如果所提供的点中有任何一个点是 2D 的，则函数将这两条线投影到当前绘图平面上，求其在 2D 平面的交点坐标。

例如：

(SETQ a '(1.0 1.0) b '(9.0 9.0))　　　返回(9.0 9.0)
(SETQ c '(4.0 1.0) d '(4.0 2.0))　　　返回(4.0 2.0)

(INTERS a b c d)	返回 NIL
(INTERS a b c d T)	返回 NIL
(INTERS a b c d NIL)	返回(4.0 4.0)

小结：函数 ANGLE、DISTANCE、POLAR 和 INTERS

函数 ANGLE 可以获得直线和 x 轴之间角度的弧度值（在当前 UCS 中）；DISTANCE 可以获得两点之间的距离；POLAR 可以用极坐标方法获得一个点（相对于一个初始点）；函数 INTERS 可以获得两条直线的交点。

例如：

```
(SETQ  pt1   '(3.0  6.0  0.0))
(SETQ  pt2   '(5.0  2.0  0.0))
(SETQ  base  '(1.0  7.0  0.0))
(SETQ  rads  (ANGLE  pt1  pt2))        ;在当前 UCS 下 XY 平面中的角度
                                       ;（返回值为弧度）
(SETQ  Len   (DISTANCE  pt1  pt2))     ;在三维空间中的距离
(SETQ  endpt (POLAR  base  rads  Len))
```

调用 POLAR 函数将 endpt 设置为一个点，该点到点（1,7）的距离与点 pt1 到 pt2 的距离相同，并且它们与 x 轴的角度和点 pt1、pt2 与 x 轴的角度相同。

5. 目标捕捉函数 OSNAP

（OSNAP <点> <对象捕捉模式>）

AutoLISP 提供的 OSNAP 函数所实现的功能与 AutoCAD 中的 OSNAP 命令实现的功能相似，都是捕捉目标的特征点，捕捉模式在其字符串参数中指定。

用点拾取屏幕图形目标，再根据<目标捕捉方式>求出该图形目标的特征点，如圆心、中点、端点、切点等。

<目标捕捉方式>为字符串，其中包含了一个或多个有效的对象捕捉模式标志符（如 mid、cen 等），各标志符之间用逗号隔开。

常见的<目标捕捉方式>列举如下：

1）NEA（Nearest）——捕捉距靶区中心点位置最近的线、弧线或圆上的点。

2）END（Endpoint）——捕捉距靶区中心点最近的线、弧线的端点。

3）MID（Midpoint）——捕捉线段或弧线的中点。

4）CEN（Center）——捕捉弧线或圆（可见部分）的圆心。

5）INT（Interserction）——捕捉两条线（或者一条线与圆或弧，或者两个圆或弧）的交点。

6）INS（Insert）——捕捉一个图形、文本、属性定义或块的插入点。

7）PER（Perpendicular）——在直线、弧线或圆上捕捉一点，该点与前一点的连线为该直线、弧线或圆的法线。用该方式的弧线或圆不能是块的一部分。

8）TAN（Tangent）——捕捉圆或弧线上的某一点，该点与前一点的连线为该圆或弧线的一条切线。用该方式的圆或弧线不能是块的一部分。

9）NON（none）——关闭目标捕捉方式。

注意：

目标捕捉只能捕捉屏幕上的可见图元，对关闭层上的图形或虚线中"抬笔"段，则捕捉不到。

【例 2】（SETQ　P2　（OSNAP　P1　"mid"））

捕捉 P1 所在直线段的中点赋给 P2，若是图 4-3 所示的捕捉情况，即包含 P1 点的捕捉窗口不在直线上，则捕捉失效。

———————— － ＋ ———————— － ————————

图 4-3　捕捉情况

【例 3】 下列 OSNAP 调用获得最接近 pt1 的对象的中点：

（SETQ　pt2　（OSNAP　pt1　"mid"））

【例 4】 下列调用获得最接近 pt1 对象的中点、端点或圆心：

（SETQ　pt2　（OSNAP　pt1　"mid,end,cen"））

在上述两个例子中，如果有一个点满足捕捉要求，那么就将该捕捉点赋给 pt2。如果有多个捕捉点满足要求，那么所选取的点由系统变量 SORTENTS 的设置决定。否则，pt2 将设为 NIL。

6. COMMAND 函数

AutoLISP 具有强大的图形绘制及编辑功能，主要是由于它提供了一个系统内部函数——COMMAND 函数，AutoLISP 利用 COMMAND 函数可以非常方便地调用几乎全部的 AutoCAD 命令，可以完成各种工程图形的绘制。

调用格式：

（COMMAND ＜参数＞…）

1）＜参数＞为调用的 AutoCAD 命令、子命令或其命令所需的数据，参数格式取决于所执行的 AutoCAD 命令及其所需的数据类型，同时要符合 AutoLISP 规定的数据类型格式。COMMAND 函数中调用的 ＜参数＞类型、个数与顺序要和 AutoCAD 命令严格对应。

空字符串（""）表示从键盘键入回车键。不带参数调用 COMMAND 函数相当于键入 ＜Esc＞键，这样可取消 AutoCAD 命令。

COMMAND 函数将每一个参数顺序传给 AutoCAD 以响应提示。它以字符串形式提交命令和选项；以两个实数组成表的形式提交 2D 点；以 3 个实数组成表的形式提交 3D 点。只有在命令提示下 AutoCAD 才能识别命令名。

注意： 如果在 Visual LISP 中使用 COMMAND 函数，控制并不会转移到 AutoCAD 中。如果命令要求用户输入，则可以在控制台窗口中看到返回结果（NIL），但 AutoCAD 将等待输入，必须手动激活 AutoCAD 并响应提示。

例如：

在 AutoCAD 中键入：

命令： line

指定第一点：3.0, 4.0

指定下一点或 [放弃（U）]：7.0, 9.0

指定下一点或 [放弃（U）]：

在 AutoLISP 中，用 COMMAND 函数调用 line 命令即可实现上述功能。
（COMMAND "line" "3.0,4.0" "7.0,9.0" " "）
或 （COMMAND "line" '(3.0 4.0) '(7.0 9.0) " "）

2）AutoCAD 命令、子命令和选项要用不含空格的字符串表示，大小写均可。

3）调用 Line、PLine、Layer 等命令时，最后加一个""，等效于在键盘上按一次空格键，以终止该命令执行。

4）显示画圆最后不需要加双引号（""）

例如：
（COMMAND "circle" "3.0,4.0" 3）

5）调用 dim 命令时，最后加"exit"，相当于退出 dim 命令回到 COMMAND 命令提示行。

例如：
（COMMAND "dim" "hor" "4,4" "8,4" "6,4" "10" "exit"）
或用（COMMAND），等效于在键盘上按 <Ctrl + C> 键，即取消 AutoCAD 命令。

上式可写成：
（COMMAND "dim" "hor" "4,4" "8,4" "6,4" "10"）
（COMMAND）
数字常量 10 要写成字符串形式" 10"，这在后面尺寸标注中将作专题讨论。

6）用一个 COMMAND 函数可执行一条或多条 AutoCAD 命令。
（COMMAND "line" "1,1" "2,2" "" "circle" '(3.0 4.0) 4 ）

7）一条 AutoCAD 命令可由多个 COMMAND 函数完成，主要用于循环程序段。

例如：
（COMMAND "line"）
（COMMAND '(5.0 4.0)）
（COMMAND '(3.0 2.0)）
（COMMAND）
在这种情况下，也可在多个 COMMAND 函数调用中插入 GET 族函数。
（COMMAND "circle"）
（SETQ P1(GETPOINT "输入 P1:"））
（COMMAND P1）
（SETQ r(GETREAL "r = ?"））
（COMMAND r）

说明：
COMMAND 函数是实现在 AutoLISP 程序中调用 AutoCAD 命令进行绘图的唯一途径。该函数调用 AutoCAD 有关命令时，其参数类型、个数与顺序和 AutoCAD 命令要严格对应。

4.1.3 显示控制函数

1.（GRAPHSCR）

该函数显示 AutoCAD 的图形窗口，并且返回 NIL。

该函数等价于 GRAPHSCR 命令或按下切换屏幕的功能键。

2.（TEXTSER）

该函数实现图形窗口到文本窗口的转换，并且返回 NIL。

GRAPHSCR 与 TEXTSCR 函数互为反函数，调用这两个函数相当于触发键盘上 < F2 > 键（Windows 环境）。

3.（TEXTPAGE）

该函数实现从图形屏幕切换至文本屏幕，在单屏 AutoCAD 的配置中，用于清除 AutoCAD 文本屏幕，并显示它。

TEXTPAGE 函数等价于 TEXTSCR 函数，除了它能清除显示在文本窗口的任何文本这一点不同之外，这个函数总是返回 NIL。

4.（PRIN1 [<表达式> [<文件标志符>]])

该函数实现往命令行打印一个表达式或写一个表达式到一个已打开的文件中。它只显示指定的 < 表达式 >，不包括换行和空格符。

例如：

(SETQ a 123 b '(a))	返回(A)
(PRIN1 'a)	打印 A 返回 A
(PRIN1 a)	打印 123 返回 123
(PRIN1 b)	打印(A)返回(A)
(PRIN1 "Hello")	打印"Hello"返回"Hello"

若指定 < 文件标志符 >，假定 f 是为写而打开的一个文件的有效的文件描述符，则 (PRIN1 " Hello" f) 将" Hello" 写到指定的文件中，并返回" Hello"。

说明：

PRIN1 函数也可以不带变量被调用，这时也将返回（和打印）空白。如果在用户定义的函数中使用（PRIN1）作为最后的表达式，当函数执行完成时仅打印一个空行，这就为应用程序"静静地"退出提供了手段。

5.（PRINT [<表达式> [<文件标志符>]])

该函数功能与 PRIN1 函数功能基本相同，只是先输出换行，再输出 < 表达式 > 的值，最后输出一个空格。

6.（PRINC [<表达式> [<文件标志符>]])

该函数功能和 PRIN1 函数几乎相同，但本函数将使用 < 表达式 > 中的控制字符的功能而不是照原样打印它们。一般，PRIN1 打印表达式的方式与 LOAD 函数兼容，而 PRINC 打印的表达式则可以被 READ – LINE 等函数读取，也被称为紧凑格式输出函数。

PRINC、PRIN1 和 PRINT 三个函数的区别：

PRINC 显示不包含双引号的字符串，控制字符在字符串中起控制作用。

PRIN1 显示包含双引号的字符串，控制字符不起作用，连同"\"直接输出。

PRINT 与 PRIN1 功能相同，但是在输出表达式之前需加一个空行，之后加一个空格。

例如：

(SETQ str "The \"allowable\" tolerance is \261 \274\"")

(PROMPT str)　　　输出 The "allowable" tolerance is 1/4"　　返回 nil

（PRINC　str）	输出 The "allowable" tolerance is 1/4"
	返回:"The \"allowable\" tolerance is　1/4\""
（PRIN1　str）	输出:"The \"allowable\" tolerance is　1/4\""
	返回"The \"allowable\" tolerance is　1/4\""
（PRINT str）	输出 <空行>
	"The \"allowable\" tolerance is　1/4\"" <空格>
	返回"The \"allowable\" tolerance is　1/4\""

7．（TERPRI）

在命令行上输出一个空行。相当于（PROMPT " \n"）

该函数返回 NIL。

注意：

TERPRI 函数不能用于文件的 I/O。为了在文件中输出一个空行，需要使用 PRIN1、PRINC 或 PRINT 函数。

4.1.4 举例

【例5】编程：在 AutoCAD 的图形屏幕输出如图4-4所示。要求：输入参数为：

bp 为点 (0, 0); L = 120; W = 80; d1 = 50; d2 = 40

步骤：

Step1：尺寸参数赋给相应的变量；

Step2：根据参数算出绘图过程中的全部坐标值；

Step3：调用绘图命令画出图形。

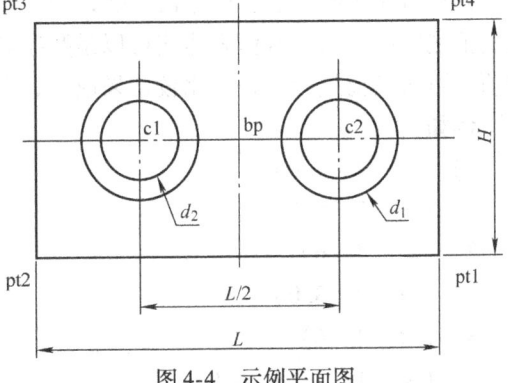

图 4-4　示例平面图

```
(defun eaxm_1 ( )
  (setq bp(getpoint" \n 图形中心点 <bp>:")
    l(getreal" \n 图形长度 <L>:")
    W(getreal" \n 图形宽度 <W>:")
  )
  (setq d1(getreal" \n 外圆半径 <d1:>")
    d2(getreal" \n 内圆半径 <d2:>")
  )
  (setq c1(list ( - (car bp)(/ l 4))(cadr bp))
    c2(list ( + (car bp)(/ l 4))(cadr bp))
    pt1(list( + (car bp)(/ l 2))( - (cadr bp)(/ w 2)))
    pt2(list( - (car bp)(/ l 2))( - (cadr bp)(/ w 2)))
    pt3(list( - (car bp)(/ l 2))( + (cadr bp)(/ w 2)))
    pt4(list( + (car bp)(/ l 2))( + (cadr bp)(/ w 2)))
  )
```

```
    (command"line" pt1 pt2 pt3 pt4 "c")
    (command"circle" c1 d2)
    (command"circle" c1 d1)
    (command"circle" c2 d2)
    (command"circle" c2 d1)
)
```

4.2 分支结构

4.2.1 判断函数

1. 关系运算函数

格式：(<函数名> <数1> <数2>…)

<函数名>：=、<、<=、>、>=、/=

<数1><数2>…为数值或数值表达式，其值为整型数或实型数；如果<数i>是字符串，则按 ASCII 码大小进行比较。函数的参数个数不限。该函数主要用于比较各数值型表达式的值之间的关系。数值表达式可以是数字和变量或表，执行关系运算函数时先对各表达式求值，再对其值进行比较，比较结果成立，返回值为 T，否则为 NIL。

例如：

1) (= 7 7.0)	返回 T
(= 7 6.0)	返回 NIL
2) (/= 4 6)	返回 T
(/= 3 3.0)	返回 NIL
3) (< 4 6)	返回 T
(< 1 3 8 8.0)	返回 NIL
4) (> 10 2 1)	返回 T
(> 10 2 3 3.0)	返回 NIL

2. 逻辑运算函数

AutoLISP 提供了 3 种逻辑运算函数，即逻辑"与"（AND），逻辑"或"（OR）和逻辑"非"（NOT）。这 3 个逻辑运算函数的参数可以是任意类型的表达式。

（1）（AND <表达式>…）

可以有一个或多个<表达式>

该函数返回多个<表达式>逻辑"与"运算结果。执行过程中，若任何一个表达式的求值结果为 NIL，该函数就停止进一步求值，并返回 NIL；否则，返回 T。

（2）（OR <表达式>…）

可以有一个或多个<表达式>

该函数返回多个<表达式>逻辑"或"的运算结果。执行过程中，若任何一个表达式的值为非 NIL，则返回 T；否则，返回 NIL。

注意：OR 函数接受原子作为参数，如果提供原子作为参数，则返回 T。

(3)（NOT ＜表达式＞）

只有一个＜表达式＞参数。

当＜表达式＞的值为 NIL 时，该函数返回 T，否则，返回 NIL。

NOT 函数用于除表之外的其他数据类型的控制函数。

例如：

若已知：

(SETQ　a　2)

(SETQ　b　NIL)

(SETQ　c　"WA")

则：

(AND 5.2 a c)	返回 T
(AND 5.2 a b c)	返回 NIL
(OR NIL '())	返回 NIL
(OR NIL 'a)	返回 T
(NOT a)	返回 NIL
(NOT b)	返回 T
(NOT c)	返回 NIL
(NOT '())	返回 T

4.2.2　条件函数

1.（IF ＜条件＞ ＜是—表达式1＞ [＜否—表达式2＞])

该函数的功能首先检查＜条件＞是否成立，如果条件成立，执行表达式1；否则，执行表达式2，并返回所执行的表达式的值。IF 函数的流程如图 4-5 所示。

例如：

(IF(= 1 3) "YES!" "NO")　　　返回"NO"

(IF(= 2(+ 1 1)) "YES!")　　　返回"YES!"

(IF(= 2(+ 3 4)) "YES!")　　　返回 NIL

若已知计算式为：y = x + 1 　　,0≤x≤3

　　　　　　　　y = 0　　　　,x > 3

(SETQ　x (GETREAL"Enter　x = ?（ > =　x　0):"))

(SETQ　y (IF (AND(> =　x　0)(< =　x　3))(+　x　1)
0))

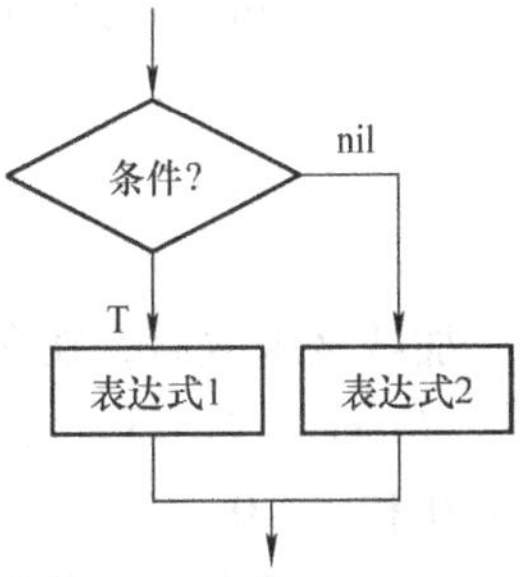

图 4-5　IF 函数的流程图

若 IF 函数中的＜是—表达式＞或＜否—表达式＞为多个，必须用下面的 PROGN 函数控制。

2.（PROGN ＜标准表＞…）

该函数也称顺序执行函数，功能是按顺序对每个＜标准表＞进行求值，并返回最后那个＜标准表＞的值。

例如：
```
(IF( < =   a   b)(PROGN
                  (SETQ  a  ( +  a  10))
                  (SETQ  b  ( -  b  10))
                )
)
```

【例6】编程求一元二次方程 $ax^2+bx+c=0$ 的根。

```
;解一元二次方程
;输入方程系数：a, b, c
(defun roots(a b c)
  (if(/ = a 0)         ;判断二次项系数是否为0
    (progn
      (setq t1( -( * b b)( *4 a c)))
      (if( > = t1 0.0)   ;判别式是否为0
          (progn
            (setq t2(sqrt t1))
            (setq x1(/( -  t2 b)( *2 a)))
            (setq x2(/( -( - b)  t2 )( *2 a)))
            (print(list x1 x2))
          )
          (print"方程的根是复数")
      )
    )
    (print"该方程不是一个二次方程")
  )
  (princ)
)
```

加载该函数后，在命令行输入（roots 1 2 3），函数运行后显示"方程的根是复数"；而输入（roots 1 2 -3），函数运行后返回（1.0 -3.0），即方程 $ax^2+bx+c=0$ 的两个根分别为 1.0 和 -3.0。

3. （COND（＜条件1＞　＜表达式1＞）
　　　　（＜条件2＞　＜表达式2＞）
　　　　　　　　．
　　　　　　　　．
　　　　　　　　．
　　　　（＜条件n＞＜表达式n＞）
　　　）

该函数一旦发现满足＜条件i＞（i=1, 2, …, n），则计算该条件对应的表达式，并返回该表达式的值。COND 函数不再判断其他条件。

【例7】

$$f(x) = \begin{cases} x & 0 \leqslant x < 2 \\ x^2 & 2 \leqslant x < 5 \\ x^3 & 5 \leqslant x < 7 \\ e^x & x \geqslant 7 \end{cases}$$

程序源代码如下：
```
(DEFUN  tif()
    (SETQ  x(GETREAL "输入X=?(x>=0)"))
      (SETQ  fx(COND((AND(>= x 0)(< x 2))x)
        ((AND(>= x 2)(< x 5))(* x x))
        ((AND(>= x 5)(< x 7))(expt x 3))
        ((>= x 7) exp x))))
    )
```

例如：

已知三角形的三边分别为a、b和c，如果a=b=c，返回"DB"；如果a=b或b=c或a=c，返回"DY"；否则a≠b≠c，返回"YB"。

```
(DEFUN  sabc()
    (SETQ  a(GETREAL "a=?"))
    (SETQ  b(GETREAL"b=?"))
    (SETQ  c(GETREAL"C=?"))
    (COND((AND(= a b)(= b c)) 'DB)
        ((OR(= a b)(= b c)(= a c) 'DY)
        (T  'YB)
    )
)
```

COND 函数的控制结构如图 4-6 所示。

注意：

1) IF 函数的参数为任意表达式，可以是数字、表和字符串等，而 COND 函数的参数是多个表，且每个表的第一个元素为条件，这点在使用时要特别注意，否则会引起错误。

例如：
```
(COND(AND(>= x 0)(< x 4))  x
     (AND(>= x 4)(< x 7))  (* x x)
     T                (exp x)
)
```
即是错误的。

2) COND 函数的参数中的 <条件 i>、

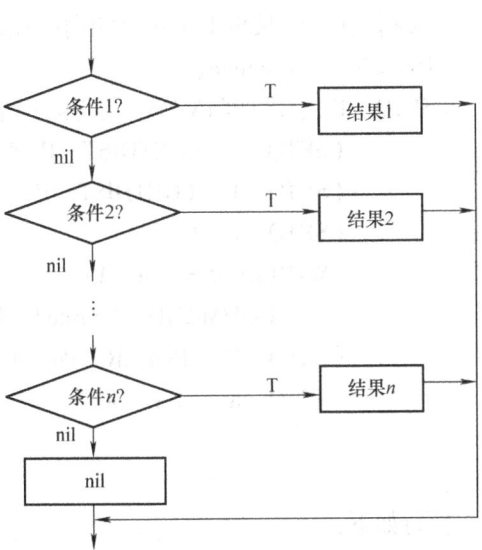

图 4-6 COND 函数的控制结构

<结果i>可以是任意表达式,如图4-6所示。

4.3 循环函数

1.(WHILE <条件> [<标准表>…])

该函数是当<条件>成立时,依次执行各<标准表>,然后再返回来判断<条件>是否成立,若成立,再依次执行各<标准表>,如此循环反复,直至条件不成立为止。WHILE函数语法结构图如图4-7所示。

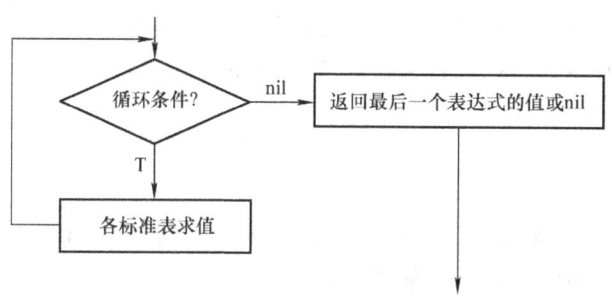

图4-7 WHILE 函数语法结构图

例如:

求当变量a的值为1时,连续进行10次相加的结果。
  (SETQ a 1)
  (WHILE (< = a 10)
       (SETQ a (1+ a))
)

【例8】在一块长板上画4个相同的孔,孔的半径为R,孔心距为L,则:
(DEFUN xunhuan( )
(SETQ Po (GETPOINT" \n 指定第一个孔中心点:"))
    (SETQ r (GETDIST Po "\n 指定半径:"))
    (SETQ L (GETDIST Po "\n 指定孔中心距离:"))
    (SETQ a 1)
    (WHILE(< = a 4)
       (COMMAND "circle" Po r)
    (SETQ Po (POLAR Po 0 L))
    (SETQ a (1+ a))
)
)

执行如下:

命令:(xunhuan)
指定第一个孔中心点:

指定半径：20
指定孔中心距离：100
注意：
用 WHILE 函数编写循环程序时，要防止死循环。
例如：
1）（SETQ n 1）
　　（WHILE（ < =   n   100）
　　　　（SETQ n （1 -   n））
　　）   ;为死循环

2）（SETQ n 1）
　　 （WHILE（ < =   n   100）
　　（PRINT（ *   n   n））
　　）
　　　（SETQ n（1 +   n））   ;也是死循环,初学者要注意

【例9】 定义求解百钱买百鸡的函数。若母鸡每只3个钱，公鸡每只2个钱，小鸡每只0.5个钱。用100个钱买100只鸡，有几个答案，每个答案各有几只母鸡、公鸡和小鸡（不包括0只），打印所求的结果。

该例没有合适的计算公式，只能利用枚举，试出合适的结果。首先分析母鸡数量的范围，如果母鸡等于20，剩余40个钱。用剩下的钱至少买1只公鸡之后，可以买76只小鸡，但鸡的总数为97（小于100），所以母鸡的数量应小于20。同样，买了至少1只母鸡和32只公鸡之后，剩余的33个钱最多买66小鸡，鸡的总数为99（小于100），所以公鸡的数量应小于32。小鸡的数量只能是100减去母鸡与公鸡之和。当鸡的数量和钱数都等于100时，打印这组解。

```
(defun chicken( / hen cock chick cost)
  (setq hen 1)
  (while ( < hen 20);母鸡的数量不超过20
  (setq cock 1)
  (while ( < cock 32);公鸡的可能数量不超过32
    (setq chick ( - 100 hen cock));小鸡的数量
    (setq cost ( + ( * 3 hen)( * 2 cock)( * 0.5 chick)));3种鸡的钱数
    (if ( = cost 100)
    (print (list "母鸡=" hen " 公鸡=" cock " 小鸡=" chick))
    )
    (setq cock (1 + cock));公鸡的数量加1
  )
(setq hen (1 + hen));母鸡的数量加1
)
(princ);静默退出
```

)

加载该程序之后,在"Command:"提示下键入(chicken),输出以下结果:
("母鸡 =" 2 " 公鸡 =" 30 " 小鸡 =" 68)
("母鸡 =" 5 " 公鸡 =" 25 " 小鸡 =" 70)
("母鸡 =" 8 " 公鸡 =" 20 " 小鸡 =" 72)
("母鸡 =" 11 " 公鸡 =" 15 " 小鸡 =" 74)
("母鸡 =" 14 " 公鸡 =" 10 " 小鸡 =" 76)
("母鸡 =" 17 " 公鸡 =" 5 " 小鸡 =" 78)

2.（REPEAT ＜数＞ ＜表达式＞…）

其中,＜数＞为任一正整数,即已知的循环次数,此函数将每一个＜表达式＞计算＜数＞次,返回最后的计算结果。

```
(SETQ  a  10)
(SETQ  b  100)
(REPEAT  4
    (SETQ  a( +  a  10))
    (SETQ  b( -  b  10))
)
```

命令: ! a   a 的值为 50。

【例 10】 编程绘制如图 4-8 所示的图形。

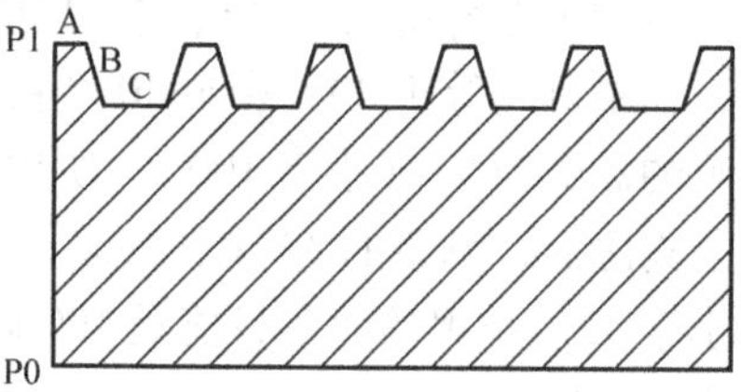

```
(SETQ A 10  B 20  C 20)
(DEFUN XUNHUAN1()
  (SETVAR "CMDECHO" 0)
(SETQ CTA (GETREAL "\n 指定倾角:"))
  (SETQ CTA (/ ( * PI CTA)180))
  (SETQ H (GETREAL "\n 指定高度:"))
  (SETQ N (GETINT "\n 输入循环次数(即槽数):"))
  (SETQ P0 (GETPOINT "\n 指定左下角点:"))
  (SETQ PT (POLAR P0 ( * 0.5 PI)H))
  (COMMAND "PLINE" P0 PT)    ;一个 PLINE 命令用 3 个 COMMAND 面数完成
  (REPEAT N
    (COMMAND
      (SETQ PT (POLAR PT0 A))
      (SETQ PT (POLAR PT (- CTA ( * 0.5 PI))B))
      (SETQ PT (POLAR PT0 C))
      (SETQ PT (POLAR PT (- ( * 0.5 PI)CTA)B))
    )
  )
  (COMMAND
    (SETQ PT (POLAR PT0 A))
```

图 4-8 键槽剖面图

```
    (SETQ PT (POLAR PT ( * -0.5 PI)H))
    "C"
  )
  (SETQ P1 (POLAR PO ( * 0.5 PI)H))
  (COMMAND "HATCH" "ANSI31" 3 "" P1 "") ;绘制剖面线
)
```

程序加载后执行如下：

命令：(xunhuan1)

指定倾角：15

指定高度：100

输入循环次数（即槽数）：5

指定左下角点：单击 p0 点。

生成结果如图 4-8 所示。

4.4 函数递归定义

4.4.1 递归的概念

1) 递归：是指函数在调用过程中出现调用函数本身的成分，称为递归。

直接递归：如果函数调用自身称为直接递归。

间接递归：如果函数 p 调用函数 q，而函数 q 又调用函数 p，则称为间接递归。

2) 递归不仅是数学中的一个重要概念，也是计算技术中的重要概念之一。在计算技术中，与递归有关的概念有递归关系、递归数列、递归过程、递归算法、递归程序和递归方法。

① 递归关系指一个数列的若干连续项之间的关系；

② 递归数列指由递归关系所确定的数列；

③ 递归过程指直接或间接调用自身的过程；

④ 递归算法指包含递归过程的算法；

⑤ 递归程序指直接或间接调用自身的程序；

⑥ 递归方法指一种在有限步骤内，根据特定的法则或公式对一个或多个前面的元素进行运算，以确定一系列元素（如数或函数）的方法。

4.4.2 递归模型

递归模型是对递归算法的抽象，它反映一个递归问题的递归结构。

一个递归模型由递归出口和递归体两部分组成，前者确定递归到何时结束，后者确定递归求解时的递推关系。递归出口的一般格式如下：

$$f(s_1) = m_1$$

这里的 s_1 与 m_1 均为常量，有些递归问题可能有几个递归出口。

递归体的一般格式如下：

$$f(s_{n+1}) = g(f(s_i), f(s_{i+1}), \cdots, f(s_n), c_j, c_{j+1}, \cdots, c_m)$$

其中，n、i、j、m 均为正整数。这里的 s_{n+1} 是一个递归"大问题"，s_i，s_{i+1}，$\cdots$，s_n 为递归"小问题"，c_j，c_{j+1}，$\cdots$，c_m 是若干个可以直接（用非递归方法）解决的问题，g 是一个非递归函数，可以直接求值。递归模型如图 4-9 所示。

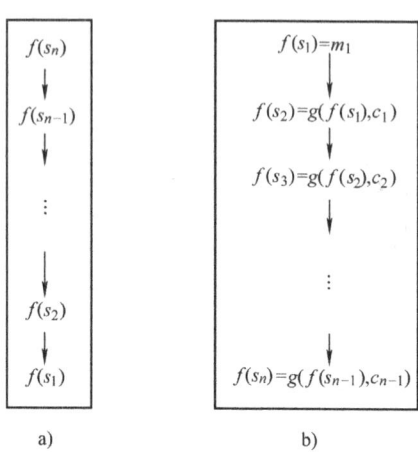

图 4-9　递归模型
a) $f(s_n)$ 的分解过程　b) $f(s_n)$ 的求值过程

$$\begin{cases} f(s_1) = m_1 \\ f(s_n) = g(f(s_{n-1}), c) \end{cases}$$ ；递归出口，即递归终止条件
；递归体，即确定递归求解时的递推关系。

求 $f(s_n)$ 的分解过程如图 4-9a 所示；求值过程如图 4-9b 所示。

4.4.3　递归算法的程序设计

首先给出递归模型，然后转换成 AutoLISP 语言程序。

【例 11】求阶乘 N!（N 为正整数）的递归函数，递归关系如图 4-10 所示。
```
(DEFUN    DIGUI (N)
   (IF (ZEROP N)   1
      ( * N (DIGUI (1 - N)))
   )
)
```
命令：(DIGUI　5)；返回 120

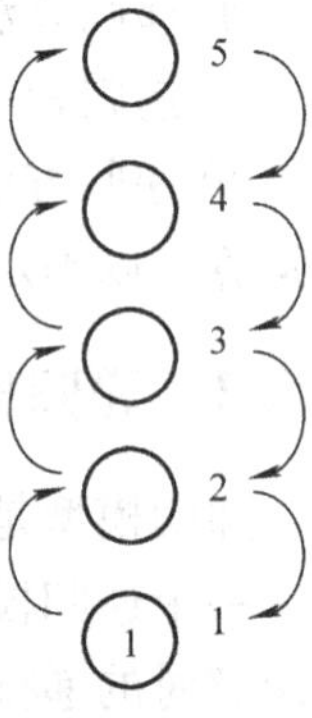

【例 12】求一个数值表中的各数值之和。
```
(DEFUN ADDUP (L)
  (COND((NULL L)   0)
       (T ( + (CAR   L)(ADDUP(CDR   L))))
  )
)
```

图 4-10　N! 对应的递归树

命令:(ADDUP '(3 7 5))返回 15

【例 13】定义一个函数,取一个任意的符号表达式作为参数,返回该表达式中的所有原子组成的一个非嵌套表:
(DEFUN SQUA(S)
　(COND ((NULL S)NIL)
　　((ATOM S)(LIST S))
　　(T(APPEND (SQUA (CAR S))
　　(SQUA (CDR S))
　　)
　　)
　)
)

命令:SQUA '(A (B C)D))　　返回(A B C D)

【例 14】编程画"C"曲线(AutoLISP 语言中,用递归函数画的典型图形是"C"曲线和"龙"曲线):
(DEFUN C-CURVE(BP LEN ANG LMIN)
　(SETVAR "CMDECHO" 0)
　(SETVAR "BLIPMODE" 0)
　(COMMAND "PLINE" BP)
　(C-CURVE-AUX LEN ANG)
　(COMMAND "")
　(SETVAR "CMDECHO" 1)
　(SETVAR "BLIPMODE" 1)
　(PRINC)
)
(DEFUN C – CURVE – AUX(LEN ANG)
　(COND((<= LEN LMIN)(COMMAND (SETQ BP(POLAR BP ANG LEN))))
　　(T (C-CURVE-AUX(/ LEN 1.414214)(+ ANG 0.785398))
　　(C-CURVE-AUX(/ LEN 1.414214)(– ANG 0.785398))
　　)
　)
)

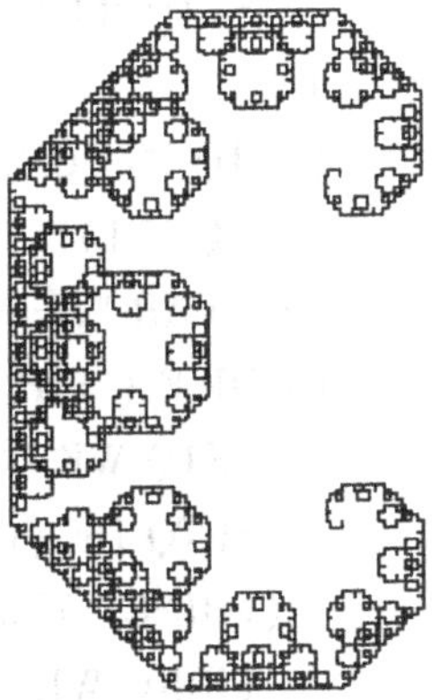

图 4-11　"C"曲线

命令:(c-curve '(4.0 5.0)100 (/ pi 2.0)2)执行结果如图 4-11 所示。

4.5　综合举例

【例 15】绘制建筑平面轴线网,开间和进深尺寸用字符串输入,并由字符串函数转换成数据表。用循环函数根据表中的数据绘制轴网,如图 4-12 所示。

程序如下：
```
(DEFUN C:ZW (/ A SCA)
  (SETVAR "BLIPMODE" 1)
  (SETVAR "CMDECHO" 0)
  (IF ( > 16384 (GETVAR "OSMODE"))
    (SETVAR "OSMODE" ( + 16384 (GETVAR
"OSMODE")))
  )
  (SETQ SCA 1)
  (SETQ B (GETREAL "\n 输入轴网的角度或回车<0>:"))
  (IF (/ = B NIL)
    (SETQ B ( * (/ B 180)PI))
    (SETQ B 0)
  )
  (SETQ P0 (GETPOINT "\n 输入左下角点:"))
  (SETQ H 1)
  (SETVAR "BLIPMODE" 0)
  (WHILE ( = H 1)
    (SETQ WE (GETSTRING T "\n 输入开间距离[3300  6600 * 2  3300]:"))
    (SETQ HE (GETSTRING T "\n 输入进深距离[6600  2100  4500]:"))
    (PRINC "开间距离")
    (PRINC WE)
    (PRINC "进深距离")
    (PRINC HE)
    (SETQ HH (GETSTRING "\n 您是否要重新输入(Y/N) < N > ?"))
    (IF(OR ( = HH "Y")( = HH "Y"))
      (SETQ H 1)
      (SETQ H 0)
    )
  )
  (SETQ WE (REVERSE (BCL WE)))
  (SETQ HE (REVERSE (BCL HE)))

  (SETQ M (LENGTH WE))
  (SETQ N (LENGTH HE))

  (SETQ I 0)
  (SETQ LL 0.0)
```

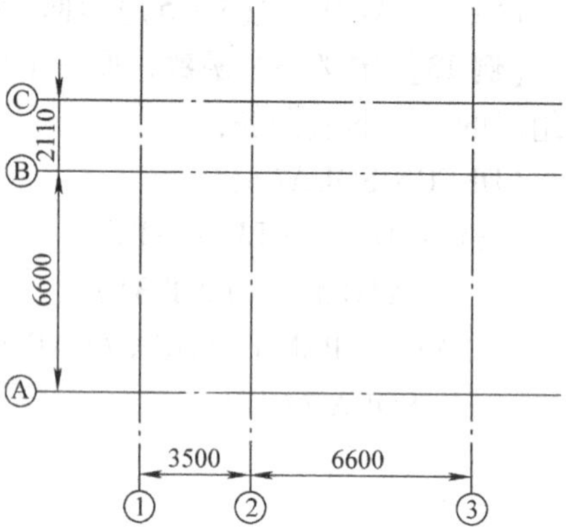

图 4-12　建筑平面轴线网

```
(WHILE ( < I M)
  (SETQ LL ( + (NTH I WE)LL))
  (SETQ I ( + I 1))
)
(SETQ I 0)
(SETQ HH 0.0)
(WHILE ( < I N)
  (SETQ HH ( + (NTH I HE)HH))
  (SETQ I ( + I 1))
)
(COMMAND "LAYER" "M" "AX1" "C" 1 "" "")
(COMMAND "LINE"
      (SETQ P1 (POLAR P0 ( + PI B)( * 3000.0 SCA)))
      (SETQ P2 (POLAR P0 B ( + LL ( * 3000.0 SCA))))
      ""
)
(SETQ I 0)
(WHILE ( < I N)
  (SETQ H (NTH I HE))
  (COMMAND "LINE"
      (SETQ P1 (POLAR P1 ( + (/ PI 2)B)H))
      (SETQ P2 (POLAR P2 ( + (/ PI 2)B)H))
      ""
  )
  (SETQ I ( + I 1))
)
(COMMAND "LINE"
      (SETQ P3 (POLAR P0 ( - B (/ PI 2.0))( * 3000.0 SCA)))
      (SETQ P4 (POLAR P0 ( + B (/ PI 2.0))( + HH ( * SCA 3000.0))))
      ""
)
(SETQ I 0)
(WHILE ( < I M)
  (SETQ WED (NTH I WE))
  (COMMAND "LINE"
      (SETQ P3 (POLAR P3 B WED))
      (SETQ P4 (POLAR P4 B WED))
      ""
  )
```

```
    (SETQ I ( + I 1))
)
(COMMAND "LAYER" "M" "BLK" "")
(SETQ PP (POLAR P0 ( - B (/ PI 2))( * ( + 3000 400)SCA)))
(SETQ I -1)
(WHILE ( < I M)
  (IF( > = I 0)
    (SETQ WED (NTH I WE))
    (SETQ WED 0)
  )
  (COMMAND "CIRCLE"
    (SETQ PP (POLAR PP B WED))
      "400"
      "TEXT"
      "M"
      PP
      ( * SCA 300.0)
      0
      (ITOA ( + I 2))
  )
  (SETQ I ( + I 1))
)
(SETQ PP (POLAR P0 ( + B PI)( * ( + 3000 400)SCA)))
(SETQ SCC '("A"    "B"    "C"    "D"    "E"    "F"    "G"    "H"    "I"
            "J"    "K"    "L"    "M"    "N"    "O"    "P"    "Q"    "R"
            "S"    "T"
           )
)
(SETQ I -1)
(WHILE ( < I N)
  (IF( > = I 0)
    (SETQ H (NTH I HE))
    (SETQ H 0)
  )
  (COMMAND "CIRCLE"
    (SETQ PP (POLAR PP ( + B (/ PI 2))H))
      "400"
      "TEXT"
      "M"
```

```
            PP
            ( * SCA 300. 0)
            0
            (NTH ( + I 1)SCC)
          )
          (SETQ I ( + I 1))
      )
      (DDIM WE B ( - B (/ PI 2))LL 2400)
      (DDIM HE ( + B (/ PI 2))( + B PI)HH 2600)
      (COMMAND "ZOOM" "A" "ZOOM" " 0. 8X")
      (SETVAR "BLIPMODE" 1)
      (IF ( < 16384 (GETVAR "OSMODE"))
         (SETVAR "OSMODE" ( - (GETVAR "OSMODE")16384))
      )
      (PRINC)
  )
(DEFUN DDIM (BIAO ANG ANG1 LN DIS)
    (SETQ PT0 (POLAR P0 ANG1 ( * 2500 SCA)))
    (SETQ PT1 (POLAR P0 ANG1 ( * DIS SCA)))
    (COMMAND "LINE" PT0 (POLAR PT0 ANG LN)"")
    (COMMAND "DONUT" " 0" "150" PT0 "")
    (SETQ M (LENGTH BIAO))
    (SETQ I 0)
    (WHILE ( < I M)
       (SETQ DD (NTH I BIAO))
       (COMMAND "TEXT"
              "BC"
              (SETQ PT1 (POLAR PT1 ANG (/ DD 2)))
              ( * SCA 300)
              (/ ( * ANG 180)PI)
              (ITOA DD)
       )
       (COMMAND "DONUT" "0" "150" (SETQ PT0 (POLAR PT0 ANG DD))"")
       (SETQ PT1 (POLAR PT1 ANG (/ DD 2)))
       (SETQ I ( + I 1))
    )
)

;;字符串转换为反向的表
```

```
(DEFUN BCL (STR1 / MM I LS1 NN TEMP   LL STR2)
  (SETQ MM (STRLEN STR1))
  (SETQI 1
    LS1 '()
    STR2 ""
    N 0
    NN 1
    NN1 0
  )
  (WHILE ( < = I MM)
    (SETQ LL (SUBSTR STR1 I 1))
    (COND ((OR ( = LL " ")( = LL ",") )
      (COND ((/ = STR2 "")
        (IF ( = NN1 1)
          (SETQ TEMP NN
            NN    (ATOI STR2)
            STR2 (ITOA TEMP)
            NN1    0
          )
        )
        (REPEAT NN
          (SETQ LS1 (CONS (ATOI STR2)LS1)
          )
        )
        (SETQSTR2 ""
          NN 1
        )
      )
    )
  )
  (( = LL " * ")
    (SETQ NN    (ATOI STR2)
      STR2 ""
      NN1   1
    )
  )
  )
  (T (SETQ STR2 (STRCAT STR2 LL)))
  )
  (SETQ I (1 + I))
```

)
(COND((/= STR2 "")
  (IF (= NN1 1)
    (SETQ TEMP NN
       NN (ATOI STR2)
       STR2 (ITOA TEMP)
       NN1 0
)
)
)
(REPEAT NN
  (SETQ LS1 (CONS (ATOI STR2)LS1)
)
)
(SETQ STR2 ""
       NN 1
)
)
)
(PRINT LS1)
)

程序运行如下:
命令: ZW
输入轴网的角度或回车<0>:
输入左下角点:
输入开间距离[3300 6600*2 3300]:3300 6600*2 3300
输入进深距离[6600, 2100 4500]:6600, 2100 4500
开间距离 3300 6600*2 3300 进深距离 6600,2100 4500
您是否要重新输入(Y/N)<N>?
运行结果如图 4-13 所示。

【例 16】 编程,绘制花园小路。

程序 1:必须完成如下操作:

1)给定花园小路的起点(左下角点坐标)、长度、宽度和花园小路的方向,画一个矩形的边界。该边界的方向可以是任何二维方向,而且路的长短不受限制。

2)提示用户画砖的大小和砖的间距。这些圆形砖将填充在边界线以内,相切不重叠,也不超出边界线。

3)要将砖成排交叉放置。

程序如下:
(DEFUN C:mcircle( )
    (SETQ bp(GETPOINT "\n 花园小路的基点:")

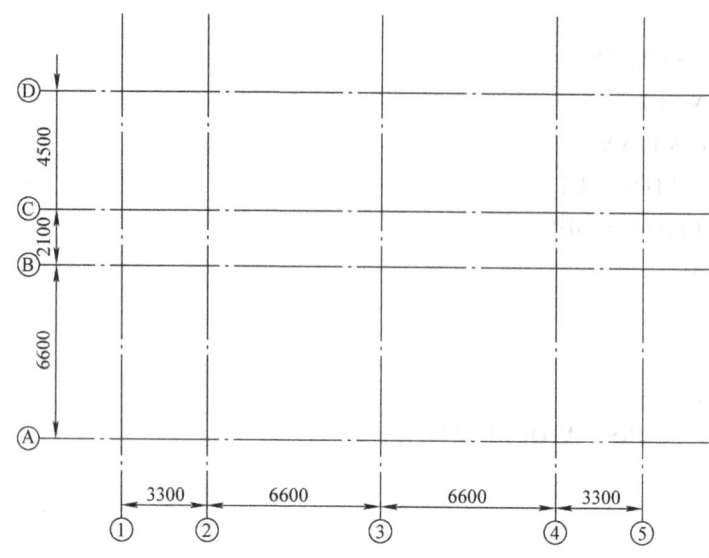

图 4-13 建筑平面轴线网程序运行结果

```
       a(GETANGLE  "\n 花园小路的角度:")
)
(IF  (NOT  a)(SETQ  a  0.0))
(INITGET  7)
(SETQ   L(GETDIST "\n 花园小路的长度:")
       w(GETDISt"\n 花园小路的宽度:")
)
(SETQ  L(FIX(/  L  4.0))
       w(FIX(/  w  4.0))
)
(COMMAND  "color"  1)
(COMMAND  "line"  bp                           ;画花园小路边界;
   (SETQ  p1(POLAR  bp  0.0  (* 4 1)))
(POLAR  p1  (/  pi  2.0)(* 4 w))
   (POLAR  bp(/ pi 2.0)(* 4 w))
  "close" )
   (SETQ  cp  (POLAR  bp(/ pi 4.0)(* 2.0 (sqrt 2.0)))
       cp1  cp
)
(COMMAND  "color"  2)
(REPEAT  w                                     ;画花园小路圆形瓷砖;
     (REPEAT  L
        (COMMAND  "circle"  cp1  2.0)
        (SETQ  cp1  (POLAR  cp1  0.0  4.0))
```

```
                        )
          (setq  cp1  (POLAR  cp  (/  pi  2.0)  4.0)
cp  cp1
                      )
                    )
          (PRINC)
)
```
程序执行过程：
命令：　　(load"C:/ temp2.LSP")
返回值：C:MCIRCLE
命令：　　MCIRCLE
花园小路的基点：　　输入花园小路基点坐标
花园小路的角度：　　输入花园小路的角度
花园小路的长度：　　输入花园小路的长度
花园小路的宽度：　　输入花园小路的宽度

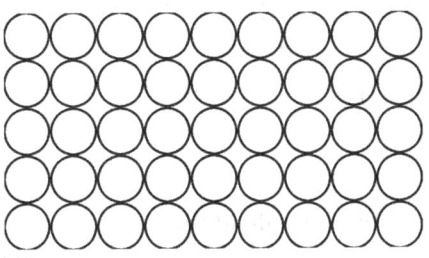

图 4-14　花园小路程序运行结果图

运行结果如图 4-14 所示。

程序 2：
```
(DEFUN gpuser()
    (SETQ   sp (GETPOINT "\n 路径起点:"))
    (SETQ   plength (GETDISt "\n 路径长度:"))
    (SETQ   width (GETDIST "\n 路径宽度:"))
    (SETQ   hwidth (/  width 2))
    (SETQ   trad (GETDIST "\n 圆砖半径:"))
    (SETQangp (/  pi 2)
        angm  (-(/  pi 2))
    )
)


(DEFUN   C:path()
    (GPUSEr)
    (SETQsblip (GETVAR "blipmode")
        scmde (GETVAR "cmdecho")
    )
    (SETVAR   "cmdecho" 0)
    (SETVAR   "osmode" 0)
    (DRAWOUT)
    (DRAWTILES)
    (SETVAR   "blipmode" sblip)
    (SETVAR   "cmdecho" scmde)
```

```
     (PRINC)
)

(DEFUN drawout()
  (COMMAND "pline"
      (SETQ p (POLAR sp angm hwidth))
      (SETQ p (POLAR p 0 plength))
      (SETQ p (POLAR p angp width))
      (SETQ p (POLAR p pi plength))
      "c"
  )
)

(DEFUN drawtiles()
  (SETQ pdist trad);;(print "bbb")
  (WHILE (<= pdist (- plength trad))
    (DRAW pdist trad)
    (SETQ pdist (+ pdist trad trad))
  )
)

(DEFUN DRAW(pd offset)
  (SETQ pf (POLAR sp 0 pd))
  (SETQ pc (POLAR pf angp offset))
  (SETQ pcc pc)
  (WHILE (<= (DISTANCE pf pcc)(- hwidth trad))
    (COMMAND "circle" pcc trad)
    (SETQ pcc (POLAR pcc angp (+ trad trad)))
  )
  (SETQ pcc (POLAR pc angm (+ trad trad)))
  (WHILE (<= (DISTANCE pf pcc)(- hwidth trad))
    (COMMAND "circle" pcc trad)
    (SETQ pcc (POLAR pcc angm (+ trad trad)))
  )
)
```

【例17】编程，要求：
1）随机输入等距同心圆的圆心坐标、圆的内半径及同心圆的间距；
2）随机输入同心圆的同心圆组数和每组同心圆的个数。
程序如下：

第 4 章 程序流程控制

```
(DEFUN  mm()
    (SETQ  i  1)
    (SETQ  m (GETINT  "\n 同心圆组数:")
           n (GETINT  "\n 每组同心圆数:")
    )
    (SETQ  pc (GETPOINT  "\n 圆心坐标:")
           r1 (GETREAL  "\n 同心圆圆心距:")
           r  (GETREAL  "\n 内圆半径:"))
    (WHILE  (<=  i  m)
       (SETQ j  1)
       (WHILE(<=  j  n)
          (command  "color"  j)
          (command  "circle"  pc  r)
          (SETQ  r  (+  r  r1))
          (SETQ  j  (1+  j))
       )
       (SETQ i  (1+  i))
    )
       (PRINT)
 )
```

程序执行过程:
命令: (load"C:tmp.lsp")   返回值: MM
命令: (MM)
同心圆组数: 2
每组同心圆数: 7
圆心坐标: 单击一点
同心圆圆心距: 20
内圆半径: 1

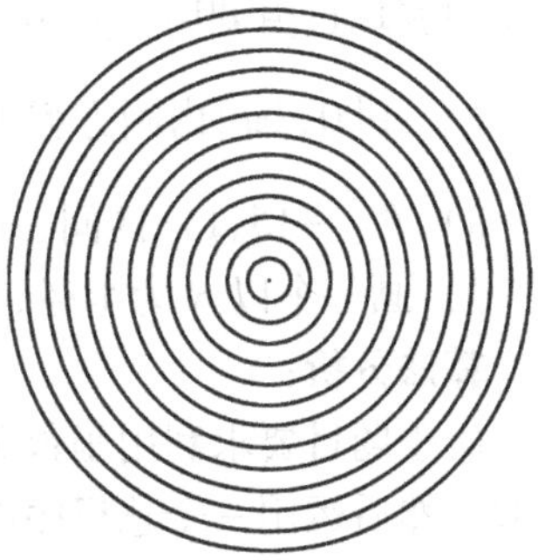

图 4-15 同心圆

程序执行结果如图 4-15 所示。

【**例 18**】编程,输出如图 4-16 所示的图形,其程序如下:
```
(DEFUN C:sjx (/  n  m)
   (TEXTSCR)
   (SETQ  n  1)
   (SETQ  k (GETINT "\n 输入行数 k = "))
   (WHILE (<=   n  k)
      (SETQ m  1)
      (WHILE (<=  m  n)
         (PRINC " * ")
         (SETQ  m (1+  m))
```

```
*
**
***
****
*****
```

图 4-16 三角形排列图

```
    )
    (TERPRI)
    (SETQ n (1 + n))
  )
  (GRREAD)
  (GRAPHSCR)
)
```

如果将(PRINC " * ")换成(PRINC (STRCAT(ITOA M)"X"(ITOA N)" = "(ITOA (* M N))" "))调用上面函数，输入行数 9 便可以打印如下九九表。

1x1 = 1
1x2 = 2   2x2 = 4
1x3 = 3   2x3 = 6   3x3 = 9
1x4 = 4   2x4 = 8   3x4 = 12   4x4 = 16
1x5 = 5   2x5 = 10 3x5 = 15   4x5 = 20   5x5 = 25
1x6 = 6   2x6 = 12 3x6 = 18   4x6 = 24   5x6 = 30   6x6 = 36
1x7 = 7   2x7 = 14 3x7 = 21   4x7 = 28   5x7 = 35   6x7 = 42   7x7 = 49
1x8 = 8   2x8 = 16 3x8 = 24   4x8 = 32   5x8 = 40   6x8 = 48   7x8 = 56   8x8 = 64
1x9 = 9   2x9 = 18 3x9 = 27   4x9 = 36   5x9 = 45   6x9 = 54   7x9 = 63   8x9 = 72   9x9 = 81

【例 19】Autolisp 综合程序设计：用函数调用，将如下 3 个独立的画图程序综合在一个程序中实现自由调用，其函数是：

1) 在 $[0, 2\pi]$ 内画方程 $R = \cos\frac{9\theta}{10}$；

2) 在 $[-15, 15]$ 区间，画阿基米德螺旋线 $R = \theta$；

3) 画一个以 R 为半径，P 为圆心，边长为 n 的正多边形。

算法分析：

由于题目要求利用函数调用实现程序的功能，因此需先编写 3 个独立程序分别对应 3 个图形，然后运用一个总程序将 3 个子程序进行调用。

程序如下：

```
(DEFUN  a1 (n)
  (SETQ  d (/ ( * 2  pi) n))    ;等分后取距离
  (SETQ  x 0)
  (COMMAND " line")
  (WHILE ( < = x ( * 2  pi))
    (SETQ  y (COS (/ ( * 9  x) 10)))
    (SETQ p (LIST x  y))
    (COMMAND  p)                ;找点连线
    (SETQ  x ( + x  d))         ;改变变量
  )                             ;循环直至找到所有点后退出
```

```
      (COMMAND "")                      ;画出图形
      (a4)                              ;执行"附加程序"
)
(DEFUN a2 (n)
    (SETQ d (/ (* 2 pi) n))
    (SETQ x 0 r 0)
    (COMMAND "line")
    (WHILE (<= (ABS (* r (COS x))) 15)   ;对应条件[-15,15]内
      (SETQ p (POLAR '(0 0) x r))
      (COMMAND p)
      (SETQ x (+ x d) r (+ r d))
    )
    (COMMAND "")
    (a4)
)
    (DEFUN a3 ()
      (INITGET 7) (SETQ n (GETINT " \n 边数 n ="))
      (IF (>= n 3)
        (PROGN (INITGET 1) (SETQ p (GETPOINT " \n p:"))
          (INITGET 7) (SETQ r (GETREAL " \n r=")));n≥3,执行程序
        (PROGN (PRINC " Error!   n 需大于 2") (a3));n<3,提示错误,重新
输入
      )
      (COMMAND " polygon" n p " i" r)          ;执行画图命令
      (a4)
    )
(DEFUN a4 ()
    (INITGET 1)
    (SETQ q (GETSTRING " \n 是否还需画其他图形 \n 是 Y 否 N \n Y/N:"))
    (IF (OR (= (ASCII q) (ASCII " Y")) (= (ASCII q) (ASCII " y"))
(= (ASCII q) (ASCII " N")) (= (ASCII q) (ASCII " n")))
(COND ((OR (= (ASCII q) (ASCIi " Y")) (= (ASCII q) (ASCII " y"))) (a5))
       ((OR (= (ASCII q) (ASCII " N")) (= (ASCII q) (ASCII " n"))) (PRINC))
    )
    (PROGN (PRINC " 没有此选项,请重新输入") (a4))
    )
  )
(DEFUN a5 ()
    (INITGET 1)
```

```
    (SETQ e (GETSTRING " \n 是否保留原有图形 \n 是 Y 否 N \n Y/N:"))
    (IF (OR (= (ASCII e) (ASCII " Y")) (= (ASCII e) (ASCII " y"))
  (= (ASCII e) (ASCII " N")) (= (ASCII e) (ASCII " n")))
    (COND ((OR (= (ASCII e) (ASCII " Y")) (= (ASCII e) (ASCII " y"))) (huatu))
      ((OR (= (ASCII e) (ASCII "N")) (= (ASCII e) (ASCII "n")))
      (SETQ p1 (gETPOINT " \n 选择所需删除图形窗口 First Point:"))
      (SETQ p2 (GETCORNER p1 " \n 选择所需删除图形窗口 Second Point:"))
      (COMMAND "erase" "w" p1 p2 "")
        (huatu))
    )
    (PROGN (PRINC "没有此选项,请重新输入")(a5))
    )
  )
(DEFUN huatu()
  (INITGET (+ 1 2 4))
  (SETQ n (GETINT " \n 选项: \n 1:余弦函数 2:阿基米德螺旋线 3:正多边形 \n 选择
所画图形序号 n ="))     ;设置选项变量,将 3 个子程序连接
  (IF (< = n 3)
    (COND ((= n 1)(INITGET 7)
              (SETQ n1 (GETINT " \n 等分份数 n ="))
      (a1 n1))                 ;选 1 时,调用 a1 程序
      ((= n 2)(INITGET 7)(SETQ n2 (GETINT " \n 等分份数 n ="))
      (a2 n2))                 ;选 2 时,调用 a2 程序
      ((= n 3)(a3))            ;选 3 时,调用 a3 程序
    )
    (PROGN (PRINC "错误! \n 没有此选项,请重新输入")(huatu))
    )
  )
)
```

命令:(load"C: tmp. lsp")   返回: HUATU

命令:

　　选项:

　　1:余弦函数; 2:阿基米德螺旋线; 3:正多边形。

　　选择所画图形序号 $n =$

选择所需画图形的序号,根据提示输入所需数据,依次得到所需的图形,如图 4-17 所示。

若选 1(余弦函数),会得到图 4-17 所示图形。

若选 2(阿基米德螺旋线),会得到图 4-18 所示图形。

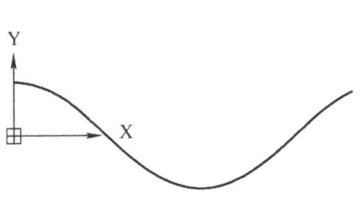
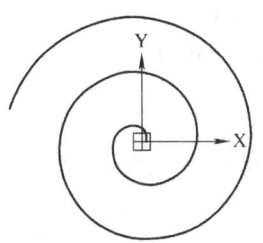

图 4-17 余弦曲线　　　　　图 4-18 阿基米德螺旋线

若选 3（正多边形），会得到图 4-19 所示图形。

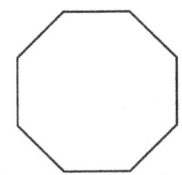

图 4-19 综合程序设计图形

注：根据输入的数值不同，可以得到不同的多边形。

因为此程序运行时，在一个图形完成后，可以选择继续画图，并可以保留或删除原有的图形，所以运行结果中的图形个数是不确定的。

习　　题

1. 指出下述 IF 函数的合法性和合法函数的返回值：
1)（IF　（A＞B　（SETQ　A　B））
2)（IF　5　6　7）
3)（IF　T　（+1　2　3)（-1　2　3））
4)（IF（＞　5　3)OR（＜　7　8)(SETQ　X　5））
5)（IF　（1＋　　5)(1－　　5））
6)（IF　NIL)(SETQ　A　3））
7)（IF（＞　5　3　2)(SETQ　　A　3　B　　-3））
8)（SETQ　　A　3　B　4)
　　（IF　A　B）
9)（IF　1　2　3　4）
10)（IF　（NOT　5）　（COMMAND　"POINT"　" 5,3"）
　　　　　　　　　（COMMAND　"POINT"　" 0,0"））

2. 加载以下 5 个表达式之后，a、b、c、d、e 的值分别是多少？
(setq a 1)
(if(/= a 0)(setq b 2))
(if(= a 0)(setq c 3)(setq c 4))
(if(＞ a 0)(setq d(∗ b c))(setq d(∗ a c)))
(if(and (＞ b 2)(＜ c 3))(setq e(+ a b))(setq e(- c d)))

3. 下列程序能否正常执行？为什么？
(setq a 1 b 100)

```
(while ( < a 10)
  (setq b( * b 10))
  (1 + a)
)
```

4. 执行下面表达式能否获得正常结果？为什么？

(repeat 10)(setq m(+ n 10))

5. 下面表达式能否执行？若不能，请改正。

(setq x 1 y 2)
(if (> x 0)(setq y(+ x - y)))(setq y(+ x y)))

6. 根据输入的 x 值，求函数 y 的值，函数如下：

$$y = \begin{cases} 1 & x < -1 \\ 4x^3 + 1.5 & -1 \leqslant x \leqslant 0 \\ \sin(x) + \ln(x) & 0 < x < 1 \\ 12x^2 - 9x - 4 & 其他 \end{cases}$$

7. 根据学生某门课程的考试分数，编程输出对应的等级，具体规定如下：
100~90：A ；89~80：B；79~70：C；69~60：D；<60：E。

8. 输入 4 个实型数，按照从小到大的顺序排序放入一个表中输出。

9. 随机输入一元二次方程的一组系数，编程求一元二次方程 $ax^2 + bx + c = 0$ 的根。

10. 指出下述 COND 函数的合法性和合法函数的返回值：

1) (COND(> 5 3)   (SETQ x 5))

2) (COND(> 5 3)   (1 + 5)(1 - 5))

3) (COND ((< 5 3) (1 + 5))(T (1 - 5)))

11. 编程画函数 $\begin{cases} x = \sin(2\theta) \\ y = \sin(5\theta) \end{cases}$ 在 [0, 2π] 内的曲线

12. 编程画极坐标方程 $R = 1 + 2\cos(2\theta)$ 在 [0, 2π] 内的曲线。

13. 编程输出如图 4-20 所示图形：

```
         *
        ***
       *****
      *******
     *********
    ***********
```

图 4-20　直角三角形

14. 一球从 100m 的高度自由落下，每次落地后反跳回原来高度的一半。编写程序，求解该球在第 10 次落地时共经过多少米？并求第 10 次反弹的高度。

第 5 章 AutoLISP 文件

AutoLISP 语言和其他高级程序设计语言一样具有文件处理功能，提供了文件操作函数。一般来讲，文件是建立在外部介质上的数据集合。文件的分类方法很多，按其存储的外部介质，可以分为磁盘文件、磁带文件等；按其存入数据的性质，可分为源程序文件和数据文件；按文件的组织形式，可分为顺序存取文件、随机存取文件等。在 AutoLISP 语言中，程序和数据二者都具有相同的结构，所以程序文件和数据文件二者无严格区别。AutoLISP 提供的文件操作函数能处理数据文件，也能处理程序文件。另外，AutoLISP 只支持 ASCII 码的顺序文件。

AutoLISP 提供了一个 Load 函数，可以将程序文件装入内存，并对其求值。因此，Load 函数是一个特殊的文件操作函数，本章将介绍 AutoLISP 提供的一般文件操作函数，这些函数不但能存取一般数据文件，还可以处理程序文件。

由于文件处理函数能够从文件存取数据，所以，不但可以实现 AutoLISP 程序之间的数据传输，还可以实现 AutoCAD 与其他语言（如 BASIC、FORTRAN、C 语言等）的数据传输。

5.1 AutoLISP 文件的特点

AutoLISP 文件的扩展名为 .lsp，是由若干个 AutoLISP 表达式构成的。

一个 LISP 文件可定义多个函数或 AutoCAD 命令。

表达式相当于语句。一个表达式可以分写在若干行上，一行可以写若干个表达式。连续的多个空格相当于一个空格。以下是一个表达式分写在若干行上的实例：
(defun plus(x y)
　(+ (* x y)x)
)
以下是一行写若干个表达式的实例：
(setq a 2.0)(setq b 4.0)(+ a b)

由于在 AutoLISP 程序中含有大量的括号，使得程序代码不易阅读。解决这个问题的方法就是缩进对齐格式。程序代码行嵌套的层次越深，越向右缩进。例如，定义下例 $f(x)$ 函数。

$$f(x) = \begin{cases} 1 & x > 0 \\ 2 & x = 0 \\ 0 & x < 0 \end{cases}$$

不采用缩进格式书写，形式如下：
(defun fun (x)(cond ((> x 0)1)((= x 0)2)((< x 0)0)))
采用缩进格式书写，形式如下：
(defun fun (x)
　　(cond((> x 0) 1)

```
        ((= x 0) 2)
        ((< x 0) 0)
    )
)
```

显然后者便于程序的阅读和调试。Visual LISP 提供了文本格式编辑器，可以将随意书写的程序更新为缩进格式的程序。

5.2 程序中的注释

注释能够增加程序的可读性，不仅便于对程序的阅读和调试，也便于对程序的维护、移植和扩充。

注释的形式可以是整行、或行尾注释。

行注释以分号";"开头，至行尾为注释部分。

例如:

```
;由半径计算圆的面积
(setq area ( * pi r r))    ;计算圆的面积
```

【例1】定义打印 ASCII 码为 33 ~90 的字符的命令。

```
;该程序打印 ASCII 码为 33 ~90 的字符
;在 Command：提示下，键入 pras
(defun c:pras(/ as );定义 pras 为 AutoCAD 命令,as 为局部变元
    (setq as 33)              ;设置 as 为第一个 ASCII 码 33
    (while( < =  as 90)       ;while 循环开始
        (princ(chr as))       ;打印 ASCII 码的为 as 的字符
        (terpri)              ;换新行
        (setq as (1 + as))    ;设置 as 为 as 的下一个 ASCII 码
    )                         ;while 循环结束
)                             ;命令定义结束
```

5.3 在 AutoCAD 环境下加载 AutoLISP 文件

1. 命令行方式

加载 AutoLISP 文件用 load 函数，调用 load 函数的格式如下：
Command：(load "驱动器:\\路径\\文件名" ["出错信息"])

若加载成功，返回被加载的 AutoLISP 文件的最后一个表达式的结果，若最后一个表达式是函数的定义，则返回该函数名。若加载失败，返回用户定义的出错信息，若用户没有定义出错信息，则返回加载失败的信息。

例如：

文件 file1.lsp 最后一个表达式是定义函数 func1，它的路径是 d：\ user1。加载该文件的表达式如下：

Command:(load "d:\\ user1\\ file1" "没有找到这个文件!")

若加载成功,返回函数名 func1,否则返回" 没有找到这个文件! "。

如果调用该函数时省略了"出错信息",例如:

Command:(load "d:/ user1/file1")

若加载成功,返回函数名 func1,否则返回加载失败信息 error: LOAD failed: " d:\\ user1\\ file1"

2. 对话框方式

选择下拉菜单Tools→Load Application 项,或者选择下拉菜单Tools→AutoLISP→Load 项,或者在"Command:"提示下键入 appload,通过随后弹出的"加载/卸载应用程序"对话框加载 AutoLISP 文件。

3. 自动加载

AutoCAD 在启动时,可以自动加载 acad.lsp、acad2007.lsp、acaddoc.lsp 和 acad2007doc.lsp 四个 lisp 文件。用户可以创建和维护这些文件,其中 acad.lsp 和 acaddoc.lsp 只能由用户来创建。AutoCAD 在加载过程中不报告是否找到或是否加载相关文件的信息。AutoCAD 在加载菜单时,自动加载了与菜单文件同名的扩展名为 .mnl 的 lisp 文件,如图 5-1 所示。

图 5-1 对话框加载文件

4. 间接自动加载

如果把调用 autoload 函数的表达式写在自动加载的 acad2007doc.lsp 等文件内,在 AutoCAD 启动时,随着 acad2007doc.lsp 等文件的自动加载,被调用的 autoload 函数还可以加载一些 LISP 文件。调用 autoload 函数的格式如下:

Command:(autoload lisp 文件名 命令表)

该函数要求 LISP 文件必须在 AutoCAD 支持的文件搜索路径下，命令表列出了在该 LISP 文件中定义的部分的 AutoCAD 命令名。无论是否加载成功，该函数均返回 nil。

autoload 函数与 load 函数的不同之处是，执行完调用该函数的表达式之后，AutoCAD 只是记录了被加载的 LISP 文件名和相应的命令表，而 LISP 文件本身并没有被加载。只有等到命令表内的任意一个命令被调用之后，这个 LISP 文件才真正被加载，这时该 LISP 文件所定义的全部 AutoCAD 命令才处于可以被调用状态。也就是说，如果某个 LISP 文件所定义的命令没有被调用，那么这个 LISP 文件就暂时不被加载到内存，从而节省了内存空间。

例如：

文件 file1.lsp 定义了 "cmd1"、"cmd2" 等多个 AutoCAD 命令，该文件存放在 AutoCAD 的 support 目录下。用 autoload 加载 file1.lsp 的表达式如下：

Command:(autoload "file1.lsp" '("cmd1"　"cmd2"))

此后如果调用 file1.lsp 文件定义的命令表之外的命令，会显示 "Unknown command（未知命令)"×××""的出错信息，因为该 LISP 文件尚未被真正地加载。如果调用命令表内的任意一个命令，例如调用 cmd1 命令，file1.lsp 文件才被 AutoCAD 真正地加载，随后该文件定义的所有 AutoCAD 命令均可被调用。

如果将表达式(autoload　"file1.lsp"　'("cmd1"　"cmd2"))追加到 acad2007doc.lsp 等文件的后面，即可在启动 AutoCAD 时，间接自动地加载 file1.lsp。

5.4　搜索、获得文件的函数

1.（FINDFILE <文件名>）

FINDFILE 函数搜索<文件>的路径，并返回此路径描述。

若<文件>不存在，它就返回 NIL。

例如：

若 "Li.Lsp"　文件在 C：\ ACAD 路径下则：

(FINDFILE　"Li.Lsp")　　　　返回" C：\ \ ACAD \ \ Li.Lsp"

说明：

在指定路径时，必须在右下斜杠 "\" 前面加一个右下斜杠，这样 AutoLISP 就能识别路径。另一种方法是使用左斜杠符 "/" 作为目录 r 的分隔符。使用 findfile 函数可避免打开一个并不存在的文件时，而导致系统出错。

一个更好的方法是，在用户要选择一个文件时把用户带入到一个内建式的文件对话框中，这时可用下面的 GETFILED 函数实现。

2.（GETFILED　"对话框标题"　"文件名"　"扩展名"　标志值)

"文件名" 可以为空串。

"扩展名" 也可以为空串，隐含指出文件的扩展名是 *（即所有类型的文件）

标志值是整数，可为 1、2、4、8，这几个值组成一个大于 0 而小于 15 的值。各标志值的含义是：

1—在覆盖一个现存文件时，会给用户警告信息。

2—使 TYPE　It 按钮变成灰色，即禁用 TYPE It 按钮。

4——允许用户改变文件原扩展名。

8——AutoCAD 使用它搜索路径，仅返回文件名，而不包含路径描述。如果不设置它，则返回整个路径描述。

如果对话框从用户那里获得了一个文件名，GETFILED 函数将指定的文件名以字符串的形式返回；否则，返回 NIL。

例如：

getilled 函数

(GETFILED "Select a Lisp File" "c:/program files/AutoCAD 2007/support/" "lsp" 8)

调用上面这个例子所显示的对话框如图 5-2 所示。

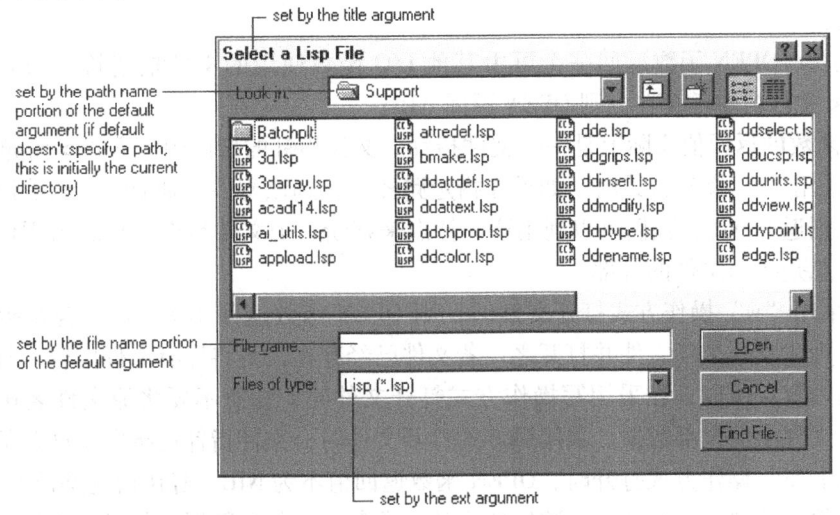

图 5-2　选择文件对话框实例

在调用 GETFILED 函数显示的文件对话框中，包含了一个由指定类型（由扩展名指定）的文件名组成的文件列表。用户可使用这个对话框浏览不同驱动器和目录中的文件，选择一个现有文件或指定一个新的文件名。

5.5　打开、关闭文件的函数

1.（OPEN ＜文件名＞ ＜方式＞）

该函数打开一个文件，供其他 AutoLISP I/O 函数访问。

＜**文件名**＞是字符串，指定要打开文件的名称和扩展名。如果没有指定文件的全部路径，则 OPEN 假定其路径为 AutoCAD 启动目录。

＜**方式**＞是一个读/写标志，指明文件的状态为打开文件用于读、写或追加。＜方式＞参数可以包含下列字符之一：

r：打开用于读操作。

w：打开用于写操作。如果＜文件名＞不存在，则创建新文件并打开它；如果文件名存在，则覆盖其现有数据。传给一个已打开文件的数据，只有在用 CLOSE 函数关闭文件后才会真正被写入文件中。

a：打开文件用于追加操作。如果<文件名>不存在，则创建一个新文件并打开它；如果<文件名>存在，则打开该文件并把文件指针移到现有数据的尾部，用户写入文件的数据追加到现有数据的后面。

<方式>参数可以为大写或小写。在 AutoCAD 2000 以前的版本中，<方式>只能使用小写格式。

功能：该函数的功能是打开指定<文件名>的文件，以建立内存与外存之间的联系，并告诉计算机对文件进行操作的方式。这样，其输入、输出函数（即 I/O 函数）才能在这个文件上工作，所以，无论是向一个文件中写数据，还是从文件上读入数据都必须首先调用 OPEN 函数打开文件。

返回值：

如果成功，OPEN 函数返回一个可由其他 I/O 函数使用的文件描述符。如果指定了模式"r"且<文件名>不存在，则 OPEN 返回 NIL。

OPEN 函数的返回值实际上是一个文件指针。文件指针的指向因<方式>而异。

1）当采用"r"操作方式时，如果在指定路径下找到该文件，则 OPEN 函数返回该文件描述符，否则返回 NIL，我们可以利用这一特点来判断一个文件是否存在。当用该操作方式时文件指针总是指向文件的首部。

2）当采用"w"操作方式打开文件时，则 OPEN 函数返回不为 NIL。若在指定路径下无此文件，则建立一个新文件并打开之。若文件已经存在，则将原有文件内容全部清除，准备接受新的内容。所以，在采用写操作方式打开文件时，注意不要将原文件名用重了。否则，将破坏文件中的全部数据。采用写方式打开文件时，文件指针也指向文件首部。

3）采用"a"操作方式打开时，OPEN 函数返回值不为 NIL。若在指定路径下找到文件，则打开该文件，并把指针移到现有数据的尾部，准备接受新的数据。如果该文件不存在，则建立一个新文件并打开该文件。

例如：

（SETQ f（OPEN "new.tst" "w"））　　　　返回值 < FILE # 0017 >
（SETQ f（OPEN "old.txt" "w"））　　　　返回值 < FILE # 002 >

打开现有文件：

命令：（SETQ a（OPEN "C:/program files/acad2000/help/filelist.txt" "r"））
返回：# < file "c:/program files/acad2000/help/filelist.txt" >

假定下面样例中 OPEN 所用的文件不存在：

命令：（SETQ f（OPEN "c:\\my documents\\new.tst" "w"））
返回：# < file "c:\\my documents\\new.tst" >
命令：（SETQ f（OPEN "nosuch.fil" "r"））
返回：NIL
命令：（SETQ f（OPEN "logfile" "a"））
返回：# < file "logfile" >

注意：

1）<文件名>书写方式，与 Load 函数要求的格式相似，但与 Load 函数不同的是 open 函数要求的文件名要包括扩展名，大小写均可。

2）在 DOS 系统中，某些程序和文本编辑器在写入文本文件时会在文本尾部加上一个文件结束标记（CTRL+Z，十进制 ASCII 码 26）。在读入文件时，当碰到 CTRL+Z 标记时，便返回文件结束状态，而不管其后是否还有其他数据。如果想用 OPEN 函数的"a"（追加）方式在其他程序所建立的文本文件后追加数据，则必须保证这些程序没有在其文本文件尾部插入 CTRL+Z 结束标记。

【例 2】若将一条直线段的两端点坐标写入到一个文件中，则可以：
(SETQ fi(GETSTRING "Enter file name:"))
(SETQ f(OPEN fi "w"))
(SETQ P1(GETPOINT "first point:"))
(PRINC P1 f)
(SETQ P2(GETPOINT "Second point:"))
(PRINC P2 f)
(CLOSE f)
(COMMAND "line"p1 p2 "")

2.（CLOSE <文描述符>）

该函数关闭一个已打开的文件，并返回 NIL。

<文描述符>：在 OPEN 函数打开文件时获得的文件描述符。

功能：

函数的功能是关闭文件，以切断文件描述符与文件的联系。

返回值：

当用户用 OPEN 函数打开文件，并进行读、写操作后，必须用 CLOSE 函数将文件关闭。这是因为：① 若文件没有关闭，则驻留在内存磁盘缓冲区上的部分数据可能因未写到外存文件中而丢失；② 由于用 OPEN 打开的文件要占用有限的内存文件句柄（即文件描述符）空间，如果文件打开后没有关闭，那么，该文件一直占用该句柄空间，从而限制以后文件要打开文件的数目。CLOSE 函数的返回值为 NIL。

例如：

(SETQ f (OPEN "A:data. data" "w"))   返回值 <FILE # 003>
(CLOSE f)   ;关闭文件   返回值 NIL

注意：

数据文件打开时，它只能接受一种操作，如"w"和"r"。如果改变操作方式时，必须先关闭它，再按另一种操作方式打开文件。打开一个文件后，若不及时关闭，其内容容易丢失！

例如： 下列代码可获得文件 somefile. txt 的行数并将其值赋给变量 ct。
(SETQ fil "SOMEFILE. TXT")
(SETQ x (OPEN fil "r") ct 0)
(WHILE (READ-LINE x)
        (SETQ ct (1+ ct))
)
(CLOSE x)

5.6 用于文件的输入输出函数

1.（READ ［字符串］）

［字符串］参数不能在表或字符串外包含空格。

返回值：READ 函数将其参数转换成相应的数据类型后返回。如果未指定参数，READ 返回 NIL。

如果字符串中包含由空格、换行符、制表符或括号等 LISP 分隔符分开的多个词，则只返回其中的第一个词。

例如：

(READ "hello")	返回原子 HELLO
(READ "hello there")	返回原子 HELLO
(READ "(a b)")	返回表(AB)
(READ "(a b)(D)")	返回表(AB)
(READ "87.2")	返回实数 87.2
(READ "(I am)")	返回(I am)
(READ "\"Hi Y'all\"")	返回"Hi Y'all"
(READ "(a b c)")	返回(A B C)
(READ "(a b c) (d)")	返回(A B C)
(READ "1.2300")	返回 1.23

2.（READ-LINE <文件描述符>）

该函数从键盘或一个已打开的文件中读取一个字符串，并返回这个字符串，若遇到了文件结束标志，则返回 NIL。

例如：

假设 F 是一个有效的已打开文件的指针，则：

(READ-LINE f)

将返回文件中的下一个输入行，若已经到达文件结束处，则返回 NIL，假设用户指定的文件中存储的是坐标点，且文件由 PRINT 函数输出数据来产生。

【例 3】 (SETQ fi(GETSTING "Enter file to replay"))
(SETQ f(OPEN fi "r"))   ；以读的方式打开的文件描述赋给变量 f
(READ-LINE f)   ；由于数据文件是由 PRINT 函数形成，执行这一
                                句可以跳过数据文件的第一个空行
(SETQ P1 (READ-LINE f))   ；读取的数据以字符串形式返回
(SETQ P2 (READ-LINE f))
(SETQ P3 (READ-LINE f))
(CLOSE f)
(SETQ P1 (READ P1))
(SETQ P2 (READ P2))   ；将数据从字符串形式转换成数值形式
(SETQ P3 (READ P3))

(COMMAND"line"　P1　P2　P3"C")

【例4】以读方式打开文件：

命令：(SETQ　f　(OPEN　"c:\\my　documents\\new.tst"　"r"))

返回：#<file　"c:\\my　documents\\new.tst">

使用　READ-line　从文件中读取一行：

命令：(READ-LINE　f)

"To　boldly　go　where　nomad　has　gone　before."

从用户输入中读取一行：

命令：(READ-LINE)

To　boldly　go

"To　boldly　go"

3. (WRITE-LINE <字符串> <文件描述符>)

该函数将<字符串>写到屏幕上或写到由<文件描述符>表示的打开文件中（并在结尾加回车符），它返回的字符串带有双引号，但写到文件中时则省略双引号。

【例5】假设f是一个已打开的有效的文件描述符，则：

(WRITE-LINE　"Test"　f)　　　将在文件f中输出内容Test并返回"Test"

【例6】打开新文件：

命令：(SETQ　f　(OPEN　"c:\\my　documents\\new.tst"　"w"))

　　　#<file　"c:\\my　documents\\new.tst">

使用　write-line　将一行文本写入文件：

命令：(write-line　"To　boldly　go　where　nomad　has　gone　before."　f)

"To　boldly　go　where　nomad　has　gone　before."

在关闭文件以前该行文本不会被真正写入文件：

命令：(CLOSE　f)

　　　　　NIL

4. (READ-CHAR <文件描述符>)

该函数从键盘输入缓冲区或从<文件描述符>指定的已打开的文件中读入一个字符，并返回该读入字符的ASCII码值（整型数）。

如果没有指定可选的<文件描述符>，且键盘输入缓冲区中没有字符，则READ-CHAR函数等待用户输入（随后按回车键）。

例如：

假设键盘缓冲区中是空的，则：

(**READ-CHAR**)

函数的功能是等待用户输入，若用户输入ABC并紧跟回车键，READ – CHAR函数就会返回66（字母A的ASCII码值），此时键盘缓冲区已有字符A，则调用：

(READ-CHAR)　　　　　　返回67

(READ-CHAR)　　　　　　返回68

(READ-CHAR)　　　　　　返回10(换行)

若再调用一次(READ-CHAR)，它又将等待用户输入。

【例7】
(PROMPT "\n 请输入字符:")
(WHILE(/ =(SETQ ch(READ – CHAR))10)
     (PRINT(CHR ch))
     (PRINT "")
     (PRINT ch)
)

显示：
        请输入字符:A
        "A"
        65

5. （WRITE-CHAR <数> <文件描述符>）

该函数将一个字符写到屏幕上或写到由 <文件描述符> 表示的打开的文件中，其中 <数> 是要写字符的 ASCII 码值，也是该函数的返回值。

例如：

(WRITE-CHAR 67)   返回 67

将大写字母 C 写到屏幕上。

若 f 是一个打开的文件的描述符，则：

(WRITE-CHAR 67 f)   返回 67

将字母 C 写到上述文件中。

说明：

WRITE-CHAR 函数不能往文件中写一个 NULL 字符(ASCII 码 0)。

5.7 综合举例

【例8】在参数化绘图时，参数的输入常常是通过读数据文件来赋值给参变量。例如，要给 V0、V1、V2、V3、V4、V5、…、V10 这些变量根据数据文件给它们赋值，可以先用下面的格式保存到文本文件 T.dat。

        (V0 0)
        (V1 10)
        (V2 15)
        (V3 18)
         ⋮
        (V10 100)

然后用以下程序可以很快地给这 10 个变量赋值：
(SETQ fp(OPEN"T.dat" "r"))
(WHILE(SETQ lt(READ-LINE fp))
     (SETQ lt(READ lt))

(SET(CAR lt)(CADR lt))
)
(CLOSE fp)

【例 9】 绘制图 5-3 所示轴的剖面轮廓线。

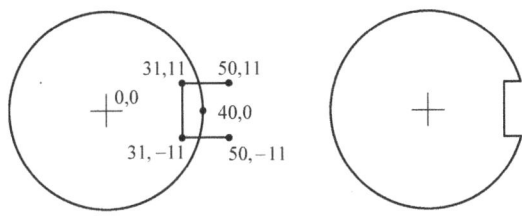

图 5-3 轴的剖面轮廓线

以下两个表达式生成了图 5-3 左所示的 1 个圆弧和 3 段直线。

(command "circle" " 0,0" 40)

(command "line" "50,11" "31,11" "31,-11" "50,-11" "")

以下表达式调用 AutoCAD 的 trim 命令，得到右图所示修剪后的图形。

(command"zoom" "e")

(command "trim" "All" "" "40,0" "50,11" "50,-11" "")

对该表达式的各项说明如下：

trim：command 函数调用的修剪命令。

All：所有的图形对象作为剪切边。

""：选择剪切边的操作结束。

40,0：被剪对象的位置，该点为圆上一点，指出该段是为要剪去的圆弧。

50,11、50,-11：被剪对象的位置，此两点为直线上的点，指出该段是为要剪去的线段。

""：修剪命令结束。

习　题

1. 打开的数据文件为什么一定要关闭？
2. 下面的诸多表达式执行完成后所产生的数据文件 "X.DAT" 的内容是什么？

(SETQ f(OPEN "x.dat" "w"))
(PRINC "\n This is an example \t12345\n" f)
(PRINC "12345" f)
(CLOSE f)
(SETQ f(OPEN "x.dat" "a"))
(PRINC "This is an example two" f)
(WRITE-CHAR 80 f)
(WRITE-LINE "OK" f)
(CLOSE f)

3. 下面的式子是否正确？
1) (SETQ fun(OPEN "x.dat" "W"))
2) (SETQ fun(OPEN "x.dat" "A"))

3)　（SETQ　fun(OPEN　"x.dat"　"r"））
　　（PRINC　123　fun）
　　（CLOSE　fun）

4. 定义绘制圆柱螺旋线的命令。圆柱的中心点、半径、螺旋线的轴向高度、起始角、圈数和组成每圈螺旋线的段数为交互输入的参数。

第6章 实体和设备访问函数

AutoLISP 提供了一组系统内部函数实现对 AutoCAD 实体图形、屏幕及输入设备进行访问的功能，可选择实体、检索它们的数值，并对它们进行修改。

6.1 基本概念

1. 实体

一个图形总是由若干基础图元（如圆、圆弧、直线等）所组成。实体（Entity）是 AutoCAD 预先定义的图元，所谓一个实体就是在 AutoCAD 下用一个简单命令执行后生成的图形单元。AutoCAD 常用实体见表 6-1。

表 6-1 AutoCAD 常用实体

实体类型名	实体中文名	实体类型名	实体中文名
POINT	点	SHAPE	形
LINE	直线	3DLINE	三维直线
CIRCLE	圆	3DFACE	三维平面
ARC	圆弧	DIMENSION	尺寸标注
TRACE	轨迹	POLYLINE	多段线
SOLID	实心体	INSERT	插入块
TEXT	正文		

注意：上述列举的 POINT 和 LINE 等为实体类型，而不是实体名。

2. 实体名

实体名（Entity Name）是指图形中每一个实体（或图元）所对应的名字。它只是一个指针（Pointer），是 AutoLISP 的数据类型之一。用这个指针可以找到该实体在图形数据库中的记录及其在屏幕上的向量，在 AutoLISP 中用下列格式表示实体名：

<图元名:实体名编码>

3. 选择集

选择集（Selection Sets）是实体的有序集合，它是利用选择集构造函数通过一定方式从图形中或图形数据库中选定多个实体构成。AutoLISP 以下列格式表示选择集：

<SELECTION SET:n>　　　其中 n 为选择集的编号，n=1，2，3，…

4. 获取图元的名字

AutoCAD 的图形是由多个图形对象组成的，最基本的图形对象称作图元。图元之间是以链表的形式存储的。每个图元都有一个用 16 进制表示的唯一的名字。

entnext 函数可以获取图形库第一个图元的名字或指定图元的下一个图元的名字。

entlast 函数可以获取图形库最后一个，即最新生成的图元的名字。

通过 entnext 函数,可以访问到图形库的每一个图元。

例如:

假定本例依次绘制了一条直线、一个圆和一个圆弧。

(setq e1(entnext))　　　;返回图形库第一个图元即这条直线的图元名 < Entity name: 7ef6ce88 >,并将其赋给了变量 e1。

(setq e2(entnext e1))　　;返回图形库 e1 的下一个图元即这个圆的图元名 < Entity name: 7ef6ce90 >,并将其赋给了变量 e2。

(setq e3(entnext e2))　　;返回图形库 e2 的下一个图元即这个圆弧的图元名 < Entity name:7ef6ce98 >,并将其赋给了变量 e3。

(setq e4(entlast))　　　　;返回图形库最后一个图元即这个圆弧的图元名 < Entity name: 7ef6ce98 >,并将其赋给了变量 e4。

因为圆弧既是第 3 个图元,也是最后一个图元,所以 e3 和 e4 记录的是同一图元的名字。

【例1】绘制如图 6-1 所示的 4 个带有中心线的螺纹孔。要求首先获取中心线的螺纹孔的图元名,然后复制这些指定名字的图元。

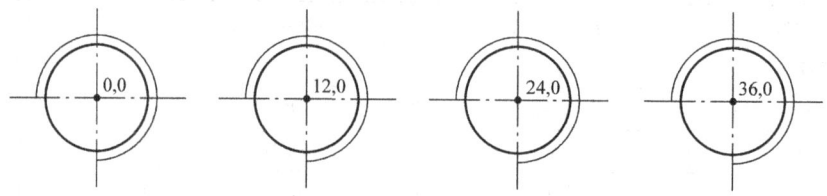

图 6-1　带有中心线的螺纹孔图

以下表达式首先生成了两条中心线和 1 个螺纹孔。在生成这些图元的同时获取并保存了这些图元的名字为 e1、e2、e3 和 e4。

(command "layer" "m" "zhongxin" "l" "center" "" "")
(command "line" "-5,0" "5,0" "")
(setq e1(entlast))
(command "line" "0,-5" "0,5" "")
(setq e2(entlast))
(command "layer" "m" "cuxian" "lw" 0.3 "" "")
(command "circle" "0,0" 3)
(setq e3(entlast))
(command "layer" "m" "xixian" "")
(command "arc" "-3.5,0" "0,3.5" "0,-3.5")
(setq e4(entlast))

以下表达式调用 AutoCAD 的 copy 命令,复制 3 个带有中心线的螺纹孔。

(command "copy" e1 e2 e3 e4 "" "m" "0,0" "12,0" "24,0" "36,0" "")

5. 图元素

图元表记录着图元的名字、类型、几何数据、图层、颜色等信息。通过修改或创建图元表，可以实现编辑或生成图元。

（1）获取图元表

例如：

输入下面3个表达式：

(command "text" "10,20" 5 0 "ABCDE")　　;书写文本
(setq e(entlast))　　　　　　　　　　　　;获取文本的图元名,将图元的名字赋给变量e
(setq elist(entget e))　　　　　　　　　　;获取图元名字为e的图元表

在"Command:"提示下键入！elist 或在控制台"_$"提示下键入 elist,即可得到以下该图元的图元表。

```
((-1 . <Entity name: 7ef69500>)      ;图元名
 (0 . "TEXT")                         ;图元种类
 (330 . <Entity name: 7ef67d00>)      ;软指针句柄
 (5 . "19F")                          ;图元描述字
 (100 . "AcDbEntity")                 ;AutoCAD 图元
 (67 . 0)                             ;模型空间
 (410 . "Model")                      ;模型空间标志
 (8 . "0")                            ;所在图层名
 (100 . "AcDbText")                   ;AutoCAD 文本
 (10 10.0 20.0 0.0)                   ;定位点坐标
 (40 . 5.0)                           ;文本字高
 (1 . "ABCDE")                        ;文本内容
 (50 . 0.0)                           ;文本的旋转角度
 (41 . 1.0)                           ;文字的宽度因子
 (51 . 0.0)                           ;文字的倾斜角度
 (7 . "STANDARD")                     ;字样的名字
 (71 . 0)                             ;正常文本(非左右或上下镜像的文本)
 (72 . 0)                             ;左下角点对齐方式
 (11 0.0 0.0 0.0)                     ;辅助的定位点坐标
 (210 0.0 0.0 1.0)                    ;厚度方向
 (100 . "AcDbText")                   ;AutoCAD 文本
 (73 . 0)                             ;不垂直书写
)
```

对图元表的补充说明：

1）图元表的每个元素还是以表的形式存储，子表的第一个元素是具有一定含义的整数，其含义与图元在 DXF（图形交换文件）中实体代码的含义相同（详见 AutoCAD 有关 DXF 文件的介绍）。

2）多数的子表采用了点对结构，这样既节省存储空间，也可以简化运算，详见第 2.1.4.4 节数据的存储结构。

3）其他种类图元的图元表中的非几何信息部分基本相同，几何信息部分有些差异。

（2）对图元表的操作　假定 elist 是某图元的图元表。利用 AutoLISP 有关表处理的函数可以修改图元表。

1）了解图元的种类

（cdr（assoc 0 elist））

该表达式的内层表达式中，用 0 作为关键字，在 elist 表中寻找相关的子表，返回有关图元种类的子表（0."图元种类"），由于此表为点对，所以 cdr 函数返回它的第 2 个元素"图元种类"。若此图元为直线，则返回"LINE"，若此图元为单行文本，则返回"TEXT"。

2）了解图元所在图层的名字

（cdr（assoc 8 elist））

该表达式的内层表达式中，用 8 作为关键字，返回 elist 表中有关图层名字的子表（8."图层名"），由于此表为点对，所以 cdr 函数返回它的第 2 个元素" 图层名"。

3）了解圆、圆弧的半径或单行文本的字高

（cdr（assoc 40 elist））

该表达式的内层表达式中，用 40 作为关键字，返回 elist 表中有关圆、圆弧的半径或单行文本的字高的子表（40．数值），由于此表为点对，所以 cdr 函数返回它的第 2 个元素具体的数值。

4）了解直线的起点、圆、圆弧的中心或单行文本的定位点

（cdr（assoc 10 elist））

该表达式的内层表达式中，用 10 作为关键字，返回 elist 表中有关直线的起点、圆、圆弧的中心或单行文本的定位点的子表（10　数值　数值　数值），注意此表不再是点对，所以 cdr 函数返回去掉它的第 1 个元素之后的子表，即点的 XYZ 坐标。

5）用圆、圆弧的半径或单行文本的新值取代其原来的值

（setq elist（subst（cons 40 h）（assoc 40 elist）elist））

（cons 40 h）构造一个新的点对子表，例如（40．3.5）。（assoc 40 elist）返回 elist 表内的点对子表，例如（40．5.0）。subst 函数用新子表，例如（40．3.5），替换 elist 表内的原有子表（40．5.0）。最外层的 setq 函数将替换后的赋给了变量 elist。

6）更新图形库的图元表

（entmod elist）

entmod 函数的功能是更新图形库的指定图元表的图元，即更新了实际图形对象。例如单行文本的字高由 5.0 改变为 3.5。

6.2　选择集操作函数

选择集是有名字的一些图元名的集合，常用于编辑或修改图形对象的命令。

1.（SSGET　str　Pt1　Pt2）

或（SSGET　<方式>　　<点>　　<点>［点表］［关联表］）

<方式>是一个字符串参数，它指定了实体选取的方式，有"W"、"C"、"L"及"P"等实体选择方式，实现从图形屏幕上选取实体构成选择集，具体参数值见表 6-2。

表 6-2 选择集操作函数参数值

<方式>参数值	含 义
"I"	PICKFIRST 设置。如果有，则取得当前的 PICKFIRST 设置。如果没有，则 SSGET 会返回 NIL。隐含窗口选择
"C"	窗交即 Crossing 选择。AutoCAD Crossing 选择方式：PT1 及 PT2 必须为可指定对矩形话框的对角线点
"CP"	圈交（指定多段线内和与该多段线相交的所有对象）即 Crossing Polygon 选择。AutoCAD 的 Polygon 和 Crossing 选择方式：PT1 是一个可定义的穿越多边形的点的表；PT2 必须为 NIL
"F"	栏选即 Fence（Open Polygon）选择。AutoCAD 的 Fence 选择方式：PT1 是一个可定义范围的点表；PT2 必须为 NIL
"L"	添加到数据库的最后一个可见对象即上一个建立的实体。AutoCADLAST 选择方式：选择上一个建立的实体；PT1 及 PT2 必须都为 NIL
"W"	窗口选择即 Windows 选择。AutoCAD 的 Windows 选择方式：PT1 与 PT2 必须为可指定对话框拐角的点
"WP"	圈围（指定多边形内的所有对象）即 Windows 的 Polygon 选择。AutoCAD Windows Polygon 选择方式：PT1 是一个可定义多边形对话框的点的表；PT2 必须为 NIL
"X"	整个数据库。如果指定了 X 选择方法，而又没有提供［关联表］参数，则 SSGET 选择数据库中的所有图元，包括关闭、冻结图层中的图元和可见屏幕外的图元
"P"	最后一个创建的选择集即 Previous 选择集。AutoCAD Previous 选择方式：选择先前的选择集；PT1 与 PT2 都必须为 NIL
"E"	光标的对象选择拾取框中的所有对象
"N"	在执行 SSGET 操作的过程中，为选定图元调用 SSNAME 获得容器块和转换矩阵的附加信息。只有通过窗口、窗交点拾取等图形选择方法选定的图元，这一附加信息才可以使用 与其他对象选择方法不同，N 可能会返回选择集中的多个同名图元
"S"	仅允许单一选择集

对象选择方法说明：

在使用 N 选择方法时，如果用户选择了一个复杂图元（如 BlockReference、PolygonMesh 或多段线）的子图元，那么 SSGET 将查看该子图元是否已被选中。SSGET 实际上会将主图元（如 BlockReference 和 PolygonMesh）添加到选择集中。这样就可能会在选择集中出现多个同名图元，而 SSNAME 获得的每个图元的子图元信息各不相同。所以，N 方法不能保证每个图元的唯一性。

在 MDI 环境中使用 L 选择方法时，最后一个绘制的对象并不一定就是可见的。例如，如果绘制了一条直线，然后将 AutoCAD 绘图窗口最小化或层叠放置，这条直线可能就看不见了。这时，使用 L 选项的 SSGET 将返回 NIL。

如果 SSGET 函数不带参数，则要求用户以一般实体选择法选取实体选择集；如果 SSGET 函数参数只有一个点（表或变量），则选择通过该点的一个实体作为实体选择集。

【例 2】

(SETQ s (SSGET))   ；提示用户用交互方式选择实体，并构成选择集 S

(SETQ s (SSGET "P"))   ；选择前一次已选择过的实体，生成选

择集 S

(SETQ s (SSGET "W" '(0 0) '(5 5)));选择在窗口"0,0"到"5,5"以内的实体，生成选择集 S

说明：

在 AutoCAD 中，选择集是一次性生成的，某一选择集是不会被再次生成的。因此，每生成一个选择集之后，应将它保存到一个变量中以便引用。

例如：

(SETQ S (SSGET))

我们在对图形进行编辑处理时，必须要选择对象（Select Objects），对于简单图形，可直接选取，而对于复杂图形，直接选取则很麻烦，这时往往需要构造选择集来操作就很方便。

【例3】

(COMMAND "PLINE" '(2 3) '(4 4) '(5 2) '(5 3) "c")

(SETQ s1 (SSGET "L"))   ;由 PLINE 所绘实体构成选择集 S1

(commad "mirror" s1 "" '(1 4) '(4 4) "")

实现结果见图 6-2。

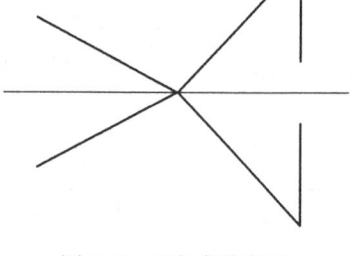

图 6-2 选择集实例图

2.（SSGET " x " ［<过滤表>］）

<过滤表>是一个关联表，它与 ENTGET 返回的实体数据表格式相同，但只识别表 6-3 的实体组代码。

表 6-3 实体组代码含义

组 代 码	意 义
0	实体类型
2	引用块（INSERT）的块名
6	线型名
7	用做文本（TEXT）、属性和属性定义的字型名
8	图层名
38	Z 向高度（实型数）
39	延伸厚度（实型数）
62	颜色号（0 = BYBLOCK, 256 = BYLAYER）
66	被引用的属性块（INSERT）的跟随标志
210	3D 延伸向量（三维实数表）

SSGET 的"x"方式，扫描整个图形数据库，并将图形数据库中所有与<过滤表>中指定的实体类型和特征相匹配的实体选中，构成一个选择集，不匹配的则滤掉，所以又称为"SSGET 过滤器"。

(SETQ s(SSGET "x" '((0 . "LINE"))))   ;选择图形库中所有直线构成选择集 S

(SETQ s(SSGET "X" '((8 . "0")(0 . "LINE"))))
(SETQ s(SSGET "x" (LIST (CONS 8 "0")(CONS 0 "line"))))
             ;选择零层上所有直线构成选择集 S

【例4】编程用于删除屏幕上的所有实体
(DEFUN C:DELALL( )
  (COMMAND "ERASE"(SSGET "X")"")
)

注意：
1）在使用 SSGET 过滤器时，一定要注意书写格式，＜过滤表＞要用禁止求值符号，点对中的点与前后元素要用空格隔开。

2）用 SSGET 函数只能选择主实体，而不能选择子实体。若想对子实体进行操作，可用本书 6.3 节介绍的 ENTNEXT 函数。

3）选择集会占用 AutoCAD 的临时文件缓冲区，所以不允许 AutoLISP 同时打开多于 6 个文件；否则，SSGET 返回 NIL。

3.（SSLENGTH s）

返回选择集 S 里包含的实体数（整数）。

【例5】
(SETQ n (SSLENGTH s))

例如：

编辑选择屏幕上的图形，返回所选中的实体个数
(DEFUN C:ELEN(/ S1)
  (IF (SETQ S1 (SSGET))
   (PROGN
    (PRINC"\n 选择集")
    (PRINC S1)(PRINC "中实体个数为:")
    (PRINC (SSLENGTH S1))
    (PRINC)
)
)
)

4.（SSNAME ＜选择集＞n） n = 0, 1, 2, …

返回选择集中的第 n 个实体名。

【例6】
(SETQ s(SSGET))   ;建立名为 S 的选择集
(SETQ e1(SSNAME s 0)) ;取 S 集中第一个实体名
(SETQ e4(SSNAME s 3)) ;取 S 集中第四个实体名

【例7】打印选择集中实体索引号及其对应的实体名。
  (DEFUN C:SSPRINT (/ SS N NUM)
   (WHILE (NOT SS)

```
        (SETQ SS (SSGET))
    )
        (TERPRI)
        (PRINC SS)
        (PRINC "\n 选择实体个数：")
        (PRINC (SETQ NUM (SSLENGTH SS)))
        (PRINC (IF (= 1 NUM)
            "\n 一个实体："
            "\n 多个实体："
        )
    )
        (SETQ N 0)
        (REPEAT NUM
            (TERPRI)
            (PRINC N)
            (PRINC " - - - - - -")
            (PRINC (SSNAME SS N))
            (SETQ N (1 + N))
        )
        (PRINC)
    )
```

5. (SSADD <实体名> <选择集>)

将<实体名>所指的实体加入到选择集中，并返回新选择集，若要加入的实体已存在，则返回 NIL。

【例8】 在选择集中增加一个图元时，新图元将被加入到已有选择集中，并返回由参数 ss 传入的选择集。这样，如果该选择集被赋给其他变量，它也会反映新增的内容。如果要增加的图元已存在于选择集中，则将忽略 SSADD 函数的操作，且不报告任何错误。

将 e1 设为图形中第一个图元的图元名：

命令：(SETQ e1 (ENTNEXT))   返回<图元名：1d62d60>

将 ss 设为空选择集：

命令：(SETQ ss (SSADD))   返回<Selection set：2>

下面的命令将 e1 图元添加到由 ss 参照的选择集中：

命令：(SSADD e1 ss)   返回<Selection set：2>

获取 e1 后面的图元：

命令：(SETQ e2 (ENTNEXT e1))   返回<图元名：1d62d68>

将 e2 添加到 ss：

命令：(SSADD e2 ss)   返回<Selection set：2>

6. (SSDEL <实体名> <选择集>)

从选择集中删除<实体名>所指定的实体，并返回新选择集，若要删除的实体不存在，则返回 NIL。

例如：

(SSDEL e1 ss)   ;返回删去 <实体名 e1> 所指实体的选择集

6.3 实体名操作函数

1.（ENTNEXT ＜实体名＞）

该函数的功能是获取图形数据库中紧跟 ＜实体名＞ 之后的第一个没有被删除的实体名，并返回此实体名；否则，返回 NIL。

【例 9】

(SETQ e1 (ENTNEXT))   ;获得图形中的第一个实体的实体名
(SETQ e2 (ENTNEXT e1))   ;获得图形 e1 之后的那个实体的实体名

ENTNEXT 函数不仅可以获得图形数据库中主实体的实体名，也可以获得子实体名，即可以对复杂实体的内部结构进行访问。

(SETQ s1 (SSNAME (SSGET "L") 0));返回最后一个复杂实体的主实体的实体名
(SETQ s2 (ENTNEXT s1))   ;返回该复杂实体的第一个子实体名
(SETQ s3 (ENTNEXT s2))   ;返回该复杂实体的第二个子实体名

可以这样继续做下去，直到发现 SEQEND 子实体为止。

【例 10】返回最后一个未被删除的主实体或子实体名。

```
(DEFUN LASTENT (/ A B)
  (IF (SETQ A (ENTLAST))
    (WHILE (SETQ B (ENTNEXT A))
      (SETQ A B)
    )
  )
  A
)
```

2.（ENTLAST）

该函数返回最后加入图形库的主实体的实体名。

例如：

(COMMAND "line" "3.0,2.0" "1.0,5.0" "")
(SETQ e1(ENTLAST))   ;刚画的 LINE 为最后一个实体名 e1

再如：

(COMMAND "Line" "1.1,2.4" "3.2,3.3" "")
(SETQ s1(SSGET "L"))   ;由刚画的 LINE 构成选择集 S1
(COMMAND "Copy" s1 "" "4.0,5.0" "6.0,7.0")
(SSADD (ENTLAST) s1)   ;将复制的实体加入选择集 S1 中

说明：

ENTLAST 函数常被用来获得由 COMMAND 函数刚加入到图形数据库中最新实体的实

体名。

某些 AutoCAD 命令（如 FILLET、EXTEND 和 FILLET 命令）要求用户指定一个拾取点和实体本身。下面用实例说明将一个实体名和一个拾取点传递给 COMMAND 函数的方法。

【例 11】
(COMMAND "Circle" "5,5" 1)   ；画一圆
(COMMAND "Line" "3,5" "7,5" "")   ；画一条直线
(SETQ e1(ENTLAST))   ；获得最近加入图形数据库的主实体的实体名
(SETQ pt '(5 7))
(COMMAND "trim" e1 "" pt "")   ；执行裁剪

调用上述函数，若 AutoCAD 处于命令提示符下，AutoCAD 图形屏幕显示变化结果如图 6-3 所示。

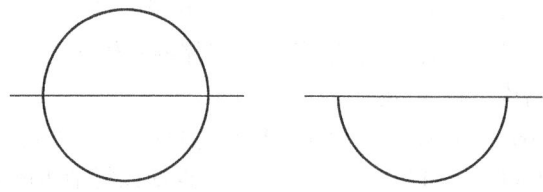

图 6-3　实体操作例图

3.（SSNAME ＜选择集＞ ＜序号＞）

该函数返回一个选择集中由序号指定的对象（图元）的图元名＜图元名：实体编号＞。

选择集是所选中实体的有序组合，选择集中实体的顺序和在图形数据库中存放的顺序相同，即最后产生的实体在最前面。选择集中实体的＜序号＞是从零号开始的依次为 0，1，2，3，…，n－1，（n 为选择集中实体总数）。若＜序号＞为负值，等于或大于 n，则 SSNAME 返回 NIL。

【例 12】
(SETQ ss(SSGET))   ；生成一个名为 ss 的选择集
(SETQ mn1 (SSNAME ss 0))   ；获得选择集 ss 中的第一个实体名
(SETQ mn2 (SSNAME ss 3))   ；获得选择集 ss 中的第四个实体名

4.（NAMED OBJDICT）

返回当前图形的命名对象词典的图元名，当前图形的命名对象词典是所有非图形对象的来源（root）。

使用由这个函数返回的图元名和词典访问函数，一个应用程序就可以访问图形中的非图形对象。

5.（HANDENT HANDLE）

该函数根据一个实体的句柄返回它的实体名。

根据给定的一个图元句柄的字符串变量 HANDLE，该函数返回在当前编辑对话期间与该句柄名相联系的那个图元的图元名，一旦获得了图元名，就可以用任何相关的图元处理函数对该图元进行处理。如果在图形中没有使用句柄或句柄非法，则该函数返回 NIL。

例如：

在某一编辑对话过程中，下面的调用：

（HANDENT "4A3"）   ；可能返回：<图元名：6000 4722>

6.（ENTSEL［<提示>］）

该函数用点选择的方式选择单个实体，并返回一个表，表的第一个元素是所选择的实体名，第二个元素是用于选择实体的点的坐标。

由于该函数返回的这种格式的表，响应 AutoCAD 命令的 select object：提示，而且可将选择点的坐标传递给 trim，break，extend 等 AutoCAD 命令的 enter first point：提示。也就是用该函数返回的这种表可将一个实体名和一个拾取点传递给 AutoCAD 命令。

例如：

命令： line

指定第一点：1，2

指定下一点或［放弃(U)］：4,2

指定下一点或［放弃(U)］：

命令：（SETQ e1(ENTSEL)）

选择对象：3，2

返回：

（<图元名:6000000 14> (3 2)）

命令： break

选择对象：！e1 ；用实体名 e1 来响应 break 的选择实体提示，同时把表 e1 的选择点"3，2"作为 break 第一个输入点

指定第二个打断点或［第一点(F)］:2,2

执行结果如图 6-4 所示。

图 6-4 ENTSEL 例图

6.4 实体数据函数

掌握实体和选择集操作函数的目的是找到图形数据库中实体的定义并获得实体数据，然后修改这些数据。实体数据函数实现了这些功能。

1. 获得实体定义数据函数 ENTGET

（ENTGET <实体名>）

该函数是从当前图形数据库中获得<实体名>的实体定义。其参数必须是实体名，因为它是一个指针，只有通过它才能访问图形数据库。

该函数返回一个实体数据表。它是一个 AutoLISP 的关联表。表中的每一个子表是用 AutoCAD 的 DXF 文件的组码形式给出的，并分别定义实体数据的各个部分。

【例13】用 AutoCAD 的 line 命令画一直线，再用 ENTGET 函数获得此直线的定义。

命令： line

指定第一点: 1, 2
指定下一点或 [放弃(U)]: 6,6
指定下一点或 [放弃(U)]: <回车>
命令: (ENTGET(entlast))   ;返回值如下表
((-1. <图元名:60000014>)   ;图元名
    (0 . "LINE")   ;实体类型
    (8 . "AB")   ;图层
    (10 1.0 2.0 0.0)   ;起点
    (11 6.0 6.0 0.0)   ;终点
)

下面介绍该实体数据表的格式和意义。

该实体数据表中包含多个子表，每一个子表都由两部分组成，其中 CAR 为组代码，CDR 为对应的组值。除后面两个表示点的子表外，其他的子表都是用点对表示。后两个表示点的子表是由 3 个（2D 点）或 4 个（3D 点）元素组成的，其 CDR 为表示该点的坐标。

该实体数据表的含义是：第一个子表的组码为 -1，其组值为实体名，它和调用 ENTGET 函数时的实体名相同；第二个子表的组码为 0，其组值为表示实体类型名的字符串"LINE"，字符串中字符都用大写字母；第三个子表的组码为 8，其组值为一个表示该实体所在图层名字的字符串（其中字符全大写）。上面这 3 个子表是不被默认的。其他组码及对应的组值类型见表 6-3，它们是根据实体类型选择的。

对于复合线来说除主实体数据表外还有子实体数据表，应依次调用 entnext 函数获得子实体名，调用 ENTGET 函数获得子实体数据表。

【例 14】
命令: PLINE
指定第一点: 2,1
指定下一点或 [放弃(U)]: 3,4
指定下一点或 [放弃(U)]: 5,4
命令: (ENTGET(SETQ sl(ENTLAST)))
((-1.   <图元名:60000108>)
  (0 . "POLYLINE")
  (8 . "0")
  (10 0.0 0.0 0.0)
  ……   ;获得主实体数据表
)
命令: (ENTGET(SETQ s1(ENTNEXT s1)))
((-1.   <图元名:60000120>)
  (0 . "VERTEX")
  (8 . "0")
  (10 2.0 1.0 0.0)
  ……   ;获得子实体点(2,1)的数据表

```
命令: (ENTGET(SETQ s1(ENTNEXT s1)))
((-1 . "VERTEX")
 (8 . "0")
 (10 3.0 4.0 0.0)            ;获得子实体点(3,4)的数据表
)
命令: (ENTGET(SETQ s1(ENTNEXT s1)))
((-1 . <图元名:60000150>)
 (0 . "VERTEX")
 (8 . "0")
 (10 5.0 4.0 0.0)
 ……                          ;获得子实体点(5,4)的数据表
)
命令: (ENTGET(ENTNEXT s 1))
((-1 . <图元名:60000198>)
 (0 . "SEQEND")
 (8 . "0")
 (-2 . <图元名:60000108>)
)
```

SEQEND 标志子实体定义的结束。以上是主实体及子实体数据表,各表的组代码参见表 6-4。

表 6-4 各实体的组代码

主实体名	组代码意义
LINE	10 (起始点), 11 (终止点)
POINT	10 (点), 50 (画点时 UCS 中 X 轴角度—可选 0, 用于当 PDMODE 为非零时)
CIRCLE	10 (圆心), 40 (半径)
ARC	10 (中心点), 40 (半径), 50 (起始角度), 51 (终止角度)
TRACE	确定粗线的 4 个角点: 10, 11, 12, 13
SOLID	定填充四边形的 4 个角值: 10, 11, 12, 13。若填充区为三角形, 则由 12 和 13 组规定的坐标相同
TEXT	10 和 20 (插入点), 40 (高度), 1 (文本值—字符串), 50 (旋转角度), 41 (关于 X 的比例因子), 7 (文本式样名), 71 (文本生成标志), 72 (对齐类型), 11 和 21 (对齐点)
SHAPE	10 (插入点), 40 (大小), 2 (形名字), 50 (旋转角度), 41 (关于 X 的比例因子), 51 (倾斜角度)
INSERT	66 ("属性跟随"标志), 2 (块名字), 10 (插入点), 41 (关于 X 的比例因子), 42 (关于 Y 的比例因子), 43 (关于 Z 的比例因子), 50 (文本转角), 70 和 71 (行和列计数), 44 和 45 (行和列的间距)
ATTDEF	10 和 20 (文本起始点), 40 (文本高度), 1 (默认值), 3 (提示字符串), 2 (标志字符串), 70 (属性标志), 73 (字段长), 50 (文本转角), 41 (X 比例因子相对值), 51 (倾斜角度), 7 (文本式样名), 71 (文本生成标志), 72 (文本对齐类型), 11 和 21 (对齐点)

（续）

主实体名	组代码意义
ATTRIB	10 和 20（文本起始点），40（文本高度），1（默认值），2（属性标志字符串），70（属性标志），73（字段长），50（文本转角），41（X 比例因子相对值），51（倾斜角度），7（文本式样名），71（文本生成标志），72（文本对齐类型），11 和 21（对齐点）
POLYLINE	66（"顶点跟随标志"），70（多段线标志），40（默认的起始宽度），41（默认的终止宽度），71 和 72（多边形网格 M 和 N 顶点数），73 和 74（平滑曲面 M 和 N 密度），75（平滑表面类型）
VERTEX	10（多段线顶点），40（起始宽度），41（终止宽度），42（上凸），70（顶点标志），50（曲线拟合切线方向），上凸（42 组）对于一段弧来说是其所含角度的四分之一的正切，负值表示弧从起点到终止是顺时针方向，0 表示直线段，1 表示圆
EDENT	2（主实体名）。标记多段线的顶点（类型型名为 VERTEX）或具有属性的 IMSERT 实体中属性（类型名为 ATTRIB）定义的结束
3DLINE	10（起点坐标），11（终点坐标）
3DFACE	定义三维面的 4 个角点：10，11，12，13，若仅输入三个点（形成一个三角形面），12 和 13 点则相同，70（不可见边标志）
DIMENSION	2（包含当前尺寸图的块名），10（所有尺寸标注类型的定义点），11（尺寸文字的终点），12（单纯由 BASELINE 或由 CONTINUE 命令标注的尺寸的插入点），70（尺寸类型，0—旋转、水平或垂直；1—对齐的；2—角度型；3—直径型；4—半径型。若尺寸文字放在用户定义的位置，而不是默认位置，在该域中插入值 128），1（用户显示输入的标注文字。若为空，则把尺寸测量值作为标注文字写出，否则用这个文字写出，但若它包含"〈〉"，则用尺寸测量值代替"〈〉"而写出），13（线型和角度型标注的定义点），15（直径、半径和角度型标注的定义点），16（角度标注的弧线定义点），4（半径和直径标注的旁注线长度），50（旋转的、水平或垂直的线形标注的角度）

用 ENTGET 函数获得实体定义数据表，是为了对它进行处理，即提取其中数据并对数据进行修改。提取数据可以使用 ASSOC 函数，根据关键字检索与修改的数据，再用 SUBST 函数进行修改。

【例 15】修改一条直线的任一端点：

```
(DEFUN C:ZXXG ( )
  (COMMAND "LINE" "100,100" "300,300" "300,100" "")
  (SETQ E1 (ENTSEL "\n 选直线:"))
  (SETQ PT1 (OSNAP (CADR E1)"ENDP"));求目标的端点
  (SETQ PT2 (GETPOINT PT1 "\n 修改后端点的坐标:"))
  (IF PT1
    (SETQ E1 (CAR E1))
  )              ;获得实体名
  (SETQ M (IF (EQUAL (CDR (ASSOC 10 (SETQ E2 (ENTGET E1))))PT1)
      10
      11
    )
  )              ;求该端点的组代码
  (SETQ E2 (SUBST (CONS M PT2)(CONS M PT1)E2))      ;修改端点坐标
```

第6章 实体和设备访问函数

```
  (ENTMOD E2)        ;修改实体定义的函数
  (PRINT)
)
```

加载后执行如下：

命令：ZXXG

选直线：

修改后端点的坐标：

命令：

用 ENTGET 函数获得实体定义的数据表后，用 ASSOC 函数检索要修改的数据，并用 SUBST 修改它；这时，数据是修改了，但修改后的实体并没有取代当前图形数据库的定义，更没有更新它在屏幕上显示的图形。这就像文本编辑程序编辑一个 AutoLISP 文件后没有存盘一样，因此，上述程序必须在最后加一条函数：

(ENTMOD m2)   ；更新图形数据库的定义和它在屏幕上的显示

2. （ENTMOD ＜实体数据表＞）

如前所述，该函数的功能是接受修改后的实体数据表，更新一个主实体在数据库中的定义，同时又更新它在屏幕上的显示。

该函数返回更新后的＜实体数据表＞。

【例16】 修改文字高度。

```
  (DEFUN C:CHGTEXT (/ SS INDEX TXH E1)
    (SETQ  SS     (SSGET)
    INDEX 0
    TCH   (GETDIST "\n 指定文字高度:")
    )
    (REPEAT (SSLENGTH SS)
      (SETQ E1(ENTGET (SSNAME SS INDEX)))
    INDEX    (1 + INDEX)
    )
    (IF( = "TEXT" (CDR (ASSOC 0 E1)))
      (PROGN
    (SETQ E1 (SUBST (CONS 40 TCH)(ASSOC 40 E1)E1))
    (ENTMOD E1)
      )
    )
  )
  (PRINC)
)
```

3. （ENTUPD ＜实体名＞）

对于复杂实体，ENTMOD 只更新一个子实体在图形数据库中的定义，但不能更新整个复杂图形在屏幕上的显示。这时可连续用 ENTMOD 函数更新复杂实体中的一系列子实体定义，最后再调用一次 ENTUPD 函数更新整个屏幕显示。

【例 17】 编程用 PLINE 绘制如图 6-5 所示的图形，并可对其任何顶点坐标进行修改。

```
(SETQ  p1(GETPOINT "input  p1:"))
(SETQ  p2(GETPOINT "input  p2:"))
(SETQ  p3(GETPOINT "input  p3:"))
(SETQ  p4(GETPOINT "input  p4:"))
(SETQ  p5(GETPOINT "input  p5:"))
(SETQ  p6(GETPOINT "input  p6:"))
(COMMAND  "PLINE"  p1 p2 p3 p4 p5 p6 "c")
(SETQ  e(ENTLAST))
(SETQ  n (GETINT "numer of edit point(1 - -6):"))    ;得到要修改点 Pn(第 n 个点)
(REPEAT  n
(SETQ  e  (ENTNEXT  e))                              ;找出图形中第 n 个点的子实
                                                      体名
)
(SETQ  m  (ENTGET  e))                               ;获得第 n 个点的子实体数据表
(SETQ  pt(GETPOINT"new  value  of  edit  point:"))   ;要修改点新坐标
(SETQ  m(SUBST(CONS  10  pt)(ASSOC  10  m)m))        ;修改第 n 个点的数据
(ENTMOD    m)                                        ;修改子实体在图形数据库中
                                                      的定义
(ENTUPD    e)                                        ;更新屏幕显示
(SETQ  p1(GETPOINT  "input  p1:"))
```

假设原 PLINE 图如图 6-5 所示，修改点为 P5，则变化见图 6-6。

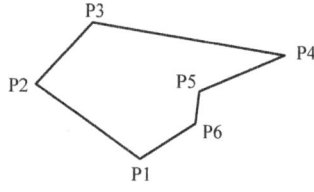   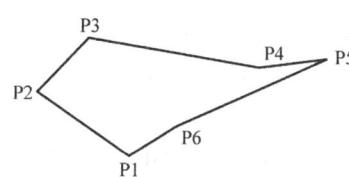

图 6-5 原 PLINE 图   图 6-6 修改 P5 后的 PLINE 图

4. (ENTMAKE <实体数据表>)

该函数在图形中生成一个新的实体。

1) ENTMAKE 函数的变量和 ENTMOD 函数的变量相同，也是一个表，且该表的格式与 ENTGET 函数返回的表格式相似。作为 ENTMAKE 函数表，所描述的新对象被附加到图形数据库中（它成为图形中最后生成的那个图元）。如果图元是一个复杂图元（一条多段线或一个块），在完成之前，它是不会被附加到图形数据库中的。

如下的代码片断，在图层 MYLAYER 上生成一个圆：

```
(ENTMAKE  '((0  .  "CIRCLE")           ;对象类型
            (8  .  "MYLAYER")          ;图层名
```

第 6 章　实体和设备访问函数

```
        (10    5.0    7.0    0.0)              ;圆心
        (40  .  1.0)                           ;半径值
      )
)
```

2) ENTMAKE 函数的限制条件与 ENTMOD 函数的类似。作为 ENTMAKE 函数的变量表，第一个或第二个成员必须指定实体类型。若表的第一个成员不指定实体类型，则仅能指定图元名，即组码 –1。任何传递到 ENTMAKE 函数的内部域都会被忽略。

ENTMAKE 函数不能生成视窗（VIEWPORT）实体。

为了便于程序设计，现将调用 ENTMAKE 函数生成各种实体时必须提供的最低信息要求归纳于表 6-5 中。

表 6-5　ENTMAKE 函数对各种实体类型的最低信息要求

实体类型	ENTMAKE 函数的最低信息要求
POINT（点）	(ENTMAKE (LIST (CONS 0 " POINT") '(10 POINT)))
2D POLYLINE VERTEX （2D 多段线顶点）	(ENTMAKE (LIST (CONS 0 " VERTEX") '(10 POINT)))
3D POLYLINE HEADER （3D 多段线头）	(ENTMAKE (LIST (CONS 0 " POLYLINE") (CONS 70 8)))
3D POLYLINE VERTEX （3D 多段线顶点）	(ENTMAKE (LIST (CONS 0 " VERTEX") '(10 POINT) (CONS 70 32)))
END-OF-SEQUENCE （结束序列）	(ENTMAKE (LIST (CONS 0 " ESQEND")))
LINE（线）	(ENTMAKE (LIST (CONS 0 " LINE") '(10 START POINT) '(11 END POINT)))
ARC（圆弧）	(ENTMAKE (LIST (CONS 0 " ARC") '(10 CENTER POINT) (CONS 40 BULGE FACTOR) (CONS 50 START ANGLE) (CONS 51 END ANGLE)))

（续）

实体类型	ENTMAKE 函数的最低信息要求
CIRCLE（圆）	(ENTMAKE (LIST (CONS 0 "CIRCLE") 　　　　'(CENTER POINT) 　　　　(CONS 40 RADIUS) 　　))
TRACE（加宽线）	(ENTMAKE (LIST (CONS 0 "TRACE") 　　　　'(10 1ST CORNER POINT) 　　　　'(11 2ND CORNER POINT) 　　　　'(12 3RD CORNER POINT) 　　　　'(13 4TH CORNER POINT) 　　))
SHAPE（形）	(ENTMAKE (LIST (CONS 0 "SHAPE") 　　　　(CONS 2 "SHAPE NAME") 　　　　'(10 INSERT POINT) 　　))
SOLID（填充区域）	(ENTMAKE (LIST (CONS 0 "SOLID") 　　　　'(10 1ST CORNER POINT) 　　　　'(11 2ND CORNER POINT) 　　　　'(12 3RD CORNER POINT) 　　　　'(13 4TH CORNER POINT) 　　))
3D FACE（3D面）	(ENTMAKE (LIST (CONS 0 "3DFACE") 　　　　'(10 1ST CORNER POINT) 　　　　'(11 2ND CORNER POINT) 　　　　'(12 3RD CORNER POINT) 　　　　'(13 4TH CORNER POINT) 　　))
TEXT（文本）	(ENTMAKE (LIST (CONS 0 "TEXT") 　　　　(CONS 1 "TEXT STRING") 　　　　'(10 START POINT) 　　　　(CONS 40 TEXT HEIGHT) 　　))
BLOCK DEFINITION（块定义）	(ENTMAKE (LIST (CONS 0 "BLOCK") 　　　　(CONS 2 "BLOCK NAME") 　　　　(CONS 70 INTEGER BLOCK FLAG) 　　　　'(10 INSERT POINT) 　　))

(续)

实 体 类 型	ENTMAKE 函数的最低信息要求

ATTRIBUTE DEFINITION
（属性定义）
	(ENTMAKE (LIST (CONS 0 " ATTDEF")
	    (CONS 1 " DEFAULT VALUE")
	    (CONS 2 " ATTRIBUTE TAGE")
	    '(10 INSERT POINT)
	    (CONS 40 TEXT HEIGHT)
	    (CONS 70 ATTRIBUTE FLAG)
	  )
	)

BLOCK END DEFINITION （块定义结束）	(ENTMAKE (LIST (CONS 0 " ENDBLK")))

NORMAL BLOCK INSERTION
（普通块插入）
	(ENTMAKE (LIST (CONS 0 " INSERT")
	    (CONS 2 BLOCK NAME)
	    '(10 INSERT POINT)
	  )
	)

INSERT WITH ATTRIBUTE
（带属性的块插入）
	(ENTMAKE (LIST (CONS 0 " INSERT")
	    (CONS 2 BLOCK NAME)
	    '(10 INSERT POINT)
	    (CONS 66 1)
	  )
	)

INSERT BLOCK ATTRIBUTE
（插入块的属性）
	(ENTMAKE (LIST (CONS 0 " ATTRIB")
	    (CONS 1 " ATTRIBUTE VALUE")
	    (CONS 2 " ATTRIBUTE TAG")
	    '(10 INSERT POINT)
	    (CONS 40 TEXT HEIGHT)
	    (CONS 70 INTEGER ATTRIBUTE FLAG)
	  )
	)

2D POLYLINE HEADER （2D 对义线头）	(ENTMAKE (LIST (CONS 0 " POLYLINE")))

注意：

表 6-5 中如果某个值是字符串，则要用双引号括起来；数值通常是实数，除特别声明外，角度单位是弧度。

为生成一个复杂图元（如一条多段线和一个块），可多次调用 ENTMAKE 函数，对复杂图元的每一个子图元的生成，都独立地调用一次 ENTMAKE 函数。当 ENTMAKE 函数首先接收到一个复杂图元的初始化分量时，它就生成一个临时文件，利用该临时文件收集定义数据。对后续的 ENTMAKE 函数的每一次调用，函数都会检查临时文件是否存在。若存在，则新的子图元就会被附加到这个临时文件中。

当复杂图元定义完成时（即当 ENTMAKE 收到了适当的 SEQEND 或 ENDBLK 子图元时），就检查该图元的相容性。如果该图元是合法的，它就会被增加到图形中。当该复杂图元的生成完成或生成被中止时，这个临时文件就会被删除。

3）下面的程序示例中，为生成一个复杂图元——多段线，对 ENTMAKE 函数调用了 5 次。这条多段线具有线型 DASHED 和颜色 BLUE 特性，它有 3 个顶点，其坐标值分别为 (1, 1, 0)、(4, 6, 0) 和 (3, 2, 0)。所有其他任选定义数据都假定为隐含值（如使这段程序能正常工作，必须加载 DASHED 线型）。

【例 18】
```
(ENTMAKE'((0 . "POLYLINE")        ;对象类型
          (62 . 5)                 ;颜色
          (6 . "dashed")           ;线型
          (66 . 1)                 ;顶点跟随标志
(ENTMAKE '((0 . "VERTEX")
           (10 4.0 6.0 0.0)
          )
)
(ENTMAKE '((0 . "VERTEX")          ;对象类型
           (10 1.0 1.0 0.0)        ;起点
))
(ENTMAKE ((0' . "VERTEX")          ;对象类型
          (10 3.0 2.0 0.0)         ;第三点
         )
)
(ENTMAKE '((0 . "SEQEND")))        ;序列结束标志
```

　　块定义用一个块图元开头，用 ENDBLK 子图元结束。块定义不能嵌套，也不能引用自身。一个块定义可以包含对另一个块定义的引用。

　　用 ENTMAKE 函数生成一个块之前，应该使用 TBLSEARCH 对图形数据库进行搜索，以确保新块名是唯一的。ENTMAKE 函数不能检查块名是否与块定义表中的块名相冲突，这样，它就有可能重新定义一个块。

　　块引用可能包含属性跟随标志（组码 66）。如果出现 66 组码且它的值被设置为 1，希望出现的一系列属性（attrib）图元就会跟随在插入对象之后。属性序列由一个 SEQEND 子图元结束。

　　多段线总是包含一个顶点跟随标志（组码也是 66）。这个标志的值必须是 1，而且，一个顶点图元序列必须跟随这样一个标志。多段线的顶点必须用一个 SEQEND 子图元结束。

　　复杂图元既可以存在于模型空间，也可以存在于图纸空间，但不能同时存在于二者中。

6.5　符号表的访问

　　AutoCAD 的符号表包括视窗表、线型表、图层表、字样表、视图表、用户坐标系表、用户应用程序标志表、尺寸式样表和块记录表。在某些情况下，仅从图元表不能了解图元的全部特性，例如当图元的颜色、线型与所在图层一致时，图元表中没有记录颜色、线型的子表，因此，了解这样图元的颜色，就需要访问图层表。

下面描述的 TBLNEXT 和 TBLSEARCH 函数可以实现对 AutoCAD 的层、线型、有名视图、文字字体和块定义符号表的只读访问。

1. (TBLNEXT <符号表名> [<第一>])

这个函数用来扫描整个符号表,变量 <第一> 是一个用来识别感兴趣的符号表的字符串。有效的表名为 "LAYER","LTYPE"、"VIEW","STYLE" 和 "BLOCK" 等。这个串不必大写。如果第二个变量存在且非 NIL 值,符号表被反绕且检索表中的第一个表项;否则检索表中的下一个表项,如果在表中没有更多的表项,则返回 NIL,删除的表项是绝不返回的。

如果找到一个表项,便以 DXF 类码和值的形式返回一个点对表,类似于函数 ENTGET 返回的表。

【例 19】
(TBLNEXT "layer"   T)   (检索第一层)
可能返回:
((0 . "LAYER")   (符号类型)
(2 . "0")   (符号名称)
(70 . 0)   (标记)
(62 . 7)   (颜色号,如关闭则为负值)
(6 . "CONTINUOUS")   (线型名)
)

注意:

这里没有 -1 组,AutoCAD 存储从同一个表中返回的最后一个表项。每当为检索那个表而调用 TBLNEXT 时,直接返回下一个表项。当开始扫描一个表时,确保提供一个非 NIL 的第二个变量,以使表逆序返回第一个表项。

从 "BLOCK" 表中检索到的表项,包括一个 -2 组和一个该块定义中的第一个实体名(如果存在)。下面给定一个称为 "BOX" 的块。

(tblnuxt "block")   (检索块定义)
可能返回:
((0 . "BLOCK")   (符号类型)
(2 . "BOX")   (符号名称)
(70 . 0)   (标记)
(10 9.000000 2.000000 0.000000) (原 X,Y,Z)
(-2 . <图元名:40000126>)   (第一个实体)
)

只能由函数 ENTGET 和 ENTNEXT 接受 -2 组的实体名,不能选用其他实体访问函数。既不能用 ENTMOD 修改这种实体,也不能使用 SSADD 或 ENTSEL 将该实体放在一个选择集中。把 "-2" 组的实体名送给 ENTNEXT,便能扫描一个由块定义的所有实体。在扫描块定义的最后一个实体后,ENTNEXT 返回 NIL。

【例 20】返回图层表,若当前作业的图层名依次是 "0"、"layer1"、"layer2" 和 "layer3"。随时输入表达式 (tblnext "layer" T) 都返回 ((0 . "LAYER") (2 . "0") (70 . 0) (62 .

7)(6． "CONTINUOUS"))。

接着输入表达式（tblnext " layer" nil）或（tblnext " layer"）返回（（0． "LAYER"）（2． "layer1"）（70．0）（62．7）（6． "CONTINUOUS"））。因为回绕项为 NIL 或默认，所以返回当前图层表的下一个图层表。同样的操作依次返回 layer2、layer3 的图层表。再输入这个表达式，将返回 nil，因为 layer3 是最后的图层。

2.（TBLSEARCH <符号表名> <符号>）

这个函数搜索由<符号表名>标志的符号表（同 TBLNEXT），寻找由<符号>给出的符号名，<表名>、<符号>均是字符串形式，其中符号表名和符号名均自动地转换为大写。如果找到一个给定符号名的表项，便以 TBLENEXT 所描述的格式返回那个表项。如果没有找到这样的表，则返回 NIL。

【例 21】
(TBLSEARCH "style" "standard")　　　（检索文字字体）
可能返回
((0． "STYLE")　　　　　　　　　　　（符号类型）
(2． "STANDARD")　　　　　　　　　（符号名称）
(70． 0)　　　　　　　　　　　　　　　（标记）
(40． 0.000000)　　　　　　　　　　　（固定高度）
(41． 0.000000)　　　　　　　　　　　（倾斜角）
(71． 0)　　　　　　　　　　　　　　　（生成标记）
(3． "txt")　　　　　　　　　　　　　　（基本字体文件）
(4． "")　　　　　　　　　　　　　　　（大写体文件）
)

TBLNEXT 检索的表项的顺序不受 TBLSEARCH 的影响。

3.（TBLSEARCH <表的种类> <表名> [设置下一个]）

返回指定种类和名字的符号表。如果"设置下一个"为 T，该表将作为定位点，随后调用 tblnext 函数在不回绕的设置下，会返回该表的下一个表。例如(tblsearch "layer" "" t)返回((0． "LAYER")(2． "layer1")(70．0)(62．7)(6． "CONTINUOUS"))图层表，且 layer1 为定位点，接着输入表达式(tblnext "layer")返回((0． "LAYER")(2． "layer2")(70．0)(62．7)(6． "CONTINUOUS"))图层表。

6.6 图形屏幕和输入设备的访问

AutoLISP 函数提供了一种从 AutoLISP 直接对 AutoCAD 图形屏幕和输入设备的访问方法，使得 AutoLISP 完成的命令可以和用户进行交互。

1.（GRCLEAR）

该函数清除 AutoCAD 图形屏幕的作图区域（也就是说命令提示行、状态行及菜单区域保持不变）。作图区的原来内容可以用 REDRAW 函数恢复。

2.（GRTEXT [<框区> <文本字符串> <加亮>]）

该函数可将文本写到状态行或屏幕菜单区。常用于在程序运行过程中，对程序运行各阶段的提示。

<框区>值若为 0 到最大的整数值，则<文本串>（即文本）显示在屏幕菜单区，若<文本串>太长不能和屏幕菜单区相配，则将它截尾，如果太短，则填加空格。这个函数只是在屏幕上的菜单区域显示所提供的文本，它并不改变下面的屏幕菜单项。

若<框区>编号为 -1，文本将写到屏幕上的方式状态行上，状态行的长度因显示器的类型而不同。为了使文本适应可用的空间，将对它进行截尾。

若<框区>编号为 -2，文本将写到坐标状态行上。如果坐标跟踪是打开的，一旦指点设备发送新的一组坐标值，写到这个字段的值将被覆盖掉。

最后，若调用 GRTEXT 时不加任何变量，即（GRTEXT），就能将屏幕上所有的文本区域恢复到它们的标准值。

【例 22】将 x = 4.0，y = 3.0 写到坐标状态行上：
（GRTEXT　-2(STRCAT　"x = "（RTOS　x　2　1）"y = "（RTOS　y　2　1)))
将当前轴段直径写到方式状态行上，（如 D = 8.000）：
（GRTEXT　-1(STRCAT　"D = "（RTOS　8　2　3)))

3.（GRREAD [track] [allkeys [curtype]]）

该函数的功能是从 AutoCAD 的任何一种输入设备中读取数值。但是，只有特殊用途的 AutoLISP 应用程序才需调用本函数，AutoLISP 的大多数输入使用 getxxx 函数来完成。

（1）参数

1）track：如果提供该参数且其值不为 nil，则输入设备移动时，本函数能从定点设备中返回坐标。

2）allkeys：整数型，决定 grread 要执行的功能。allkeys 的几个位值相加可以获得组合功能。可以指定如下值：

1（位 0）　返回"拖动模式"坐标。如果设置了该位，而且用户只是移动定点设备而没有按下按钮或键盘，grread 函数就返回一个表，其第一个成员是类型代码 5，第二个成员是当前定点设备（鼠标或数字化仪）的位置坐标（X，Y），这就是 AutoCAD 实现拖动的方法。

2（位 1）　返回所有的键值，包括功能键和光标键代码，用户按下光标键时并不移动光标。

4（位 2）　使用 curtype 参数传来的值控制光标的显示。

8（位 3）　在用户按下<Esc>键时不显示相应错误信息。

3）Curtype：整数型，表明显示光标的类型。只有当 allkeys 参数的第二位为 1 时 curtype 参数才有效。该参数只控制当前 grread 函数调用时显示的光标类型。可以指定下列 curtype 值：

0　显示普通十字光标。

1　不显示光标（无十字光标）。

2　显示对象选择光标。

（2）返回值

grread 函数返回一个表，其中第一个元素说明输入类型的代码，第二个元素既可能是整数，又可能是点，这取决于输入的类型。其返回值列表见表 6-6。

表 6-6　GRREAD 函数的返回值

第一个元素		第二个元素	
值	输入类型	值	说明
2	键盘输入	各种	字符代码
3	选定点	三维点	点坐标
4	屏幕/下拉菜单 （通过定点设备选取）	0～999 1000～1999 2000～2999 3000～3999 ⋮ 16001～16999	屏幕菜单项号 POP1 菜单项号 POP2 菜单项号 POP3 菜单项号 ⋮ POP16 菜单项号
5	定点设备 （仅在指定跟踪设备时返回）	三维点	拖动模式坐标
6	BUTTONS 菜单项	0～999 1000～1999 2000～2999 3000～3999	BUTTONS1 菜单按钮号 BUTTONS2 菜单按钮 BUTTONS3 菜单按钮 BUTTONS4 菜单按钮
7	TABLET1 菜单项	0～32767	数字化仪菜单的单元号
8	TABLET2 菜单项	0～32767	数字化仪菜单的单元号
9	TABLET3 菜单项	0～32767	数字化仪菜单的单元号
10	TABLET4 菜单项	0～32767	数字化仪菜单的单元号
11	AUX 菜单项	0～999 1000～1999 2000～2999 3000～3999	AUX1 菜单按钮号 AUX2 菜单按钮号 AUX3 菜单按钮号 AUX4 菜单按钮号
12	定点设备按钮 （在类型 6 或类型 11 后返回）	三维点	点坐标

（3）使用 GRREAD 函数处理用户输入

当 GRREAD 函数调用处于激活状态时，按 <Esc> 键便可通过键盘中断 AutoLISP 程序的运行（除非指定的 ALLKEYS 参数不允许这样做）。任何其他的输入都直接传给 GRREAD 函数，这使得应用程序可控制所有的输入设备。

如果用户在屏幕菜单项或下拉式菜单项上按下定点设备按钮，则 GRREAD 函数返回一个类型为 6 或 11 的代码，但在随后的调用中，它并不返回类型代码 12。因为只有在屏幕的绘图区域中按下定点设备按钮，类型代码 12 才会跟随在类型代码 6 或 11 之后返回。

在用定点设备按钮或辅助按钮执行另一操作之前，应将类型代码 12 的数据从缓冲区中清除。为了做到这一点，可以执行如下嵌套的 GRREAD 函数调用：

(SETQ code_12 (GRREAD (SETQ code (GRREAD))))

上述代码如同从输入流设备上获取输入一样，获取类型代码 12 的值表。

6.7 综合举例

6.7.1 实体名和选择集在开发 AutoCAD 程序中的应用

在开发 AutoCAD 系统软件中，经常要用 COMMAND 函数调用 AutoCAD 绘图命令来绘制各种图形。这时，常常要进行目标选择，AutoCAD 常用点选择和窗口选择方式来选择目标。这种方式的缺点是：① 比较麻烦，在程序中要给定点的坐标；② 经常由于选不到目标造成程序的中断，或者选不准目标使绘制的图形出错，如在复杂图形中选择目标绘剖面线时，常常会出错；③ 对于在复杂图形中选择目标时，有时难以选中。但如果采用实体和选择集来回答目标选择问题，不仅编程简单，而且目标选择准确，程序运行稳定、可靠。下面介绍用实体和选择集来回答目标选择的几个应用。

1．进行全屏擦除

（**COMMAND** "erase" （SSGET "x"）""）

采用（SSGET "x"）比用窗口选择法擦除要彻底，经常要用到 mirror、array、copy 和 break 等命令对已绘制的图形进行操作。这时用实体和选择集回答目标选择时，编程非常简单。

【例23】编程绘制图 6-7 所示的齿轮（假定图中 p1～p10，c1～c4 点均已赋值，其程序省略）。

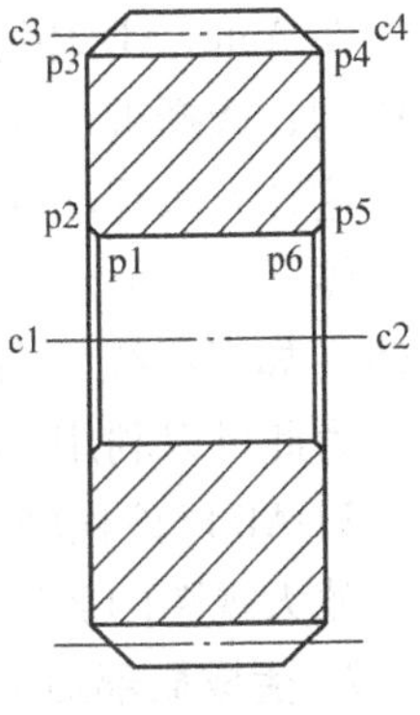

其程序如下：
（COMMAND "layer" "s" 3 ""）
（COMMAND "PLINE" p1 "w" 0.4 "" p2 p3 p4 p5 p6 "c"）
（SETQ s1（SSGET"L"））   ；由刚画的 PLINE 构成选择集 s1
（COMMAND "mirror" s1 "" c1 c2 ""）
（SSADD（ENTLAST）s1）   ；将镜像的实体加入选择集 s1 中

图 6-7 齿轮

（COMMAND "hatch" "u" 45 3 "" s1""）
（COMMAND "PLINE" p2 "w" 0.4 "" p7 p8 p9 p10 p4 ""）
（SETQ s2（ENTLAST））
（COMMAND "mirror" s2 "" c1 c2 ""）
（COMMAND "PLINE" p1 p1h ""
         "PLINE" p2 p2h ""
         "PLINE" p5 p5h ""
         "PLINE" p6 p6h ""
）
（COMMAND "layer" "s" 1 ""）
（COMMAND "line" c3 c4 ""）

```
(SETQ  s3   (ENTLAST))
(COMMAND  "mirror"  s3  ""  c1  c2  "")
(COMMAND  "line"  c1  c2  "")
```

上例中是利用实体和选择集进行目标选择的，省略了窗口选择时确定角点的麻烦，使程序大大简化。由该例可见，ENTLAST 函数是比较常用的函数。当选择一些不相邻的目标组成选择集时，经常使用 SSADD 函数。

2. 复杂图形的剖面线绘制

若用点选择经常不易选中目标，从而中断程序，若用窗口选择，经常因目标干扰而很难选准。这时采用实体或选择集就很容易了。

6.7.2 生成局部放大视图的简便方法

【例24】 在 AutoCAD 环境下自动生成局部放大视图。

1. 概述

利用 AutoCAD 绘制零件图或装配图时，视图上往往会遇到一些线条密集但又很重要的微小局部结构（如轴肩、螺纹形状等）。当然，在 AutoCAD 软件包上可以利用 "ZOOM" 命令来精确地作出这一结构，但是在最后以一定比例输出的工程图样上，便不能清楚地表达这个微小结构了。因此跟手工绘图一样，图样上应该附上对应这一微小结构的局部放大视图。

在 AutoCAD 环境下自动生成局部放大视图，可采用如下方法：用户只要交互式输入放大比例、选择被放大的圆区域及指定放大图的放置位置，程序即可快速生成局部放大视图。然而这种方法算法复杂、步骤繁多，更重要的是这种方法并不可靠。因为在这种方法中处理的实体（图元）只包括直线、圆弧和圆，对在利用 AutoCAD 绘图中经常会遇到其他类型的实体（如多段线、椭圆等），这种方法便无能为力了。

为此可以利用 AutoLISP 语言开发一个简单而可靠的自动生成局部放大视图的程序。装入（LOAD）该程序后在命令行键入 "PM"，即可运行该程序。用户选择待放大区域的圆、输入放大视图的放置点及放大比例后，程序便自动、可靠、快速地生成局部放大镜图。

2. 生成局部放大视图的方法

现在以图 6-8 为例来说明由程序自动生成局部放大视图的过程，即如何在一给定点 p 处产生对应于图 6-8a 待放大的 C1 圆区域的局部放大视图，其放大比例为 k。

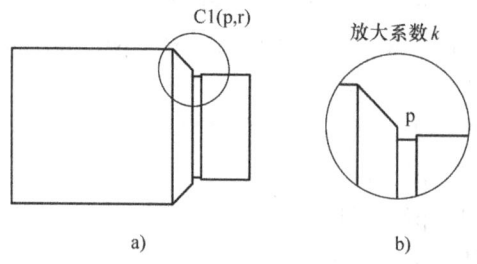

图 6-8 生成局部放大视图
a）待放大的 C1 圆区域   b）放大 k 倍的 C1 圆区域

要生成一个局部放大视图，可以采取以下 3 个步骤（见图 6-9）。

(1) 复制　将待放大区域圆 C1（圆心为 p，半径为 r）所包容的全部实体信息（包括在圆 C1 内的以及与圆 C1 相交的所有实体）复制到局部放大视图的放置点 p。

(2) 剪切　将与圆 C2（圆心为 p，半径为 r）相交的实体落在圆 C2 外的部分剪切掉。

(3) 放大　将圆 C2 所包容的所有实体在原位置（以 p 点为基准）放大为原来的 k 倍。圆 C2 放大成为圆 C3，圆心仍为 p，半径为 r 的 k 倍。

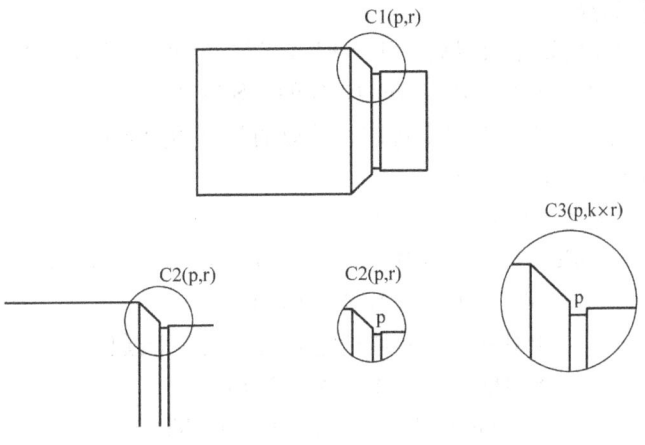

图 6-9　生成局部放大视图的 3 个步骤

3. 程序设计

程序开始分别使用 ENTSEL、GETREAL 和 GETPOINT 函数由用户交互输入需放大区域圆 C1、放大比例 k 和局部放大视图的旋转点 p，接着程序设计便按照上述 3 个步骤进行；

(1) 复制　直接使用 AutoCAD 的 COPY 命令来完成。不过，在 COPY 命令下选择实体时要使用"CP"项选取，该项是复制一个封闭多边形所包含的实体（包括多边形内的及与多边形相交的全部实体），因为圆可以看做一个边长为无穷小的正多边形，这里使用一个循环在圆 C1 上均匀地选取 180 个点（太多没有必要）作为选择实体的多边形顶点，这样复制到局部放大实体放置位置 p 点处的实体就是与圆 C1 包含的实体信息一样多，以 pc 为基准点，复制到 p 点。

(2) 剪切　如图 6-10 所示，这一步主要剪去与圆 C2 相交的实体落在圆 C2 外的部分。同样可以直接使用 AutoCAD 的"TRIM"命令来完成，为了编程方便，可先以 p 点为圆心，r 为半径作一辅助圆（因为圆 C1 复制到 p 点的圆 C2 在程序中不容易取得），利用 ENTLAST 函数取得这个实体圆，这样在"TRIM"命令下选择剪切边界时，就可以选择圆实体来代替圆 C2。

选择被剪切实体时，使用"Fence"选择项，该项根据输入一条线段（或多段线），由剪切边界将与这条线段相交的实体在交点的那一部分剪去（见图 6-10）。

在"Fence"选择项下，以与圆 C2 外切的边长足够短的正多边形的顶点作为所需要的参数，使得与圆 C2 相交的实体落在 C2 圆外的部分由这个外切正多边形组成的"Fence"剪切掉。为了使圆 C2 外面的部分能够可靠地被切去，这个正多边形的边数应该取得足够多，如果边数太少会使得露在圆 C2 外边的实体没有能剪切到。实际应用中，正多边形的边数可以取 180，这就足以保证剪切成功，即使还有实体露在圆 C2 外，露出的部分也

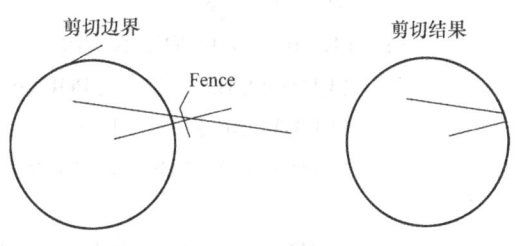

图 6-10　TRIM 命令的 Fence 项

可以忽略。

在剪切结束以后，用"ERASE"命令将辅助实体圆删除。

（3）放大 利用 AutoCAD 的"SCALE"缩放命令，选择缩放实体时，可以用一个与圆 C2 外切的矩形窗口来选取，缩放的基点即为 p 点，这样，便将圆 C2 的实体在以圆心为基准缩放成原来的 k 倍。

上述过程的程序代码为：

```
(DEFUN   C:PM( / e p pc k r n ep)
   (SETVAR "CMDECHO" 0)
   (PRINC "\n 请指定放大区域一个圆!")
   (SETQ  e(CAR(ENTSEL))
         pc(CDR(ASSOC 10 (ENTGET e)))
         p(GETPOINT  "\n 请指定放大后的中心点:")
         k(GETREAL   "\n 请用键盘输入放大倍数:")
         r(CDR(ASSOC 40 (ENTGET e)))
   )
   (COMMAND"COPY""CP")
      (SETQ n 0)
      (REPEAT 180
          (COMMAND(POLAR pc( / ( * 2 n pi)180)r))
          (SETQ n( + n 1))
      )
      (COMMAND  ""  ""  pc p)
      (SETQ n 0)
      (SETVAR "PICKBOX" 5)
      (COMMAND "ZOOM"  "C"  P( * 3 r))
      (COMMAND"CIRCLE"p r)
      (SETQ ep (ENTLAST))
      (COMMAND"TRIM" ep "")
      (REPEAT 180
     ;;;(COMMAND(POLAR P(/( * 2 n pi)180)( * r 1.1)))
         (COMMAND "F" (POLAR P(/( * 2 n pi)180)( * r 1.01)))
         (SETQ n( + n 1))
         (COMMAND(POLAR P(/( * 2 n pi)180)( * r 1.01))"")
      )
      (COMMAND "" "ZOOM" "P")
      (COMMAND "SCALE" "C" (LIST(-(CAR p) r)(-(CADR p)r))
      (LIST( +(CAR p) r)( + (CADR p) r))"" P k)
      (COMMAND "ERASE" ep "")
      (COMMAND "REDRAW")
```

```
            (PRINC)
)
```

4. 程序运行

在 AutoCAD 命令行装载（LOAD 函数）PM.LSP 程序，然后再在命令行键入 PM，回车后程序运行，按屏幕提示操作如下：

命令：PM

请指定放大区域一个圆！

选择对象：单击图 6-8a 图的圆

请指定放大后的中心点：单击一点作图 6-8b

请用键盘输入放大倍数：2.5

程序便自动地在指定的位置实现复制、剪切和放大过程，快速生成 2.5 倍局部放大视图。

5. 说明

本程序算法简单、代码简短，通过多次实践证明它运行正确、可靠。对需放大区域所包含的各种类型的实体（除了文字标注、尺寸标注实体，其实这两种类型的实体在实际绘图中一般也不将其局部放大），都能够可靠地实现复制、剪切和放大这 3 个步骤，准确无误地按用户的要求生成局部放大视图。

6.7.3 求圆或圆弧中心线

【例 25】下列程序段是用来求作一个已知圆或圆弧的中心线。程序先建立 CL 层，然后提示用户选择一个圆或圆弧，再按用户输入的超出长度作此圆或弧的中心线。

程序代码如下：

```
(DEFUN CLERR (S)              ;出错处理子程序段
  (IF (/= S "FUNCTION CANCELLED") ;如果当这个命令为活动时，
    (PRINC (STRCAT "\nERROR:" S)) ;发生如 CTRL + C 之类的错误
  )
                ;恢复系统环境
(IF E
  (REDRAW E 4)
)
(COMMAND "_. UCS" " _P")        ；恢复前一 UCS
  (SETVAR " BLIPMODE" SBLIP)    ；恢复存储的模式
  (SETVAR " GRIDMODE" SGRID)
  (SETVAR " HIGHLIGHT" SHL)
  (SETVAR " UCSFOLLOW" SUCSF)
  (COMMAND " _. LAYER" "_S" CLAY "")
  (COMMAND "_. UNDO" " _E")
  (SETVAR "CMDECHO" SCMDE)
  (SETQ *ERROR* OLDERR);  恢复旧的 *ERROR* 处理程序
```

```
    (PRINC)
)
;;; ·················MAIN  PROGRAM················;
(DEFUN C:CL (/ OLDERR CLAY SBLIP SCMDE SGRID SHL SUCSF E CEN RAD D TS XX)
    (SETQ OLDERR *ERROR*
        *ERROR* CLERR
    )              ;保存系统环境,并设置新的环境变量值
    (SETQ SCMDE (GETVAR "CMDECHO"))
    (SETQ CLAY (GETVAR "CLAYER"))
    (SETQ SBLIP (GETVAR "BLIPMODE"))
    (SETQ SGRID (GETVAR "GRIDMODE"))
    (SETQ SHL (GETVAR "HIGHLIGHT"))
    (SETQ SUCSF (GETVAR "UCSFOLLOW"))
    (SETVAR "CMDECHO" 0)
    (SETVAR "GRIDMODE" 0)
    (SETVAR "UCSFOLLOW" 0)
    (COMMAND "_.UNDO" "_GROUP")
    (SETQ E  NIL
        XX "Yes"
    )
    (SETQ TS (TBLSEARCH "LAYER" "CL"))     ;检查是否存在"CL"层
    (IF (NULL TS)
        (PROMPT "\n 建立新图层 – CL")        ;如果没有"CL"层,则创建
        (PROGN
            (IF (= (LOGAND 1 (CDR (ASSOC 70 TS))) 1) ;判断"CL"层是否冻结
                (PROGN
                    (PROMPT "\nCL 图层已冻结.")
                    (INITGET "Yes No")
                    (SETQ XX (GETKWORD "\n 解冻吗? <N>:"));"CL"层冻结
                    (IF (= XX "Yes")
                        (COMMAND "_.LAYER" " _T" " CL" "") ;如继续,则解冻" CL" 层
                    )
                )
            )
        )
    )
    (IF (= XX " Yes")
        (PROGN
```

第 6 章　实体和设备访问函数

```
      (WHILE (NULL E)
    (SETQ E (ENTSEL " \n 选取圆或弧:"));由用户选取圆或弧
    (IF E
      (PROGN
        (SETQ E (CAR E))
        (IF (AND (/= (CDR (ASSOC 0 (ENTGET E)))" ARC")
          (/= (CDR (ASSOC 0 (ENTGET E)))" CIRCLE")
        )
        (PROGN
        (PROMPT " \n 实体是一个 ")
        (PRINC (CDR (ASSOC 0 (ENTGET E))))
               ；显示用户选择的实体是
        (SETQ E NIL)
        )
      )               ;圆或弧
    (IFE
      (REDRAW E 3)
    )
   )
 )
   )
    (COMMAND " _.UCS" " _E" E);将圆或弧作 UCS 坐标系
    (SETQ CEN (TRANS (CDR (ASSOC 10 (ENTGET E))) E 1))
    (SETQ RAD (CDR (ASSOC 40 (ENTGET E))))
    (PROMPT " \n 半径是:");提示半径大小
    (PRINC (RTOS RAD))
    (INITGET 7 " Length")
    (SETQ D (GETDIST " \n 输入圆外延伸长度或/［中心延伸长度（L）］:"))
  (IF (= D " Length")
(PROGN；或延伸线长度
  (INITGET 7)
  (SETQ D (GETDIST CEN " \n 指定延伸长度:"))
)
(SETQ D (+ RAD D))
 )
   (SETVAR " BLIPMODE" 0)
   (SETVAR " HIGHLIGHT" 0)
   (COMMAND " _.LAYER" "_M" "CL" "");进入"CL"层
  (COMMAND "_.LINE"
```

```
        (LIST (CAR CEN)(- (CADR CEN)D)(CADDR CEN))
            ;作中心线的水平线
         (LIST (CAR CEN)( + (CADR CEN)D)(CADDR CEN))
          ""
      )
      (COMMAND "_. CHANGE" " _L" "" " _P" " _LT" "CENTER" "");修改线型
      (COMMAND "_. LINE"
         (LIST ( - (CAR CEN) D) (CADR CEN) (CADDR CEN))
         (LIST ( + (CAR CEN) D) (CADR CEN) (CADDR CEN))
         ""
      )           ; 中心线的垂线
      (COMMAND " _. CHANGE" " _L" "" " _P" " _LT" " CENTER" "")
           ; 修改线型
      (COMMAND " _. LAYER" " _S" CLAY "");恢复到原层
    )
  )           ;恢复系统环境
  (REDRAW E 4)
  (COMMAND " _. UCS" " _P")     ;恢复前_UCS
  (SETVAR " BLIPMODE" SBLIP)    ;恢复存储模式
  (SETVAR " GRIDMODE" SGRID)
  (SETVAR " HIGHLIGHT" SHL)
  (SETVAR " UCSFOLLOW" SUCSF)
  (COMMAND " _. UNDO" "_E")
  (SETVAR " CMDECHO" SCMDE)
  (SETQ *ERROR* OLDERR);恢复*ERROR*处理程序
  (PRINC)
)

(PRINC " \n命令：输入 CL 回车")
(PRINC)


;;; ……………………………………………………………………
执行过程：
命令：   (LOAD  " CL")
命令：输入 CL 回车
命令：CL
选取圆或弧：
半径是：65
输入圆外延伸长度或/［中心延伸长度（L）］：L
```

指定延伸长度：在圆外单击一点

运行结果如图 6-11 所示。

【例 26】定义将本作业指定颜色的所有直线改变为另一种颜色的 AutoCAD 命令。

```
(defun c:ccolor(/ oldcolor newcolor new_cl e
el old_cl layname laytab laycolor)
  (setq oldcolor (getint "\n 输入待改变的颜色号："))
  (setq newcolor (getint "\n 输入新的颜色号："))
  (setq new_cl (cons 62 newcolor));构造新颜色子表
  (setq e (entnext));得到第一个图元名
  (while e ;当图元的名字有定义时
    (setq el (entget e));得到一个图元表
    (if( = "LINE" (cdr (assoc 0 el)));判断该图元是否是直线
      (progn ;是直线
        (setq old_cl (assoc 62 el));得到原有的颜色子表(点对)
        (if (null old_cl);判断颜色子表是否为空
          (progn ;没有颜色子表
            (setq layname (cdr (assoc 8 el)));得到图层名
            (setq laytab (tblsearch "LAYER" layname));得到指定图层名的图层表
            (setq laycolor (cdr (assoc 62 laytab)));得到图层的颜色号
            (if( = oldcolor laycolor);判断图层的颜色是否与待改的颜色相同
              (progn ;相同,该层颜色为被改色
                (setq el (cons new_cl el));插入颜色子表
                (entmod el);更新图形数据库的 el 图元表
              )))
          (progn ; 有颜色子表，即颜色独立于图层
(if ( = oldcolor (cdr old_cl)); 判断图元的颜色是否与待改的颜色相同
(progn ; 相同,该层颜色为被改色
(setq el (subst new_cl old_cl el)); 颜色替换
(entmod el); 更新图形数据库的 el 图元表
))))))
    (setq e (entnext e)); 令 e 等于 e 的下一个图元的名字
))
```

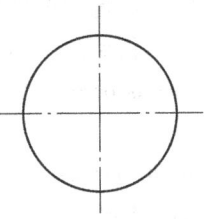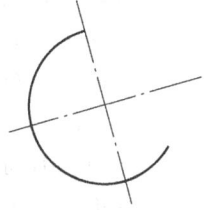

图 6-11 【例 25】程序运行结果

【例 27】定义将选到的单行文本改变为指定高度的命令。

```
(defun c:csth(/ h s1 n e e1)
  (setq h(getdist" \n 输入文本的高度"))
  (setq s1(ssget));以交互式方式得到一个选择集
```

```
(setq n 0);序号的初值为 0
(repeat (sslength s1);重复执行,执行的次数等于所选对象的个数
    (setq e(ssname s1 n));得到选择集内的第 n 个对象的图元名
    (setq e1 (entget e));得到这个对象的图元表
    (if( = "TEXT"(cdr(assoc 0 e1)));判断这个对象是否为 TEXT
       (prong
(setq e1(subst (cons 40 h)(assoc 40 e1)e1));用新字高的点表替换图元表的原字高点表
    (if ( = 3(cdr(assoc 72 e1)));如果文本为"对齐"方式对齐
       (setq e1(subst (cons 72 0)(assoc 72 e1)e1));忽略第 2 个定位点
    )
(entmod e1);更新图形数据库的 e1 图元表
)
    )
    (setq n(1 + n));序号 n 的值加 1
    )
)
```

习 题

1. 编写一个正文编辑程序，它可以改变正文的对齐点，正文高度、正文值、旋转角度等。
2. 编程用于统计当前图中所含的指定名的块的个数。
3. 编程用于把当前图中所有块的名字写到一个磁盘文件中保存。
4. 编程用于测量屏幕上任一弧的弧长。
5. 编程用于把当前图中的所有圆转换成多边形。
6. 编程用于对图中的所有圆加画任意角度的中心线。
7. 下面的程序用于删除指定层上的所有实体，指出其中的错误。

```
(DEFUN  C:delayer( )
        (setq L(getstring" \n Enter  layer  to  delete:"))
        (setq  E(entnext))
        (while  E
            (if  ( =  L(cdr  (assoc  8(enget  E))))
                (entdel  E)
            )
            (setq  E  (entnext  E))
        )
)
```

8. 定义将选到的指定颜色的圆改变为另一种指定颜色的圆的命令。
9. 定义将选到的单行文本中小写字母改变为大写字母的命令。
10. 定义选到的多行文本改变为指定高度的命令。

第7章 AutoLISP 实训

本章通过几个程序实例来说明如何利用 AutoLISP 语言进行程序设计。

7.1 设置作图环境

编程作图和交互作图一样,需要设置作图的环境,例如图纸的范围、绘图的单位、目标捕捉的类型、图层、颜色、线型、线宽、字样等,如果缺少对作图环境的设置,则只能利用加载程序时 AutoCAD 提供的默认环境。

设置一个合适的作图环境不仅可以提高作图的精度和效率,有时还会影响到所绘制的图纸是否符合企业的规范和满足生产的需要。

用程序实现设置作图环境的功能可以通过 command 函数调用相关的命令,或通过 setvar 函数改变相应系统变量的当前值或当前状态。有些功能只能通过上述一种途径实现,有些功能可以通过上述两种途径实现。

1. 设置图纸的范围

如何设置如图 7-1 所示的 A3 图纸的作图范围?做法如下:

(1)通过 command 函数设置图纸的范围
(command "limits" " 0,0" "420,297")或
(command "limits" '(0 0) '(420 297))或
(command "limits" (list 0 0) (list 420 297))

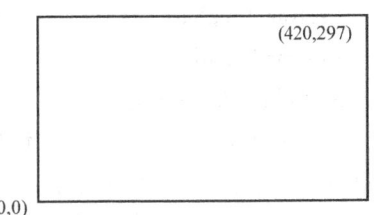

图 7-1 A3 图纸

这时 p1、p2 分别是作图范围的左下和右上角点坐标,上式可改写为:
(command "limits" p1 p2)

(2)通过 setvar 函数设置图纸的范围 系统变量 limmin 和 limmax 分别对应于图纸的左下和右上角点,只需用 setvar 函数设置它们为新的值即可。

设置图纸的左下角的表达式为:
(setvar "limmin" '(0 0))或
(setvar "limmin" (list 0 0))或
(setvar "limmin" "0,0")或
(setvar "limmin" p1)

设置图纸的右上角点的表达式为:
(setvar "limmax" '(420 297))或
(setvar "limmax" (list 420 297))或
(setvar "limmax" "420,297")或
(setvar "limmax" p2)

2. 设置绘图的长度和角度单位

将绘图的长度单位设置为十进制、3 位小数，角度单位设置为十进制的度 2 位小数、x 轴正方向为 0°、逆时针方向为正。

1）通过 command 函数设置绘图的长度和角度单位

(command "units" 2 3 1 2 0 "N")

command 的参数说明：

units：AutoCAD 设置绘图单位的命令

2：长度单位为十进制

3：3 位小数

1：角度单位为十进制的度

2：2 位小数

0：x 轴正方向为 0°

N：非顺时针，即逆时针为正

2）通过 setvar 函数设置设置绘图的长度和角度单位

(setvar "lunits" 2)   ;长度单位为十进制
(setvar "luprec" 3)   ;长度单位 3 位小数
(setvar "aunits" 1)   ;角度单位为十进制的度
(setvar "auprec" 2)   ;角度单位为长 2 位小数
(setvar "angbase" 0.0)   ;x 轴正方向为 0° 方向
(setvar "angdir" 0)   ;逆时针方向为正

3. 设置目标捕捉的类型

交互式操作时，目标捕捉类型的选项是字符串，它以编码的形式记录在系统变量 osmode 内，代码的具体含义是：

0   NONe（不标捕捉任何类型的对象）
1   ENDpoint（线段和圆弧的端点）
2   MIDpoint（线段和圆弧的中点）
4   CENter（圆、椭圆和圆弧的中心点），如图 7-2 所示。

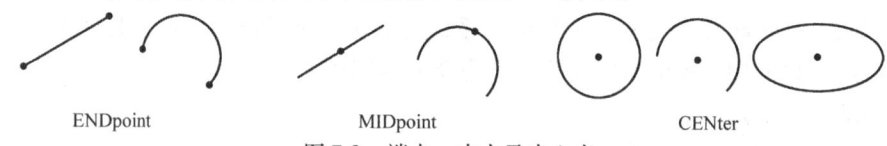

ENDpoint　　　　　MIDpoint　　　　　CENter

图 7-2　端点、中点及中心点

8   NODe（节点，用 point 命令生成的点）
16 QUAdrant（圆和圆弧的象限点）
32 INTersection（线段和圆弧的交点），如图 7-3 所示。

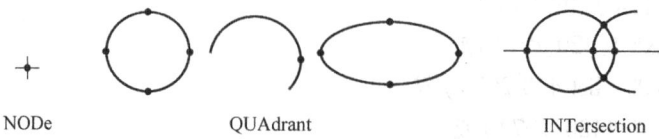

NODe　　　　　QUAdrant　　　　　INTersection

图 7-3　点、象限点及交点

64　INSertion（图块或字符串的插入点）

128　PERpendicular（垂足），如图 7-4 所示。

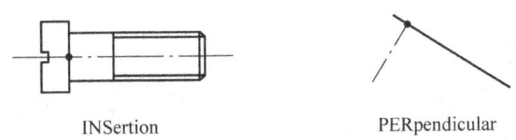

图 7-4　插入点和垂足点

256　　TANgent（切点）

512　　NEArest（对象上的最近点）

1024　QUIck（快速捕捉）

2048　APParent Intersection（在观察方向上相交的点）

4096　EXTension（延长线上的点）

8192　PARallel（与所选对象平行的点），见图 7-5 所示。

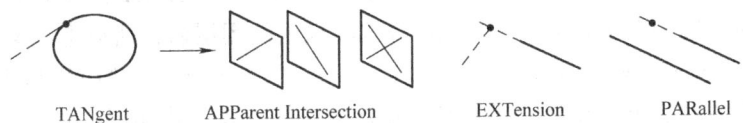

图 7-5　切点、观察方向上的交点、延长线上的交点，与所选对象平行的点

（1）通过 command 函数设置目标捕捉的类型

　　（command "osnap" "endpoint,midpoint,center"）　　;捕捉端点、中点和中心

　　（command "osnap" "none"）　　;不捕捉任何类型

（2）通过 setvar 函数设置目标捕捉的类型

　　（setvar "osmode" 7）　　;7 是捕捉端点、中点和中心的代码之和

　　（setvar "osmode" 0）　　;不捕捉任何类型

将 osmode 设置为 0（不捕捉任何类型）是常用的设置。假定 osmode 的当前值为 1，将捕捉直线或圆弧的端点。在这种情况下，如果指定的是 p 点，而 p 点处刚好有一条直线，那么实际获取的是该直线距 p 点较近的那个端点，而不是 p 点本身。所以应该用 setvar 函数将 osmode 设置为 0。

4. 抑制 AutoCAD 普通命令的提示

在程序运行的过程中，可能会显示 AutoCAD 命令的提示。例如 command 函数在调用 line 命令绘制直线时，在命令提示区会出现相关信息的提示。如果不需要这些信息，则应将其关闭，可以提高程序的运行速度。

通过 setvar 函数抑制 AutoCAD 普通命令的提示，表达式如下：

（setvar "cmdecho" 0）

Cmdecho 为控制普通命令提示是否显示的系统变量，当其值为 1 时，照常显示 AutoCAD 命令的提示，将其设置为 0，将抑制这样的一些提示，但仍然显示某些 AutoLISP 函数的提示信息。通常应将 cmdecho 设置为 0。

7.2 设置图层、颜色、线型和线宽

1. 创建一个当前图层

假定图层的名字是"zhongxin"、颜色为红色、线型为 center、线宽为 0.2，通过 command 函数创建一个当前图层表达式如下：

(command "layer" "Make" "zhongxin" "Color" 1 "zhongxin" "Ltype" "Center" "zhongxin" "LWeight" 0.2 "zhongxin" "")

因为在命令行操作时，layer 命令需要空回车响应"[？/Make/Set/New/ON /OFF/Color/Ltype/LWeight/Plot/Freeze/Thaw/LOck/Unlock/state]"提示才能结束该命令，所以在右括号前增加一对引号（注意，引号内没有空格）。

因为 Make、Color、Ltype、LWeight 等选项可以简写为 M、C、L、LW，所以上式可改为：

(command "layer" "M" "zhongxin" "C" 1 "zhongxin" "L" "Center" "zhongxin" "LW" 0.2 "zhongxin" "")

又因为当前图层的名字是 Color、Ltype 等选项默认的图层名，所以上式又可改为：

(command "layer" "M" "zhongxin" "C" 1 "" "L" "Center" "" "LW" 0.2 "" "")

如果当前图层的颜色、线型、线宽等为默认的选择，表达式如下：

(command "layer" "M" "cuxian" "")

图层 cuxian 是当前图层、颜色号为 7（白/黑）、线型为 continuous、线宽为当前图形对象的默认线宽。

如果某图层已经存在，只是将其改变为当前状态，其表达式如下：

(command "layer" "M" "cuxian" "")或者(command "layer" "S" "cuxian" "")

2. 设置新图形对象的颜色

（1）通过 command 函数设置新图形对象的颜色

(command "color" 3)或

(command "color" "green")   ;设置新图形对象的颜色为绿色

（2）通过 setvar 函数设置新图形对象的颜色

(setvar "cecolor" "2")或

(setvar "cecolor" "yellow")   ;设置新图形对象的颜色为黄色

3. 设置新图形对象的线型

（1）通过 command 函数设置新图形对象的线型

(command "linetype" "s" "centerset" "")   ;设置新图形对象的线型为中心线

（2）通过 setvar 函数设置新图形对象的线型

(setvar "celtype" "dashed")   ;设置新图形对象的线型为虚线

4. 设置线型比例因子的大小

除了实线（continuous）之外，每种线型都是由不同长度的短划线、空白段或点组成的。在不同的显示比例下，这些短划线和空白段的视觉效果可能过大或过小。改变线型比例因子的大小并不改变整条线段的长度，只改变短划线和空白段的大小。例如，将线型的短划线和空白段缩小一半。

1)通过 command 函数设置线型比例因子的大小
(command "ltscale" 0.5)
2)通过 setvar 函数设置设置线型比例因子的大小
(setvar "ltscale" 0.5)

5. 设置新图形对象的线宽
(1)通过 command 函数设置新图形对象的线宽
(command "lweight" 0.5)   ;设置新图形对象的线宽为 0.5
(2)通过 setvar 函数设置新图形对象的线宽
系统变量 celweight 记录着新图形对象的线宽,它的值是整型的,以 1% 为单位。如设置新图形对象的线宽为 0.5 的表达式如下:
(setvar "celweight" 50)

7.3 AutoLISP 程序设计的 6 个步骤

Step1 编写程序的预期目标;
Step2 设计程序流程、需要的 AutoLISP 功能函数、变量及相关提示信息;
Step3 利用 Visual LISP 编辑器编写 xxx.lsp 源程序;
Step4 在 AutoCAD 命令提示下加载 AutoLISP 程序,(load "lsp 文件名"),或是在 VisualLISP 控制台加载 AutoLISP 程序;
Step5 运行加载成功的 AutoLISP 程序;
Step6 加入 AutoLISP 程序至"工具条"或"MENU 菜单中"的方法可参阅相关资料,建议最好参阅 VisualLISP 的帮助文档。

7.4 AutoLISP 程序实例

【例1】编程,当输入 A0、A1、A2、A3、A4 后能自动画出该指定图纸大小的矩形框,如图 7-6 所示。

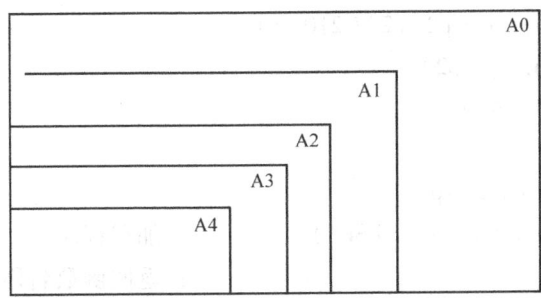

图 7-6 各种型号的图纸

Step1 程序名称为 Exam_2.lsp;
Step2 确定程序流程、相关变量;

```
(defun guo_1 ( )
  ;以下 size 数值由用户输入
  (setq size (请输入图纸大小 A0，A1，A2，A3，A4))
  (若未输入任何字符串，则 size 内定为 A3)
  (setq size (将 size 统一转换成大写处理))
  ;多个 if 判断式
  (如果（size 等于 A0）（则右上角点 p2 等于' (1199，841)))
  (如果（size 等于 A1）（则右上角点 p2 等于' (841，594)))
  (如果（size 等于 A2）（则右上角点 p2 等于' (594，420)))
  (如果（size 等于 A3）（则右上角点 p2 等于' (420，297)))
  (如果（size 等于 A4）（则右上角点 p2 等于' (297，210)))
  ;准备绘制矩形图框
  (setq p1 ' (0，0))        ;设定左下角基准点为 (0，0)
  (command " rectang" p1 p2)
  (princ)
)
```

Step3 编写 Exam_2.lsp 源程序，并保存到 c:\ test\ 文件夹中

```
(defun guo_1 ( )
  (setq p1(getpoint" \n 输入图纸左下角点坐标:"))
  (setq size(getstring " \n 请输入图纸大小 A0,A1,A2,A3,A4 <A3>:"))
  (if( = size "")
    (setq size "A3")
  )
  (setq size (strcase size))
  (if ( = size "A0")(setq p2 '(1189 841)))
  (if ( = size "A1")(setq p2 '(841 594)))
  (if ( = size "A2")(setq p2 '(594 420)))
  (if ( = size "A3")(setq p2 '(420 297)))
  (if ( = size "A4")(setq p2 '(297 210)))
  (command "rectang" p1 p2)
  (command "zoom" "A")
)
```

Step4 执行程序 Exam_2.lsp

命令：(load " C：/test/exam_2.LSP")   ;加载程序
guo_1   ;返回函数名称
命令：(guo_1)   ;运行函数 guo_1
请输入图纸大小 A0，A1，A2，A3，A4 <A3>：   ;输入需要的图纸号即可得到需要的
                                              图纸如图 7-6 所示。

【例2】输入左下角点，输出直角三角形的一个直角边和斜边，绘出该三角形，并输出

面积及夹角的度数,如图 7-7 所示。

分析:

Step1　程序名称为 exam_1.lsp;

Step2　构思程序流程,确定相关变量;

变量名称为:ww,kk,hh,pa,pb,pc,ang_pb,ang_pc

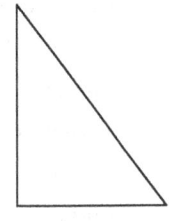

图 7-7　直角三角形

```
(defun guo-2()
  ;以下 pa,ww,kk 值由用户输入
  (setq pa(请求输入左下角点坐标))
  (setq ww(请求输入直角三角形底边))
  (setq kk(请求输入直角三角形斜边))
  ;以下 pb,hh,pc 值根据 pa,ww,kk 计算得出
  (setq pb(根据相对极坐标法求出 pb 点坐标))
  (setq hh(根据 kk 和 ww 的值,用勾股定理求出 hh 值))
  (setq pc(根据相对极坐标法求出 pc 点坐标))
  ;以下依据 pa,pb,pc 坐标画出直角三角形
  (将 hh 的结果返回)
  (画出直角三角形)
  ;以下将三角形二夹角自动求出,并显示在命令行
  (setq ang_pb (根据反正切求 pb 夹角弧度值))
  (setq ang_pb (将 ang_pb 转换成十进制角度值))
  (setq ang_pc (依据 ang_pb 与 ang_pc 和为 90 度,求出 ang_pc 角))
  (输出 ang_pb 角度值)
  (输出 ang_pc 角度值)
  (princ)
)
```

Step3　编写 exam_1.lsp 源程序,并保存到 c:\test\ 文件夹中

```
(defun guo_2()
  (setq pa(getpoint" \n 输入左下角点坐标:"))
  (setq ww(getreal" \n 输入直角三角形(底边):"))
  (setq kk(getreal" \n 输入直角三角形斜边:"))
  (setq pb(polar pa 0 ww))
  (setq hh(sqrt(-(* kk kk)(* ww ww))))
  (setq pc(polar pa (/ pi 2)hh))
  (command "line" pa pb pc "c")
  (princ" \n 另一直角边的长度 <hh> = :")
  (princ hh)
  (setq ang_pb(atan (/ hh ww)))
  (setq ang_pb( *(/ ang_Pb pi)180))
  (setq ang_pc( - 90 ang_pb))
```

(princ "\nPB 的夹角 =")
(princ ang_pb)
(princ "度")
(princ "\nPC 的夹角 =")
(princ ang_pc)
(princ "度")
(princ)
)

Step4　执行 exam_1.lsp
命令：(load "C:/test/exam_1.LSP")　　　　　；加载程序
guo_2　　　　　　　　　　　　　　　　　　；返回函数名称
命令：(guo_2)　　　　　　　　　　　　　　；运行函数 guo_2
按程序输入参数，执行程序。

【**例3**】 如图 7-8a 所示，自动画出多个等半径相切的圆，执行顺序如下：

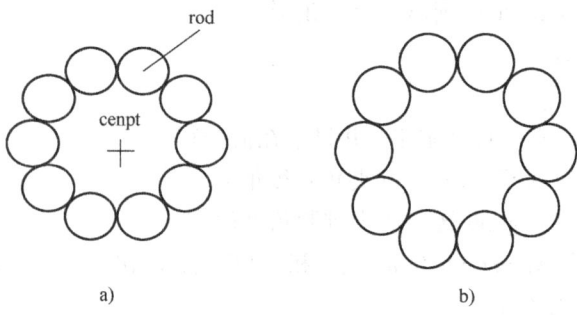

图 7-8　【例 3】程序图
a）示意图　b）运行结果

1）输入基准点 baspt；
2）输入小圆半径 Rad；
3）输入要绘制相切圆的数目 num；
4）自动绘出多个等半径相切的圆。

Step1　确定程序名称 exam_3.lsp
Step2　构思流程，确定相关变量
Step3　：编写 exam_3.lsp 源程序，并保存到 c:\test\文件夹中
(defun guo_3()
　;以下 baspt,rad,num 值由用户输入
　(setq baspt(getpoint" \n 请求输入基准点坐标:"))
　(setq rad (getdist baspt " \n 输入小圆半径:"))
　(setq num (getint " \n 输入相切的小圆数目:"))
　;以下求 ang1,kk,cenpt 值需由程序依据 baspt,rad,num 求出
　(setq ang1(/(* pi 2)(* num 2)))

```
    (setq kk(/ rad (sin ang1)))
    (setq ang2(_ (/ pi 2) ang1))
    (setq cenpt (polar baspt ang2 kk))
;以下依据 cenp，num 配合 array 画出多圆相切
    (command " circle" baspt rad)      ;;先画出一个小圆，然后阵列（array）
    (command " array" (entlast)"" " p" cenpt  num 360 " y")
  )
```

Step4 执行程序 exam_3.lsp

命令：(load " C：/test/exam_3.LSP")   ;加载程序
guo_3   ;返回函数名称
命令：(guo_3)   ;运行函数 guo_3

按程序输入参数，执行程序，运行结果如图 7-8b 所示。

【例 4】 输入左下角点、楼梯宽、楼梯高后自动画出如图 7-9 所示的 N 阶楼梯。

Step1 确定名称 EXAM_4.LSP

Step2 分析程序流 4.lsp 源程序，并保存到 c：\ test \ 文件夹中

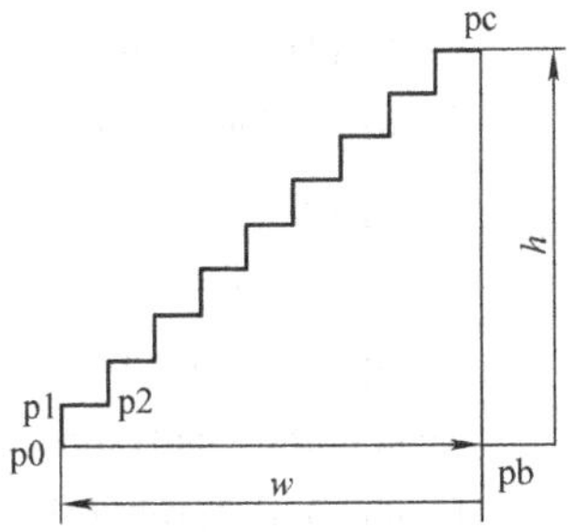

```
(defun guo_4 ()
  (setq pa (getpoint" \n 输入左下角点坐标:"))
  (setq w (getdist pa " \n 输入楼梯宽:"))
  (setq h(getdist pa " \n 输入楼梯高度:"))
  (setq num(getint" \n 输入楼梯阶数:"))
  (setq pb(polar pa 0 w))
  (setq pc(polar pb (/ pi 2)h))
  (command "line" pa pb pc "")
  (setq dw(/ w num))
  (setq dh(/ h num))
  (setq pp pa)
  (repeat num
    (setq p1(polar pp (/ pi 2)dh))
    (setq p2(polar p1 0 dw))
    (command "line" pp p1 p2 "")
    (setq pp p2)
  )
  (print)
)
```

图 7-9 N 阶楼梯

Step3 执行程序 exam_4.lsp

命令：(load " C：/test/exam_4.LSP")   ;加载程序
Guo_4   ;返回函数名称
命令：(guo_4)   ;运行函数 guo_4

按程序输入参数，执行程序，运行结果如图 7-10 所示。

【例 5】 输入 pt1 和 pt2，绘制正三角形、三边半圆弧及内切圆，如图 7-11 所示。

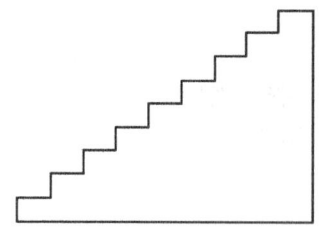

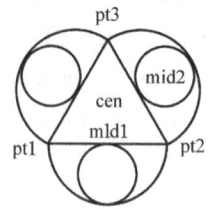

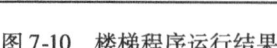

图 7-10 楼梯程序运行结果　　　　图 7-11 正三角形、三边半圆弧及内切圆

Step1　程序名称 exam_5.lsp

Step2　分析问题，构思流程，确定相关变量

Step3　编写程序 exam_5.lsp，并保存到 c：\ test \ 文件夹中

```
(defun guo_5()
  (setq pt1(getpoint"\n 第一点:"))
  (setq pt2(getpoint"\n 第二点:"))
  (setq LL(distance pt1 pt2))
  (setq ang(angle pt1 pt2))
  (setq pt3(polar pt2 (+ ang (/( * 120 pi)180))LL))
  (command "polygon" 3 "E" pt1 pt2)
  (command "arc" pt1 "e" pt2 "a" 180)
  (setq en1(entlast))
  (setq mid1(polar pt1 ang (/ LL 2)))
  (command "circle" "2p" mid1 (polar mid1 ( + ang ( * pi 1.5))(/ LL 2)))
  (setq en2(entlast))
  (setq mid2(polar pt2 (+ ang (/ ( * 120 pi)180))(/ LL 2)))
  (setq cen(inters pt3 mid1 pt1 mid2))
  (command "array" en1 en2 "" "p" cen 3 "" "")
)
```

Step4　执行程序 exam_5.lsp

命令：(load "C:/test/exam_5.LSP")　　　　；加载程序
Guo_5　　　　　　　　　　　　　　　　；返回函数名称
命令：(guo_5)　　　　　　　　　　　　　；运行函数 guo_5

程序运行结果如图 7-12 所示。

【例 6】 输入左下角点、宽度、高度，绘制如图 7-13 所示的图形。

Step1　程序名称 exam_6.lsp

Step2　分析问题，构思流程，确定相关变量

Step3　编写程序 exam_6.lsp，并保存到 c：\ test \ 文件夹中

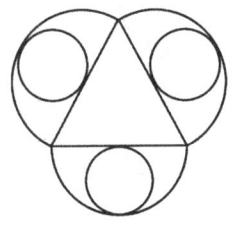
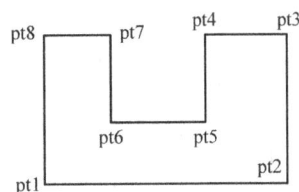

图 7-12　程序运行结果　　　　图 7-13　凹形图

```
(defun guo_6()
  (setq pt1(getpoint" \n 选取图形左下角点:"))
  (setq ww(getdist pt1 "\n 宽度:"))
  (if (null ww)(setq ww 100.0));当宽度未赋值时,定义为100
  (setq hh(getdist pt1" \n 高度:"))
  (if(null hh)(setq hh 50.0));当高度未赋值时,定义为50
  (setq ww3 (/ ww 3))
  (setq hh2 (/ hh 2))
  (setq pt2(polar pt1 0 ww))
  (setq pt3(polar pt2 (/ pi 2)hh))
  (setq pt4 (polar pt3 pi   ww3))
  (setq pt5(polar pt4 ( * pi 1.5)hh2))
  (setq pt6(polar pt5 pi ww3))
  (setq pt7(polar pt6 (/ pi 2)hh2))
  (setq pt8(polar pt7 pi ww3))
  (command "pline" pt1 pt2 pt3 pt4 pt5 pt6 pt7 pt8 "c")
)
```

Step4　执行程序 exam_6.lsp

命令:(load "C:/test/exam_6.LSP")　　　　;加载程序

Guo_6　　　　　　　　　　　　　　　　;返回函数名称

命令:(guo_6)　　　　　　　　　　　　　;运行函数 guo_6

按程序输入参数,执行程序,运行结果如图 7-14 所示。

【例7】已知两点的金字塔圆

条件:已知 pt1 和 pt2 点坐标、堆栈层数,完成如图 7-15 所示的具有方向性的堆栈相切圆。

问题分析:

分析问题,构思流程,确定本问题所需变量

程序源代码如下:

```
(defun guo-7()
  (setvar "cmdecho" 0)
```

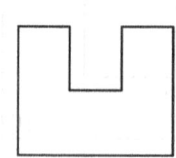
图 7-14 程序运行结果

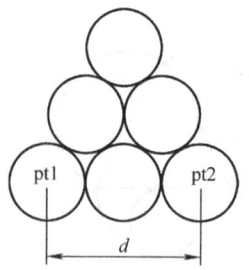
图 7-15 金字塔圆

```
(setq pt1 (getpoint"\n 起点:"))
(setq pt2 (getpoint"\n 终点:"))
(setq n (getint "\n 堆栈数 <10>:"))
(if(null n)(setq n 10))
(setq d(distance pt1 pt2))
(setq ang (angle pt1 pt2))
(setq rr(/ (/ d (1- n))2))
(setq n2 n)
(repeat n
  (setq bas pt1)
  (repeat n2
    (command "circle" bas rr)
    (setq bas (polar bas ang (* rr 2)))
  )
  (setq n2 (1- n2))
  (setq pt1(polar pt1 (+ ang (/ (* 60 pi)180 ))(* rr 2)))
)
(princ)
)
```

执行程序 exam_7. lsp
命令:(load " C:/test/exam_7. LSP")   ;加载程序
Guo_7   ;返回函数名称
命令:(guo_7)   ;运行函数 guo_7
按程序输入参数,执行程序,运行结果如图 7-16 所示。
【例 8】输入圆心、半径及边数,作出如图 7-17 所示的图形。
程序:
(defun guo_8()
  (setvar "cmdecho" 0)
  (setq os(getvar "osmode"))
  (setvar "osmode" 0)

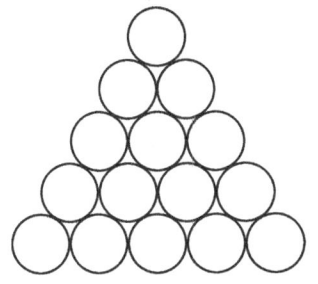

图 7-16 程序运行结果

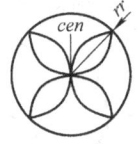   

边数=4　　　　边数=6　　　　边数=8　　　　边数=12

图 7-17 【例8】的图形

```
(setq cen (getpoint" \n 图形中心点:"))
(setq srr( getvar "circlerad"))
(setq str_rr (strcat" \n 半径<" (rtos srr 2)" >:"))
(setq rr(getdist cen str_rr))
(if (null rr)(setq rr srr))
(command "circle" cen )
(setq nn (getint" \n 输入偶数多边形 <6>:"))
(if( null nn)(setq nn 6))
(if ( = (rem nn 2)0)
  (progn
    (setq ang1(/ pi (/ nn 2)))
    (setq ang2( - (/ pi (/ nn 2))))
    (setq pt1 (polar cen ang1 rr))
    (setq pt2 (polar cen ang2 rr))
    (if ( = nn 4)     ;如果边数为4,调整角度
  (progn
    (setq pt1( polar cen (/ pi  4)rr))
    (setq pt2( polar cen ( - (/ pi 4))rr))
  )
)
    (command "arc" pt1 cen pt2)
    (command "array" (entlast)"" "p" cen nn "" "")
    )
  (alert "错误!! 请输入偶数...")
  )
(setvar "osmode" os)
(princ)
)
```

程序运行结果如图 7-18 所示。

图 7-18 程序运行结果

习 题

1. 输入矩形的底宽，作出矩形与多个圆内切，如图 7-19 所示。

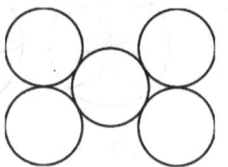

图 7-19 习题 1 图

2. 编程，输入小圆的半径和基点坐标，选择矩形阵列完成如图 7-20 所示的图形。

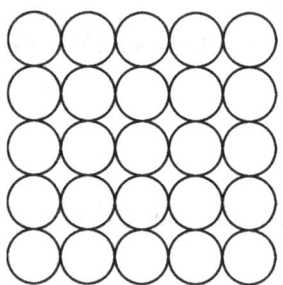

图 7-20 习题 2 图

3. 如图 7-21 所示，输入"左下角点坐标"、"矩形的宽和高"，并按照给定的条件绘出图形。

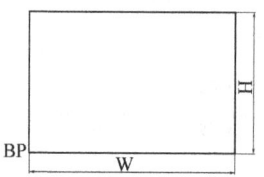

图 7-21 习题 3 图

4. 编程求如图 7-22 所示图形的面积。

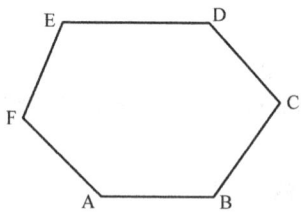

图 7-22 习题 4 图

5. 编写程序，能将选择集中的所有圆，加上内接正多边形。

第 8 章 Visual LISP 基本操作

8.1 进入和退出 Visual LISP

1. 进入 Visual LISP

在 AutoCAD 下拉菜单中选择"工具"→"AutoLISP"→"Visual LISP 编辑器",或在命令提示下键入 vlide,即可进入如图 8-1 所示的 Visual LISP 集成环境。

2. 退出 Visual LISP

在 Visual LISP 下拉菜单中选择"文件"→"退出"或单击其所在窗口的关闭按钮即可。注意此时 AutoCAD 并没有完全卸载 Visual LISP,而只是把所有的 Visual LISP 窗口关闭。

在下一次启动 Visual LISP 任务时,Visual LISP 将自动打开上次退出时打开的文件和窗口。

3. 切换到 AutoCAD 窗口

除了使用标准的 Windows 窗口切换方法之外,还可以在 Visual LISP 下拉菜单选择"窗口"→"激活 AutoCAD"或单击"视图"工具栏中的按钮 激活 AutoCAD 窗口。

8.2 Visual LISP 的用户界面

Visual LISP 用户界面如图 8-1 所示。

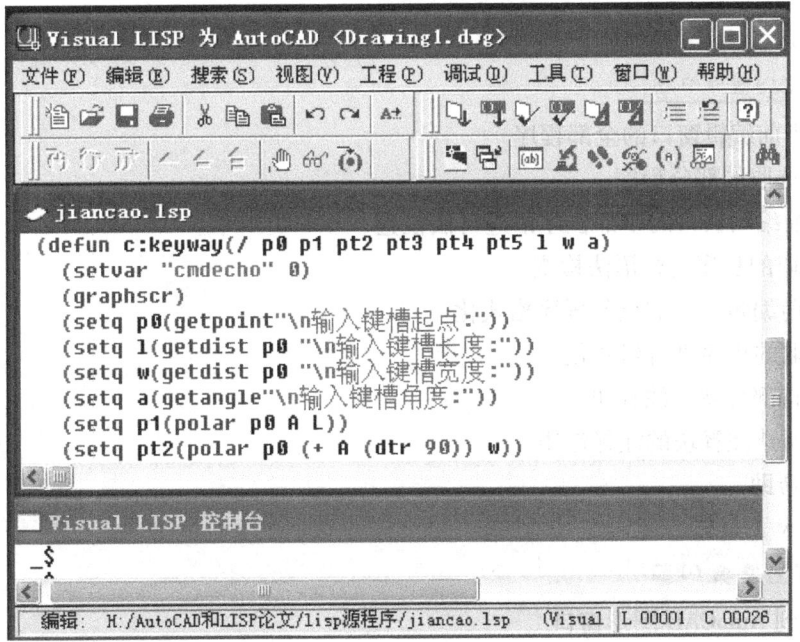

图 8-1　Visual LISP 的用户界面

Visual LISP 用户编辑程序窗口的具体菜单如下：

1. 菜单栏

文件(F) 编辑(E) 搜索(S) 视图(V) 工程(P) 调试(D) 工具(T) 窗口(W) 帮助(H)

Visual LISP 提供了 9 个下拉菜单，每个菜单的详细内容与当前的工作状态相关。

文件（F）创建新的或修改已有的 AutoLISP 程序文件，编译或打印程序文件等。

编辑（E）复制和粘贴文本，匹配表达式中的括号，或复制控制台窗口内的输入等。

搜索（S）查找和替换文本字符串，设置书签或利用书签导航等。

视图（V）查找和显示程序代码中的变量和符号值等。

工程（P）使用工程和编译、链接程序等。

调试（D）调试程序，检查变量状态和表达式的结果。

工具（T）设置 Visual LISP 文本格式化选项和各种环境选项等。

窗口（W）窗口管理。

帮助（H）：在线帮助。

2. 工具栏

Visual LISP 提供了 Standard、Tools、View、Search 和 Debug 五个工具栏。

（1）Standard 工具栏

建立一个新文件　　打开一个已有的文件
存盘　　　　　　　打印输出
剪切　　　　　　　复制
粘贴　　　　　　　取消
恢复　　　　　　　完词功能

（2）Tools 工具栏

装入当前编辑窗口的全部程序
装入选取的部分程序
对当前编辑窗口的全部程序语进行法检查
对选取的程序进行语法检查
对当前编辑窗口的全部程序格式化
对选取的程序进行格式化
将所选部分变为注释块
取消所选注释块的注释作用
在线帮助

（3）View 工具栏

切换到 AutoCAD 图形窗口
确定活动窗口

第 8 章 Visual LISP 基本操作

激活控制台窗口
打开检测窗口
堆栈跟踪功能
符号服务
匹配
打开监视窗口

(4) Search 工具栏

查找
替换
查找并且替换
设置或取消书签切换
到下一个书签的位置
到上一个书签的位置
清除所有的书签

(5) Debug 工具栏

执行一步
执行一个表达式
执行一个过程
继续执行
退出当前层
重置为顶层
设置或取消断点
添加监视
显示上一个断点
调试指示器按钮

3. 文本编辑窗口

Visual LISP 的文本编辑窗口除具有一般文本编辑器的全部功能外，还具有适用于 AutoLISP 的一些专用功能。可实现对 AutoLISP 程序的编辑、调试、检测、编译、运行等工作（见图 8-2）。有时 Visual LISP 用 VLISP 代替。

注意：只有在安装 AutoCAD 时选择完全安装模式，或选择"自定义"安装并选择"样例"，才会安装教程文件。如果你已经安装了 AutoCAD 但没有安装样例，可以重新执行安装程序，选择"自定义"并选择"样例"项即可安装相应样例。

在 VLISP 文本编辑器中阅读 LISP 程序的步骤：
1) 在 VLISP 菜单中选择"文件"→"打开"；
2) 在"打开文件"对话框中，选择 AutoCAD 安装目录下的 Sample \ VisualLISP 文件；

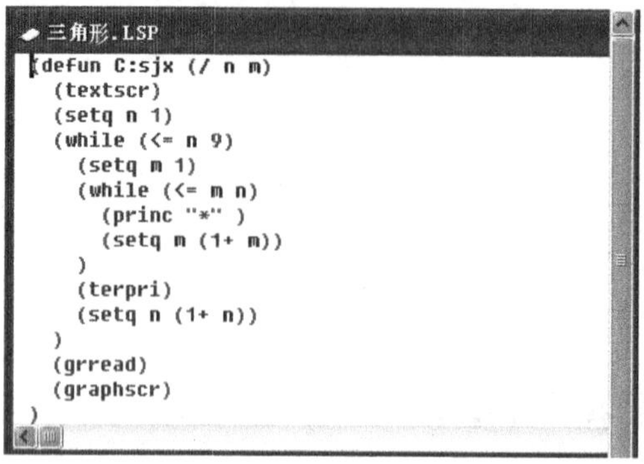

```
三角形.LSP
(defun C:sjx (/ n m)
  (textscr)
  (setq n 1)
  (while (<= n 9)
    (setq m 1)
    (while (<= m n)
      (princ "*")
      (setq m (1+ m))
    )
    (terpri)
    (setq n (1+ n))
  )
  (grread)
  (graphscr)
)
```

图 8-2　编辑程序窗口

3）双击三角形.lsp 文件。

VLISP 将在新的文本编辑器窗口中打开该文件，并在状态栏上显示文件名。如果对文件进行了修改或添加了文本，VLISP 将在状态栏上的文件名后面显示一个 * 号，只有在保存或关闭该文件后星号才会消失。

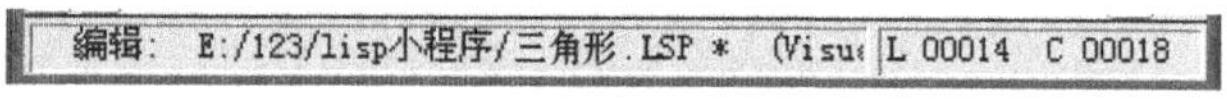

编辑: E:/123/lisp小程序/三角形.LSP *　(Visu L 00014 C 00018

可以同时编辑多个文件。每打开一个文件，VLISP 都在新的文本编辑器窗口中显示文件。

4. 控制台窗口

控制台窗口是 Visual LISP 主窗口中一个独立的可滚动窗口。其形式与 AutoCAD 命令提示与信息反馈窗口类似。在控制台窗口内可以输入 AutoLISP 表达式，也可以不用菜单或工具栏而直接在控制台窗口发出 Visual LISP 命令，如图 8-3 所示的控制台窗口。

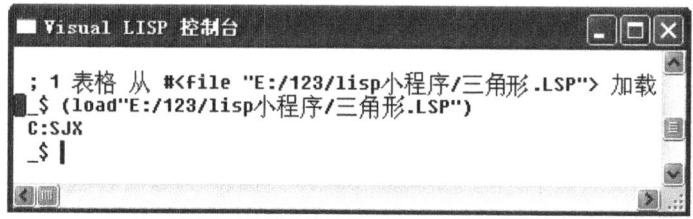

图 8-3　控制台窗口

5. 状态行

位于屏幕底部，显示与 Visual LISP 所做工作相关的信息。例如在编辑程序时，显示"Edit: d:/lisp1/roots.lsp *"等信息，显示当前正在编辑文件的路径的名称，若文件名之后有一个"*"，表示该文件尚未保存最新的结果；若切换到控制台窗口时，显示 Visual LISP console window；若切换到跟踪窗口时，显示 Trace output window；若关闭停留在菜单项或工具栏按钮时，显示相应菜单项或工具栏按钮的简短的帮助信息。在状态行的右端显示着光标当前处于窗口第几行、第几个字符的信息。

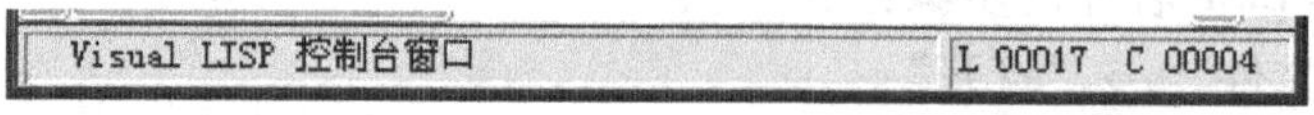

Visual LISP 控制台窗口　　　　　　　　　L 00017 C 00004

6. 跟踪窗口

跟踪窗口通常处于最小化的状态。在启动时，该窗口包含 Visual LISP 当前版本的信息，如果 Visual LISP 在启动时遇到错误，它还会包含相应的错误信息（见图 8-4）。

图 8-4　跟踪窗口

8.3　Visual LISP 的控制台操作

控制台窗口与 AutoCAD 命令窗口类似，但是控制台窗口的功能要比 AutoCAD 命令窗口的功能多，它们的操作也有所不同。

1. 控制台窗口与 AutoCAD 命令窗口的区别

1）控制台窗口的命令提示符为_$；
2）空格键只是空格，不再代替回车，只有按下回车键，系统才对表达式求值；
3）按 < Ctrl + Enter > 键，可以将未输入完的表达式续写到下一行；
4）按 < Esc > 键，取消当前的输入，按 < Shift + Esc > 键，出现控制台新的提示_$；
5）查看变量值不用在变量前加惊叹号"!"；
6）在按 < Enter > 键之前可输入多个表达式，并返回输入的每个表达式的值；
7）调用自定义的 AutoCAD 命令格式为（C：自定义的 AutoCAD 命令名），调用普通函数的格式仍然为（函数名 参数 …）。

操作举例：

_$ (setq a 1 b 2 按 < Ctrl + Enter > 键续写到下一行
c 3 d 4)（setq e 5）此例输入了两个表达式，按 < Enter > 键对表达式求值
4　返回第一个表达式的值为 4
5　返回第二个表达式的值为 5
_$

2. 使用控制台窗口的历史记录

在 _$ 提示下，每按一次 < Tab > 键，回溯前一次输入的字符串，作为当前输入。到了第一次输入的字符串时，再按 < Tab > 键，返回最后一次输入的字符串，周而复始。每按一次 < Shift + Tab > 键时，将进行反向回溯。

3. 控制台快捷菜单

为了快速调用控制台窗口的一些最重要功能，Visual LISP 提供了相应的快捷菜单。在控制台窗口的任何地方单击鼠标右键或按 < Shift + F10 > 即可显示该快捷菜单。快捷菜单中的某些项是否处于激活可用状态，还与当前的文本操作有关，见表 8-1。

表 8-1 控制台窗口快捷菜单命令

命　令	操　作
剪切	删除控制台窗口中被选中的文本并将其移到 Windows 剪贴板
复制	将选中的文本复制到剪贴板
粘贴	将剪贴板内容粘贴到光标处
清除控制台窗口	清空控制台窗口
查找	在控制台窗口中查找指定的文本
检验	打开"检验"对话框
添加监视	打开"监视"窗口
自动匹配窗口	打开"自动匹配选项"窗口
符号服务	打开"符号服务"对话框
放弃	放弃最近的操作
重做	重新执行上次放弃的操作
AutoCAD 模式	将所有的输入传送到 AutoCAD 命令行以供求值
切换控制台日志	将控制台窗口的输出复制到日志文件

可以在 Visual LISP 控制台窗口和 AutoCAD 命令窗口之间剪切和粘贴文本。

4. 记录控制台窗口的活动

日志文件的文件类型为".log",它记录了控制台窗口的所有活动,通过浏览该文件可以回顾控制台窗口中执行的命令。

在控制台窗口通过下拉菜单"文件"→"切换控制台窗口日志"或快捷菜单"切换控制台窗口日志"可以建立日志文件。

8.4　Visual LISP 的文件操作

1. 建立一个新文件

选择菜单"文件"→"新建文件"或按 <Ctrl + N> 键或单击按钮 ,将弹出一个空的文本编辑器窗口,用来建立一个新文件。

2. 打开一个已有的文件

选择菜单"文件"→"打开文件"或按 <Ctrl + O> 键或单击按钮 ,将弹出打开文件编辑/查看对话框,输入文件名,即可将指定的文件装入新的文本编辑窗口,并在状态栏上显示文件名。如果对该文件进行了修改,Visual LISP 将在状态行的该文件名前显示一个星号"*",直到该文件存盘,星号才会消失。

可以同时编辑多个文件。每打开一个文件,Visual LISP 都在新的文本编辑器窗口中显示文件。

3. 重新打开文件

选择菜单"文件"→"重新打开",可以在其下一级菜单选择曾经打开过的文件。

4. 建立文件的备份

Visual LISP 可自动建立由文本编辑器加载文件的备份。实际备份操作是在第一次保存文

第 8 章 Visual LISP 基本操作

件时执行的。备份文件与原文件同名，后缀以下划线"_"开头，跟原后缀中的前两个字符。

5. 在 Visual LISP 环境下加载 AutoLISP 程序

加载 AutoLISP 程序的目的是运行 AutoLISP 程序。在 Visual LISP 环境下，可以加载完整的或局部的 AutoLISP 程序文件。

(1) 加载 AutoLISP 程序　选择菜单"文件"→"加载文件"，在弹出的加载 LISP 文件对话框内输入 AutoLISP 文件名，如图 8-5 所示。若程序没有语法错误，在控制台窗口显示如图 8-6a 所示的信息，表示加载成功。若程序有存在语法错误，在其窗口给出程序出错的信息（见图 8-6b），表示加载不成功。

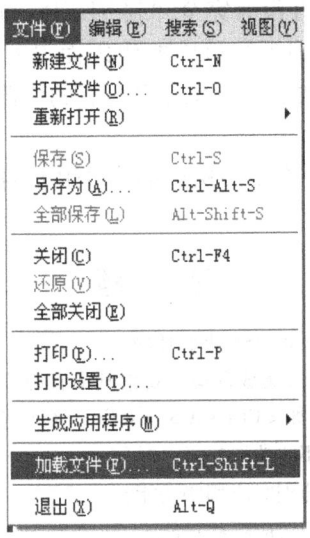

图 8-5　文件菜单

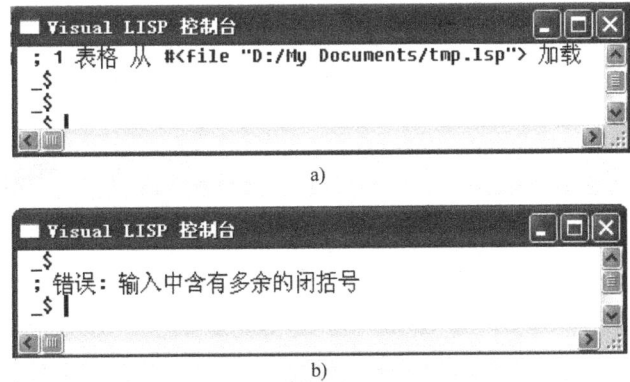

图 8-6　加载 AutoLISP 程序文后件控制台窗口显示的信息
a) 加载成功　b) 编辑文件有错误

该操作与在 Auto CAD 环境下加载 AutoLISP 文件的操作是等效的。

(2) 在 Visual LISP 文本编辑窗口加载 AutoLISP 程序　选择菜单"工具"→"加载编辑"中的文字或单击工具栏的按钮，即可加载活动窗口内的 AutoLISP 程序。

（3）在 Visual LISP 文本编辑窗口加载局部的 AutoLISP 程序　亮显部分的 AutoLISP 程序或一些表达式，选择菜单"工具"→"加载选定代码"或单击工具栏的按钮▮，即可加载所选的 AutoLISP 程序或表达式。该操作可以检查所选的表达式是否存在语法错误，也可以看到所选的表达式的运算结果。

8.5　退出 Visual LISP

在完成 VLISP 任务后，可以选择"文件"菜单的"退出"或单击 Windows 的"关闭"按钮来关闭程序。注意 AutoCAD 并没有完全卸载 VLISP，而只是把所有的 VLISP 窗口关闭。

如果修改了某个 VLISP 文本编辑窗口中的代码而没有保存修改，在退出 AutoCAD 时，AutoCAD 会询问是否保存这些修改。如果想保存所有的修改，选择"是"，若选择"否"将不保存任何修改。

VLISP 将保存退出时的状态。在下一次启动 VLISP 任务时，VLISP 将自动打开上次退出时打开的文件和窗口。

习　题

1. 有几种途径可以进入和退出 Visual LISP 集成环境？
2. 比较 Visual LISP 和 Microsoft Word 集成环境，观察其中有哪些图标不但外观相同，而且功能也相同。
3. Microsoft Office 中哪些快捷键（如 <Ctrl + A>、<Ctrl + C> 等）适用于 Visual LISP？
4. Visual LISP 有几种窗口？各有哪些功能？
5. Visual LISP 有几个下拉菜单？分别对应哪些功能？
6. Visual LISP 有几个工具栏？分别对应哪些功能？

第 9 章　编辑源程序代码

9.1　文本编辑工具

与文本编辑有关的下拉菜单有文件、编辑和搜索，如图 9-1 所示。

文件(F)
编辑(E)
搜索(S)
视图(V)
工程(P)
调试(D)
工具(T)
窗口(W)
帮助(H)

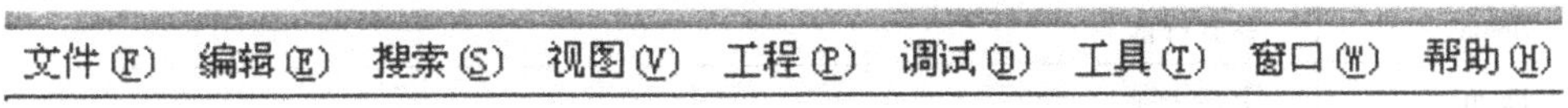

图 9-1　下拉菜单

工具栏有 Standard、Search 和 Tools，如图 9-2 所示。

car

a)　b)　c)

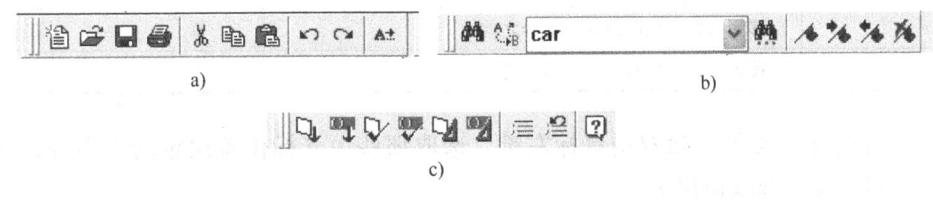

图 9-2　Visual LISP 工具栏

a) Standard 工具　b) Search 工具　c) Tools 工具

此外还有专用的快捷菜单和快捷键。

1. 文本编辑器的快捷菜单

在文本编辑器窗口单击鼠标右键，将弹出如图 9-3 所示文本编辑器的快捷菜单。

剪切(T)
删除被选中的文本并将其移到Windows剪贴板
复制(C)
将选中的文本复制到剪贴板Windows剪贴板
粘贴(P)
将剪贴板内容粘贴到光标位置
查找(F)...
在一个或多个文本编辑器窗口中查找指定文本
转至上一编辑位置(E)
将光标移到最近编辑的位置
切换断点(B)
在光标位置处以跟斗式设置/删除一个断点
检验(I)...
在光标处以跟斗式设置/打开“检验”对话框
添加监视(W)...
打开“监视”窗口
自动匹配窗口(A)...
打开“自动匹配选项”窗口
符号服务(S)...
打开“符号服务”对话框
放弃(U)
放弃最近的操作
重做(R)
重新执行上次放弃的操作

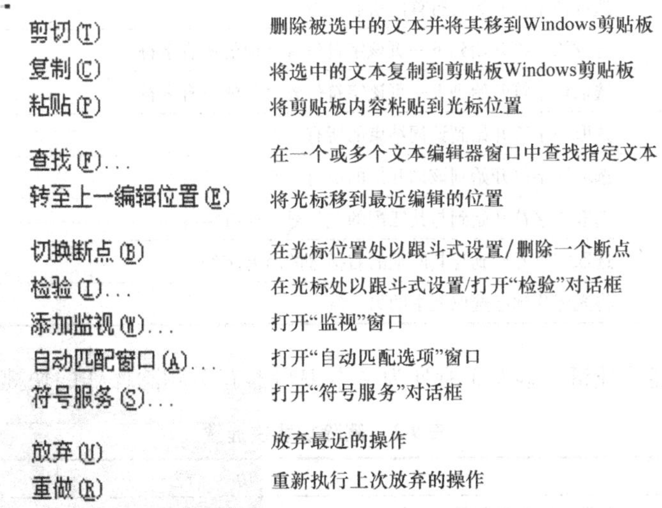

图 9-3　文本编辑器的快捷菜单

2. 文本编辑器的快捷键

（1）光标移动快捷键　除使用方向按键外，还可使用表 9-1 所列的一些组合快捷键移动光标。

表 9-1　光标移动快捷键

快 捷 键	光标的动作
Ctrl + ←	向左移动一个词
Ctrl + →	向右移动一个词
End	移到行末
Home	移到行首
PgDn	下移一屏
PgUp	上移一屏
Ctrl + End	移到文档最后
Ctrl + Home	移到文本开始处
Ctrl + [	移到与光标相匹配的左括号之前
Ctrl +]	移到与光标相匹配的右括号之后

（2）文本选取快捷键　除双击鼠标左键，选取那些由光标位置决定的文本外，还可使用表 9-2 所列的文本选取快捷键。

表 9-2　文本选取快捷键

快 捷 键	功 能
Shift + ↓	选取该字符开始到下一行该字符位置之前的所有字符
Shift + ↑	选取该字符开始到上一行该字符位置之后的所有字符
Shift + End	选取该字符开始到行末的所有字符
Shift + Home	选取该字符开始到行首的所有字符
Shift + PgDn	选取该字符开始到下一页该字符位置之前的所有字符
Shift + PgUp	选取该字符开始到上一页该字符位置之后的所有字符
Ctrl + Shift + →	选取该字符开始到该词结束的所有字符
Ctrl + Shift + ←	选取该字符开始到该词开始的所有字符
Ctrl + Shift + [	选取该字符开始到与其匹配的左括号的所有字符
Ctrl + Shift +]	选取字符开始到与其匹配的右括号的所有字符
Alt + Enter	将光标移到已选取文本的另一端

（3）删除功能快捷键　表 9-3 所列为文本编辑器有关删除操作的快捷键。

表 9-3　删除功能快捷键

快 捷 键	功 能
Ctrl + 退格	删除光标左边的词
Shift + 退格	删除光标右边的词
Ctrl + E，再单击 E	删除从光标到行末的所有字符

(4) 代码缩排编辑快捷键   Visual LISP 按默认的格式缩排程序代码,可通过下拉菜单选项设置制表符 Tab 的宽"工具"→"窗口属性"→"配置当前窗口"选项设置制表符 Tab 的宽度(缩进的字符数),也可以用表 9-4 所列代码缩排编辑的快捷键,还可以自定义格式编排程序的选项。

表 9-4 代码缩排编辑快捷键

快 捷 键	功 能
Tab	向后缩进 Tab 所确定的距离
Shift + Tab	向前减少缩进 Tab 所确定的距离
Shift + Enter	清除随后的空格键和〈Tab〉键,插入一个换行符,并将该行缩排至和前一个非空行平齐
Ctrl + Enter	插入一个换行符而不清除当前行中随后的空格键和〈Tab〉键

9.2 文本操作

1. 选取文本

双击鼠标左键是选取文本最简单的方法,具体选取了哪些字符是根据光标在以下的位置决定的。

1)若光标紧挨某左圆括号之前,将选取该左圆括号至与之匹配的右圆括号之间的所有文本。

2)若光标紧跟某右圆括号之后,将选取该右圆括号至与之匹配的左圆括号之间的所有文本。

3)若光标紧挨某双引号之前,将选取该双引号至下一个双引号之间的所有文本。

4)若光标紧跟某双引号之后,将选取该双引号至前一个双引号之间的所有文本。

5)若光标紧挨某字符串前、紧跟某字符串后或某字符串内部,将选取该字符串。

单击鼠标左键,按住〈Shift〉键,在另一个位置单击鼠标左键,将选取这两个光标之间的所有文本。

2. 移动文本

除使用标准的 Windows 剪切、复制和粘贴功能外,Visual LISP 文本编辑器还允许用户用以下方法将文本从文本编辑器窗口的某个位置拖到另一个位置。

移动文本的步骤是:

1)选取要移动的文本。

2)光标移到被选取文本之内的任意位置后,按住鼠标左键,光标改变为图 9-4a 所示的形状。

3)将文本拖拽到新的位置,松开鼠标左键即可,如图 9-4 所示。

3. 复制文本

复制文本与移动文本只有第三步不同,在拖拽文本时,需要按住〈Ctrl〉键,光标改变为图 9-4b

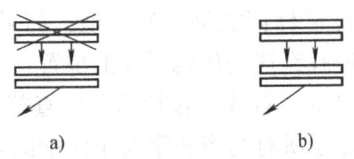

图 9-4 用鼠标移动和复制文本时的光标
a)按住鼠标左键光标形状
b)拖到光标状态

所示的形状，然后将文本复制到新的位置。

4. 查找文本

选择下拉菜单"搜索"→"查找"，或单击工具栏按钮 ，将弹出如图 9-5 所示的"查找"对话框。

"查找"对话框的说明如下：

（1）查找内容文本框　用于输入要查找的字符串，如果在查找操作前选取了文本，被选文本将会自动出现在"查找内容"文本框内。

（2）"搜索"选项组　确定查找范围。该栏有 4 个单选按钮，如图 9-6 所示。

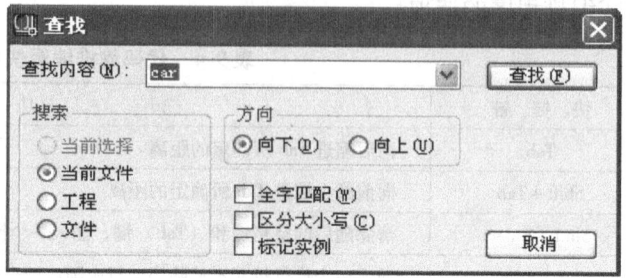

图 9-5　"查找"对话框

1）"当前选择"：在文本编辑器窗口中亮显的文本中查找。

2）"当前文件"：仅在活动编辑器窗口中的文件中查找。

3）"工程"：在指定工程文件所包含的全部文件中查找，并在新的输出窗口中显示所有与查找字符串匹配的表达式。

4）"文件"：在指定要查找文件目录和文件类型的所有文件中查找，并在新的输出窗口中显示所有与查找字符串匹配的表达式。在这个新的输出窗口用鼠标左键双击任意亮显的表达式，Visual LISP 将打开与其相关的 LISP 文件。文件的类型可以用通配符。

（3）"方向"选项组　确定查找方向。该栏有两个单选按钮（见图 9-6）。

1）"向下"：从光标当前位置处开始向下查找。

2）"向上"：从光标当前位置处开始向上查找。

3）"全字匹配"复选框：如果选中时，仅匹配全字。例如，若查找的文

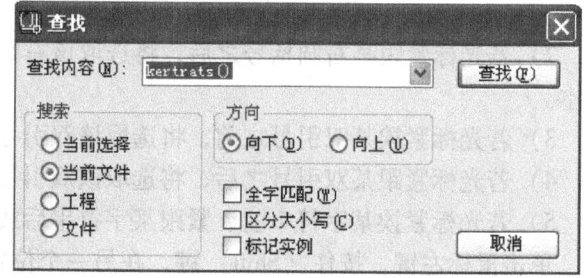

图 9-6　查找范围

本是 ent，Visual LISP 认为它不与 entnext 匹配；如果未选中该复选框，Visual LISP 将认为 ent 与 entnext 匹配。

4）"区分大小写"复选框：如果选中，Visual LISP 区分字母的大小写。例如，若查找的文本是 car，Visual LISP 认为它不与 Car 或 CAR 匹配；如果未选中该复选框，Visual LISP 将认为 car 与 CAR 或 Car 匹配。

5）"标记实例"复选框：如果选中，将在每个找到的文本处加上书签。利用书签就可以快速找到这些代码所在的位置。

单击"查找"按钮将开始查找。如果查找的范围是工程或文件目录，将在新的输出窗口中显示所有与查找字符串匹配的表达式。如果是在单个文件或亮显的段落中查找，将从光标当前位置处按指定方向开始查找，若找到与之匹配的对象，就停止查找且亮显与之匹配的对象，同时光标移至该位置。若找不到与之匹配的对象，将弹出要求用户确认是否从头查找的对话框。按〈F3〉键或按钮将从当前位置查找下一个相同的查找内容的字符串。

Visual LISP 将每次输入的查找字符串都保存在工具栏的下拉表列内，如图 9-7 所示。如果要重复以前所做的查找，单击下拉箭头并从列表中选中要查找的项，从工具栏中选择查找按钮即可。

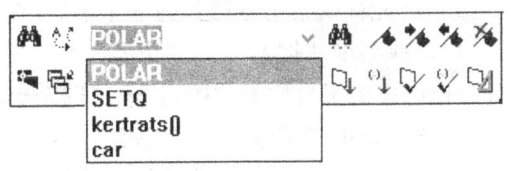

图 9-7　保存查找字符串的下拉列表

5. 替换文本

选取搜索下拉菜单的替换选项，或单击工具栏的按钮，将弹出如图 9-8 所示的"替换"对话框。

替换文本对话框与查找文本对话框类似，说明如下：

1)"查找内容"文本框：输入要查找的字符串。

2)"替换为"文本框：输入用来替换查找内容的字符串。

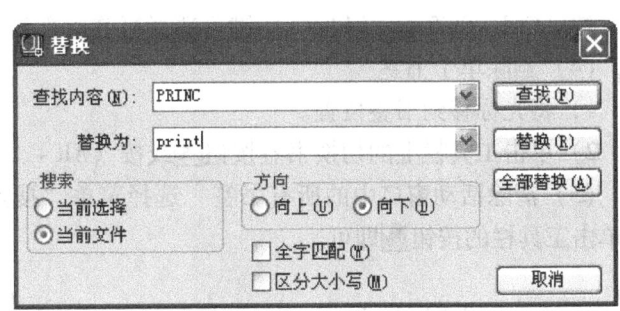

图 9-8　"替换"对话框

3)"查找"按钮：从光标所在位置开始，按指定方向查找指定字符串的第一个位置，同时光标移至该位置。

4)"替换"按钮：将找到的文本替换成用户指定的内容。如果不想替换此次找到的字符串，可单击"查找"按钮，查找指定字符串的下一个位置。

5)"全部替换"按钮，将所有找到的字符串替换成指定的字符串。

6. 在程序中设置书签

书签的样式和书签相关的按钮如图 9-9 所示。Visual LISP 允许在每个文本编辑窗口添加多达 32 个书签。当达到 32 个书签后，若再添加新的书签时，将删除最早的书签。书签可帮助用户更方便地浏览文本编辑窗口中的文件。每个文本编辑器窗口维护各自独立的书签集。每个窗口中的所有书签组成一个书签环，光标可以在书签环中向前或向后移动。

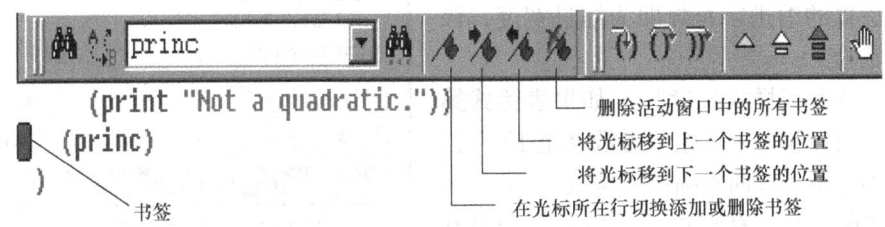

图 9-9　书签的样式及其相关的按钮

(1) 添加书签

1) 将光标移到要添加书签的位置。

2) 选择菜单"搜索"→"书签"→"切换书签"或单击工具栏上的按钮，还可以按〈Alt +.〉(句点)来实现该操作。

(2) 将光标从某书签移到另一个书签的位置

1) 选择菜单"搜索"→"书签"→"前一个书签"将光标移到书签环中的上一个书签处，也可单击工具栏上的按钮，或按〈Ctrl +，（逗号）〉键来实现该操作。

2) 选择菜单"搜索"→"书签"→"下一个书签"，将光标移到书签环中的下一个书签处，也可单击工具栏上的按钮，或按〈Ctrl + . （句点）〉键来实现该操作。

(3) 选择两个书签之间的文本

按〈Ctrl + Shift +，（逗号）〉键可选择当前位置和下一书签之间的文本。

按〈Ctrl + Shift + . （句点）〉键可选择当前位置和上一书签之间的文本。

(4) 删除单个书签

1) 将光标移到书签位置。

2) 单击工具栏上的切换书签按钮或按〈Alt + . （句点）〉键。

(5) 清除活动窗口中的所有书签　选择菜单"搜索"→"书签"→"清除所有书签"或单击工具栏的按钮即可。

9.3 设置代码格式

文本编辑器可设置 AutoLISP 代码的格式，使代码更易于阅读。也可从多种不同格式的样式中挑选自己喜欢的格式。

1. 设置 AutoLISP 代码格式的对话框

选择菜单"工具"→"环境选项"→"Visual LISP 格式选项"，将弹出如图 9-10 所示的"格式选择"对话框。

该对话框各项含义如下：

(1) "文字右边距"　允许每行最后一个字符的最右位置，该值的定义域为 20~200。

(2) "窄样式缩进"　在窄样式下，第一个参数在函数名的下一行，它的起始位置与表达式起始位置的缩进字符数即为缩进宽度，该值的定义域为 1~6。

(3) "最大宽样式长度"　如果表达式第一个参数超出该长度，其余的参数移至下一行。该值不能小于窄样式向右缩进的宽度。

(4) "单分号注释缩进"　以单个分号开头的注释行起始位置距离左边界的字符数。

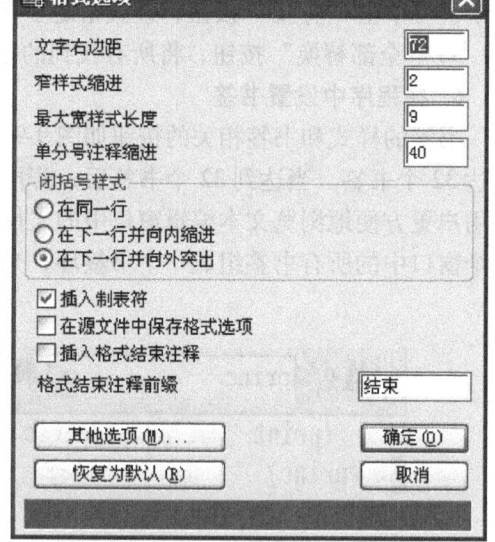

图 9-10　"格式选择"对话框

(5) "闭括号样式"选项组，有以下 3 个单选按钮。

1) "在同一行"

2) "在下一行并向内缩进"

3) "在下一行并向外突出"

(6) "插入制表符"复选框　是否用制表符实现缩进，若不用制表符，则用空格符实现缩进。

（7）"在源文件中保存格式选项"复选框　若选中，则将格式化选择的参数追加到源文件之后。

（8）"插入格式结束注释"复选框　若选中，则可在表达式的闭括号之后添加注释，注释的内容是该表达式的函数名。

（9）"格式结束注释的前缀"　确定表达式格式结束注释的前缀，该项可以为空字符串。

（10）"其他选项"按钮　单击此按钮，对话框在右面扩展一列，确定一行的最大长度、分行符、注释、大小写的选择、长表样式等。

（11）"恢复为默认"按钮　用默认的格式化参数作为当前格式化参数的选择。选择菜单"工具"→"保存设置"选项，即可将当前的格式化参数作为默认的格式化参数设置。

2. 修改文本的格式

如果要改变已有文本的格式，其操作步骤如下：

1）用鼠标单击待改变格式的文本窗口，使其成为活动的文本编辑器窗口。

2）选择菜单"工具"→"编辑器窗口格式"，或单击工具栏按钮，可将窗口内所有的代码格式变为当前设置的样式；如果只修改部分代码，应首先亮显该部分代码，然后选择菜单"工具"→"选定代码格式"，或单击工具栏上的按钮即可。

注意：如果出现的括号不匹配，将出现"发现了不匹配的开括号，是否添加闭括号"提示的询问对话框。如果选择是，Visual LISP 将在它认为需要括号的地方自动添加括号（不一定合适），如果希望自己手动添加括号，应选择否。

3. 格式编排快捷菜单

Visual LISP 提供了格式设置的快捷菜单。在活动的文本编辑器窗口按〈Ctrl + E〉键即可弹出图 9-11 所示的格式设置快捷菜单。

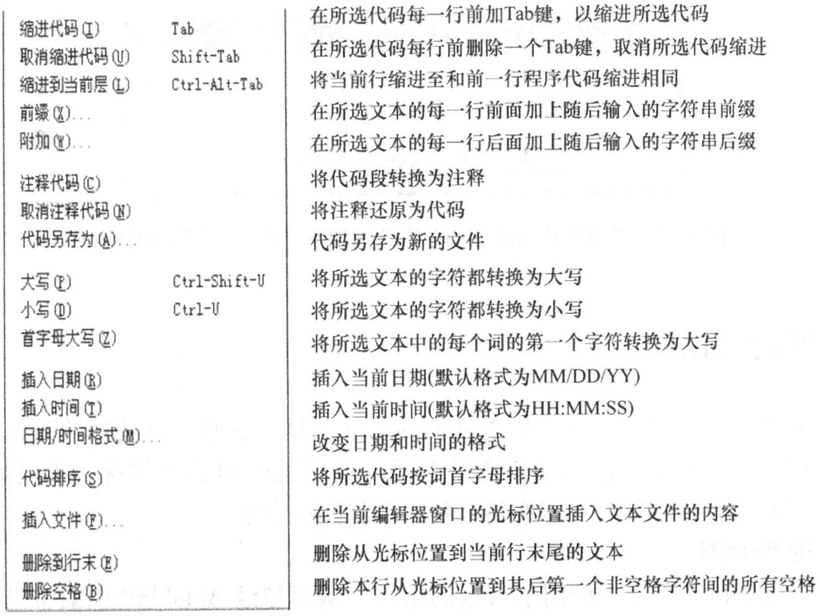

缩进代码(I)	Tab	在所选代码每一行前加Tab键，以缩进所选代码
取消缩进代码(U)	Shift-Tab	在所选代码每行前删除一个Tab键，取消所选代码缩进
缩进到当前层(L)	Ctrl-Alt-Tab	将当前行缩进至和前一行程序代码缩进相同
前缀(X)...		在所选文本的每一行前面加上随后输入的字符串前缀
附加(Y)...		在所选文本的每一行后面加上随后输入的字符串后缀
注释代码(C)		将代码段转换为注释
取消注释代码(N)		将注释还原为代码
代码另存为(A)...		代码另存为新的文件
大写(P)	Ctrl-Shift-U	将所选文本的字符都转换为大写
小写(D)	Ctrl-U	将所选文本的字符都转换为小写
首字母大写(Z)		将所选文本中的每个词的第一个字符转换为大写
插入日期(R)		插入当前日期(默认格式为MM/DD/YY)
插入时间(T)		插入当前时间(默认格式为HH:MM:SS)
日期/时间格式(M)...		改变日期和时间的格式
代码排序(S)		将所选代码按词首字母排序
插入文件(F)...		在当前编辑器窗口的光标位置插入文本文件的内容
删除到行末(E)		删除从光标位置到当前行末尾的文本
删除空格(B)		删除本行从光标位置到其后第一个非空格字符间的所有空格

图 9-11　格式编排快捷菜单

4. 将选取的文本输出到指定的文件

选取文本后,按〈Ctrl + E〉键,弹出如图9-11所示的格式编排快捷菜单。选取"代码另存为"选项,弹出"要写入代码块的文件"对话框,如图9-12所示。如果输入的是新的文件名,所选取的文本将复制到新的文件;如果输入的是已有文件名,将弹出"文件××已存在,是否将所选的内容附加到现有文件"的询问对话框,如图9-13所示。单击"是"按钮,将所选取的代码附加到指定文件的已有内容之后;单击"否"按钮,则所选取的文本将覆盖指定文件的内容。

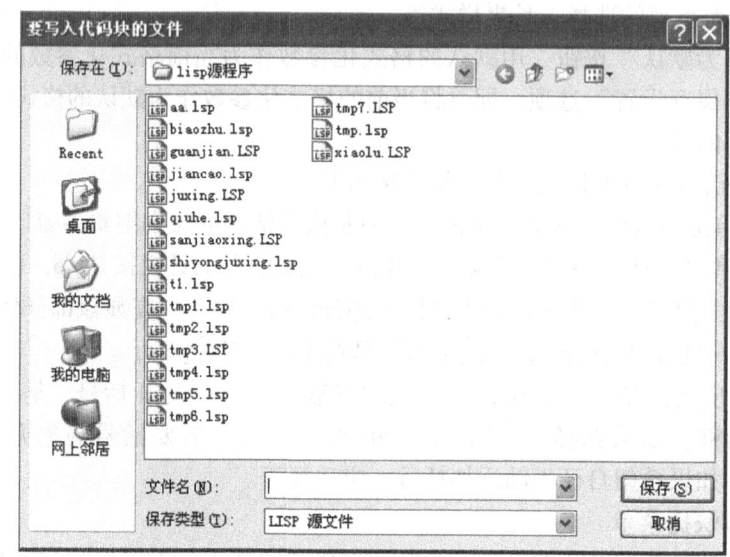

图9-12 "要写入代码块的文件"对话框

图9-13 "是否将所选的内容附加到现有文件?"的询问对话框

9.4 检查语法错误

使用 Visual LISP 的优点是它提供了强大的调试工具,这些工具使用户可以在运行程序的同时监控程序所做的工作,并在任意点都可以查看程序的当前状况。不仅如此,Visual LISP 还提供了许多其他功能,可以在运行程序之前监测程序。

1. 括号匹配检测

AutoLISP 语言的源程序中使用了大量的括号,从而导致 AutoLISP 中最常见的语法错误是括号的匹配问题,Visual LISP 提供了帮助用户检测括号的匹配工具。

第9章 编辑源程序代码

Visual LISP 设置代码格式时,其代码格式编排程序查找不匹配的括号。如果用户允许,代码格式编排程序在它认为漏写括号的地方加上括号,但是 Visual LISP 代码格式编排程序一般在程序的最后不是你需要的地方加上括号。这样,如果允许 Visual LISP 添加括号,添加后往往还得再将其删除。

注意: 如果用户不允许代码格式编排程序添加匹配括号,Visual LISP 将不会为用户设置代码的格式。

不管怎么样,用户都必须检查程序的结构,确定在什么地方漏写了括号。使用"编辑"菜单上的"括号匹配"可以查找不匹配的括号。图9-14所示为括号操作的下拉菜单。

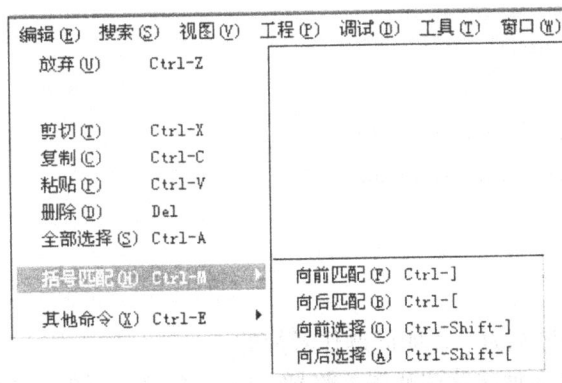

图 9-14 有关括号操作的下拉菜单

表 9-5 是有关括号操作的快捷键。

表 9-5 有关括号操作的快捷键

组合快捷键	功　　能
向前匹配 〈Ctrl +]〉	将插入点(光标位置)移动到和开括号相匹配的闭括号之后。如果当前光标位置正好处在开括号之前,Visual LISP 将匹配该括号的闭括号。如果光标位置是在表达式中间,Visual LISP 将以当前表达式的开括号来匹配闭括号
向后匹配 〈Ctrl + [〉	将插入点移到和闭括号相匹配的开括号之前。如果当前光标位置正好处在闭括号之后,Visual LISP 将匹配该括号的开括号,如果光标位置处在表达式中间,Visual LISP 将以当前表达式的闭括号来匹配开括号
向前选择 〈Ctrl + Shift +]〉	插入点的移动和"向前匹配"命令相同,但同时选中默认点和结束点间的文本 当光标正好处在开括号之前时,双击就可以选中相匹配闭括号间的文本,但不移动插入点
向后选择 〈Ctrl + Shift + [〉	插入点的移动和"向后匹配"命令相同,但同时选中默认点和结束点间的文本 当光标正好处在闭括号之后时,双击也可以选中到相匹配开括号之间的文本,但不移动插入点

分析如下代码:

【例1】

1　(defun yinyang(/ origin radius i-radius haf-r origin-x origin-y)

2　(setq haf-r(/ radius 2))

3　(setq origin-x(car origin))

4　(setq origin-y(cadr origin))

```
5    (command "_. Circle"
6    origin
7    radius
8    (command"_. ARC"
9       "_. C"
10   (list origin-x( +origin-y haf-r))
11   (list origin-x( +origin-y radius))
12      origin
13   )
14   (command"_. ARC"
15      "_. C"
16   (list origin-x( -origin-y haf-r))
17   (list origin-x( -origin-y radius))
18      origin
19   )
20  )
```

说明：代码中的行号是为了说明问题作者加的。

如果在 Visual LISP 中加载这些代码，将插入点置于第 1 行的起始点后不断发出向前匹配的命令：

1) Visual LISP 找不到相匹配的闭括号，所以光标不移动
2) 将光标移到第 2 行的起始点
3) 将光标移到第 3 行末
4) 将光标移到第 4 行末
5) 光标跳到程序的最后一个闭括号（第 20 行）。

换言之，AutoLISP 程序的最后一个闭括号应该和 defun 的开括号相匹配。注意第 5 行以后所有语句的缩进也和前面的程序代码不一样。这两点都说明了程序中漏写了第 5 行的闭括号。

2. 利用代码的颜色检测语法错误

【例 2】 AutoCAD 的 Sample \ Visual LISP 目录下包含一个名为 drawline-with-errors.lsp 的文件。在 Visual LISP 中打开该文件，用户就可以看到代码着色在该文件中是如何应用的：

```
(defun drwaline(/ pt1 pt2);声明局部变量
   ;;用户输入两个点
   (setq pt1(getpoint" \nEnter the start point for the line:"))
   (setq pt2(getpoint" \nEnter the end point for the line:"))
   ;;检查 pt1 和 pt2 是否存在
   (iff( and pt1 pt2)
      (command"_. line" pt1 pt2 "")
      (princ " \nInvalid or missing points!")
      (princ);;安全退出
```

)
)

如果用户使用标准的 Visual LISP 语法着色，系统函数（如 setq、princ、defun、getpoint 和/）用蓝色显示，而 Visual LISP 不能识别的符号（如用户定义的变量 pt1 和 pt2）用黑色显示，字符串（如"\nEnter the end point for the line:"）用粉色显示，数字用绿色显示。在本例中，如果你观察程序中不能识别的符号，如 iff 可能会比较明显。如果你将其改成正确的拼写 if，它的颜色马上会变成蓝色。

3. 用检查命令检查语法错误

1）用 Visual LISP 语法检查功能可以检查出的主要语法错误有：

① 圆括号不匹配；

② 函数参数的数量不对；

③ 函数的参数类型错误（例如，需要变量时提供的却是被引号括起来的符号）；

④ 某些特殊函数其他一些语法错误只能在程序运行时才能被检查出来。例如：用户调用一个函数时，它需要整型数参数而用户提供的却是字符型数据，AutoLISP 在运行前是无法检查出这种错误的。

2）在编辑器窗口进行语法检查的步骤：

① 激活要检查代码的编辑器窗口；

② 从 Visual LISP 菜单中选择"工具"→"检查编辑器中的文字"或 按钮，可以检测整个文件；

③ 选择"工具"→"检查选定文字"或 按钮，可以检测所选定的源程序代码，而不是对整个源程序代码进行语法检查。

如果 Visual LISP 检测到错误，它会在一个新的"编译输出"窗口中显示错误信息。如将 drawline-with-errors.lsp 中的 iff 改为 if，然后进行检查，将产生错误信息，如图 9-15 所示。

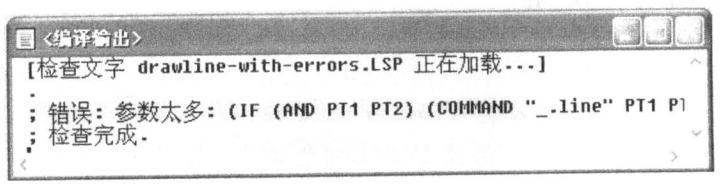

图 9-15 编译窗口的出错信息

注意：该消息说明 if 函数中包含的参数太多。

4. 在程序中定位语法错误

在"编译输出"窗口中双击错误信息，Visual LISP 将激活编辑窗口，将光标置于产生该错误的语句开头，并亮显整个表达式，如图 9-16 所示。

说明：该错误是由 if 语句后面的最后一个 princ 语句引起的，因为 if 语句后面只允许有两个参数，即当紧跟 if 后面的表达式值为真或假时要执行的语句。最后一个 princ 语句是用来安全退出的，它应该放在闭括号之后。如果你将该语句放到正确的位置，再运行语法检查命令，代码就可以通过语法检查了，如图 9-17 所示。

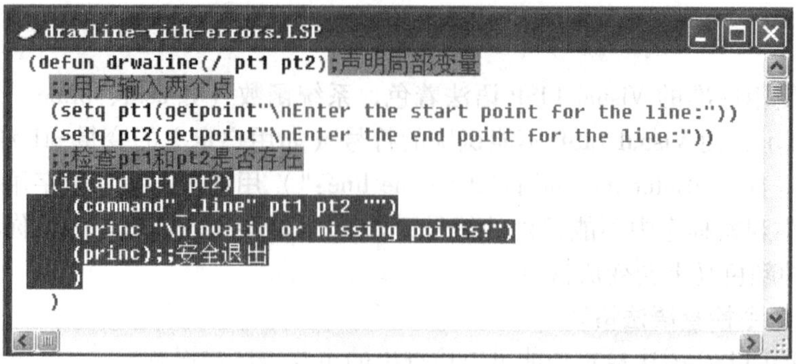

图 9-16 亮显出错表达式

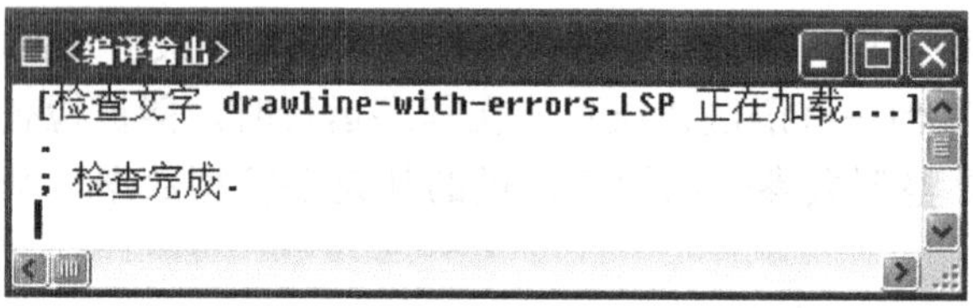

图 9-17 检查通过

习　题

1. 选择、删除、移动、复制、查找、替换文本是编辑程序过程中最常见的操作，其中哪些操作与 Microsoft Word 中的操作相同？哪些操作是 Visual LISP 增加了的工具？
2. 设置书签会带来哪些便利？
3. 在编写程序时，最容易出现的错误是括号不匹配，检查括号是否匹配的最简便方法是什么？
4. 如何识别源程序中的注释内容？

第 10 章 调 试 程 序

程序并非总是能够按设计者所预计的那样运行，如果程序运行的结果不正确，甚至运行时引起程序崩溃，可能很难查出错在何处。Visual LISP 提供了许多帮助用户调试程序、查找并改正程序错误的功能。

10.1 Visual LISP 调试功能简介

语法正确的程序并不能保证正常运行，在运行时可能会产生错误的结果或者发生崩溃现象，这就需要调试。调试往往是程序开发中最费时间的过程，所以 Visual LISP 提供了一个功能强大的调试器。其功能包括：

1）跟踪程序运行过程
2）跟踪程序运行过程中的变量值
3）查看表达式的求值顺序
4）检查函数调用时的参数值
5）中断程序运行
6）单步运行程序
7）检验堆栈。

为了便于调试程序，Visual LISP 提供了一些调试程序的工具，帮助用户迅速查找并改正程序中的错误。

Visual LISP 提供了监视窗口、检验窗口、符号服务对话框、中断和继续运行程序的模式、命令跟踪、跟踪堆栈、跟踪窗口等调试程序的工具。

1. Visual LISP 的程序调试功能

Visual LISP 提供了一个功能强大的调试器。其功能见表 10-1。

表 10-1 Visual LISP 提供的调试功能

模 式	功 能
断点循环模式	在指定点中断程序的运行，并允许用户在中断时查看和修改对象值，其对象包括变量、符号、函数和表达式等 AutoLISP 对象
检验	可在"检验"对话框中显示对象的详细信息。如果对象是由嵌套对象（如表）组成的，该功能允许用户检验所有这些嵌套对象，窗口的每一行显示一个对象的信息。用户也可以采用递归方法检验任意嵌套对象，直到最底层的原子对象（如数或符号等）
监视窗口	在程序运行过程中查看变量值。Visual LISP 自动更新监视窗口中的内容，这意味着如果"监视窗口"中所列的某个变量值被修改，则改动会自动反映到'监视'窗口中
跟踪堆栈	查看函数调用堆栈。函数调用堆栈是 Visual LISP 用来记录用户程序调用函数顺序的一种机制，用户可在调试期间程序被挂起时（如断点后的单步运行等）或程序崩溃后查看堆栈。在程序崩溃后，该堆栈可告诉用户程序崩溃时 Visual LISP 运行的是哪个函数
跟踪	标准的 LISP 工具，它把对被跟踪函数的调用和其返回值记录在专门的跟踪窗口中

2. 调试程序的步骤

1）控制程序在指定的位置暂停。
2）查看、分析有关变量的值。
3）修改程序的源代码。
4）继续或重新运行程序。
5）如果程序不能正常运行，继续调试程序，直至程序正常运行。

10.2 通过实例学习调试程序

通过一个 Visual LISP 实例来学习程序调试，掌握调试工具的用法。在 AutoCAD 安装目录下的 Sample \ Visual LISP 目录中有一个名为 exam_1.lsp 的样例程序，在 Visual LISP 中打开该文件，开始调试。

1. 单步调试 exam_1.lsp

分步调试就是将一个完整的程序分为若干步，逐步调试。每步可以是最内层的一个表达式，也可以是一个复杂的表达式，还可以是多个表达式。可以通过设置断点将程序分为若干段，也可以不用断点而是通过步长将程序分为若干步。

【例1】程序源代码

```
(defun exam_1(/ origin radius i-radius half-radisu origin-x origin-y os)
    (setq os(getvar "OSMODE"))      ;;存储捕捉模式
    (setvar "OSMODE" 0)             ;;关闭捕捉模式
    (setq origin(getpoint " \nOrigin of in sign:"))
    (setq radius(getdist" \nRadius of in sign:" origin))
    (setq i-radius(getdist" \nRadius of internal circle:"
        origin)
)
    (if( > i-radius radius)(setq i-radius(/ radius 4)))
    (setq half-r(/ radius 2));(print half-r)
    (setq origin-x(car origin));(print origin-x )
    (setq origin-y(cadr origin));(print origin-y )
    (command "circle" origin radius)
    (setq p1(list origin-x( +origin-y   half-r)));(print p1)
    (setq p2(list origin-x( +origin-y radius)));(print p2)
    (setq p3(list origin-x( -origin-y   half-r)));(print p3)
    (setq p4(list origin-x( -origin-y radius)));(print p4)
    (setq p11(list( -origin-x half-r)( +origin-y   half-r)))
    (setq p33(list( +origin-x half-r)( -origin-y   half-r)))
    (command "arc"    p2 p11 origin)
    (command "arc" origin p33 p4)
```

```
(command" circle" p1( - half-r i-radius))
(command" circle" p3( - half-r i-radius))
)
_ $(load" D:/My Documents/aa. lsp")
EXAM_1
_ $(EXAM_1)
```

运行该程序时，Visual LISP 将控制交给 AutoCAD，用户必须在 AutoCAD 命令窗口中响应其提示，输入参数，输出如图 10-1 所示的阴阳图。

Visual LISP 通过对括号中的表达式进行求值来运行 AutoLISP 程序，这些表达式就像其他程序设计语言（如 C++ 和 Visual BASIC 等）中的语句。Visual LISP 中的调试器和其他语言（如 C）中的基于语句的调试器不同，它是基于表达式的。这样，调试器可以在表达式求值前和之后挂起程序的运行。

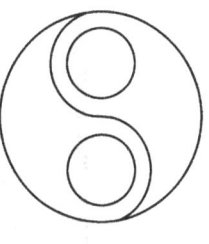

图 10-1 阴阳图

调试选项由 Visual LISP 的文字编辑、系统控制台和一些菜单等项控制。

2. 设置中断程序运行断点的步骤：

1) 将光标移动到如下代码行的开括号前：(setq half-r(/radius 2))，见图 10-2 显示的语句在程序中的位置。

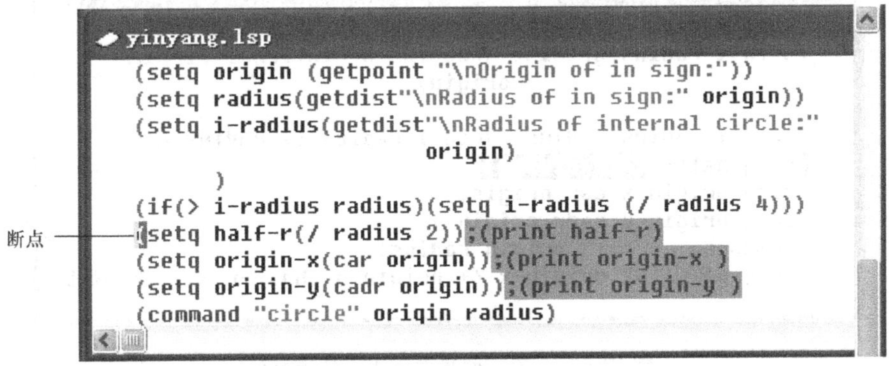

图 10-2 选择断点

2) 单击"调试"工具栏上得"切换断点"按钮，或从 Visual LISP 菜单中选择"调试"→"切换断点"。"切换断点"可用来切换断点的开关状态：如果该位置没有断点，"切换断点"在此加上一个断点，如果光标位置已经有一个断点，"切换断点"则删除该断点。

3) 如果尚未加载 eaxm_1 函数，请先加载它，然后在 Visual LISP 控制台下输入如下命令，运行该函数：

(eaxm_1)

该程序将在 AutoCAD 命令行显示提示，在用户响应提示后，Visual LISP 将在用户设置的断点处停止 eaxm_1 的运行，并在文字编辑器窗口中显示该行代码，如图 10-3 所示。

注意光标之后的语句是如何被高亮显示的。

3. 单步调试程序

单步调试命令允许用户一次运行一个或几个表达式达到跟踪、调试程序的目的。

1）单击"下一嵌套表达式"按钮，或从 Visual LISP 菜单中选择"调试"→"下一嵌套表达式"，也可以按〈F8〉键发出命令，如图 10-3 所示。

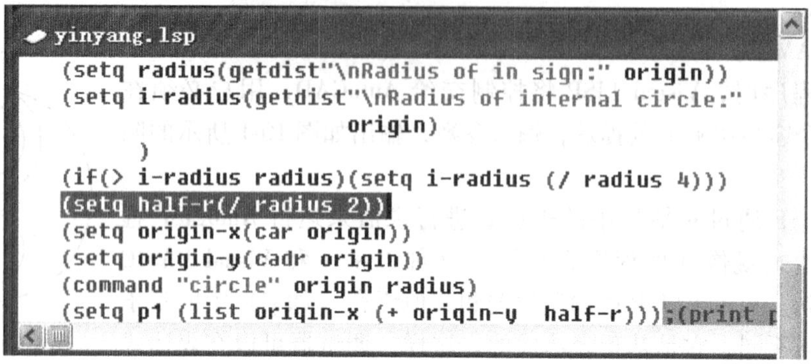

图 10-3 切换断点应用

程序开始运行，但是在对括号中的表达式进行求值之前程序就停止了，以高亮显示了该表达式，如图 10-4 所示。

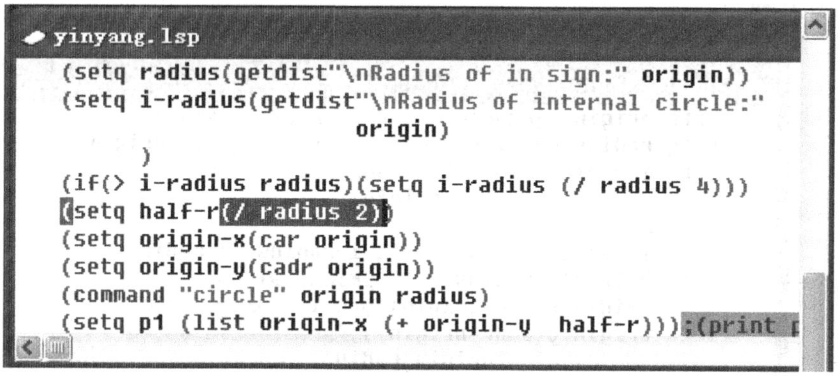

图 10-4 "下一嵌套表达式"高亮显示

注意"调试"工具栏上的单步调试指示器按钮（是该工具栏上的最后一个按钮）。当用户以单步方式调试程序时，该按钮被激活。它根据断点处的表达式来表示程序所运行的位置。该按钮上的当前符号表明程序停止在某开括号之前。

2）再次单击"下一嵌套表达式"按钮。对该表达式求值后光标位置移动到该表达式后，单步调试指示器按钮上的符号也发生变化。

3）再次单击"下一嵌套表达式"按钮。光标移动到下一行语句的开始处（见图 10-5）。

4）现在可以将一次运行的步长加大些。单击"下一表达式"按钮，或从菜单上选择"调试"→"下一表达式"，也可以按〈Shift + F8〉键发出命令。

在"下一表达式"命令下，Visual LISP 对整个表达式（包括所有的嵌套表达式）进行

第 10 章 调试程序

图 10-5 "调试"过程窗口

求值,然后停止在整个表达式之后。此时光标移动到被求值表达式之后。

4. 监视表达式的求值结果

在以单步方式跟踪程序时,可能需要监视某个表达式求值后返回的结果。

在程序运行过程中监视变量的步骤:

1)在"调试"菜单中选择"监视最新结果",如图 10-6 所示。

Visual LISP 显示"监视"窗口,该窗口中将显示系统变量 *LAST-VALUE* 的值。

Visual LISP 总是把最近求值的表达式的值存在 *LAST-VALUE* 变量中。

2)在包含 exam_1.lsp 的文字编辑器窗口中,双击变量名 origin-y(任意一处均可)。

3)单击"监视"窗口中的"添加监视"按钮。Visual LISP 把 origin-y 变量名传给"监视"窗口并在窗口中显示该变量的当前值,如图 10-7 所示。

图 10-6 监视最新结果

图 10-7 "监视"窗口显示变量值

如果当前未打开"监视"窗口而用户想查看某个变量的值,则可以从 Visual LISP 菜单中选择"视图"→"监视窗口"打开该窗口。

如果在单击"监视"窗口中的"添加监视"按钮之前用户没有双击某变量名,Visual LISP 将显示如图 10-8 所示。

可在该窗口中输入要查看的变量名。Visual LISP 会将窗口中和光标位置最接近的变量名复制过来作为初始值。如果它不是用户要查看的变量名,只需输入所需查看的变量名覆盖它即可。

Visual LISP 在每步运行后都会更新"监视"窗口中的变量值。

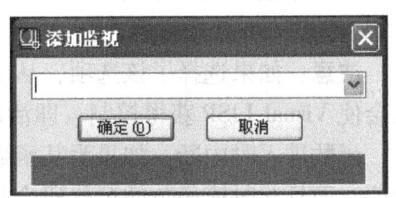

图 10-8 "监视"窗口

4）单击两次"下一表达式"按钮（或按〈Shift + F8〉键），如图 10-9 所示。

注意："监视"窗口中 HALF-R 值的变化。开始它为 nil，但在程序运行完这几步后，它的值变为用户在 AutoCAD 窗口中输入点的 Y 坐标。

5. 继续运行程序

单击"调试"工具栏的"继续" 按钮，或从 Visual LISP 菜单中选择"调试"→"继续"，可以继续运行直到遇到下一个断点，如果再没有断点，将一直运行到最后。

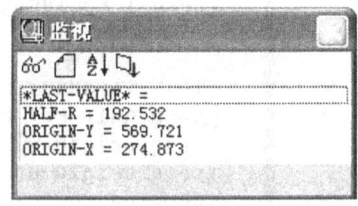

图 10-9　更新"监视"窗口变量

（1）自动运行模式　自动运行模式是 Visual LISP 的另一个调试功能，它可以让用户监视 Visual LISP 自动单步运行程序时并计算表达式的过程。自动运行模式就好像是 Visual LISP 不断地替用户发出的"下一表达式"命令。文字编辑器窗口高亮度显示正在求值的表达式，而"监视"窗口中的数据也在不断更新。

（2）观察自动模式如何工作

1）从 Visual LISP 菜单中选择"调试"→"自动运行"，打开自动模式。

2）在控制台提示符下输入（exam_1），开始运行程序。

在 Visual LISP 对任意一个函数求值时，Visual LISP 会高亮度显示该函数。和正常模式一样，程序还会提示用户输入程序所需数据。注意当所监视变量的值被修改时，"监视"窗口是如何更新数据的。因为前面用户在该程序中设置了一个断点，程序将运行到该断点处停止。

3）在断点处停止后，单击"继续"可使程序继续运行，此时程序仍以自动模式运行。也可以按〈Break〉键来中断自动运行的程序。当自动运行的程序被暂停时，用户可以添加要监视的变量，修改变量值和添加断点。

选择"工具"→"环境"→"基本选项"中的"诊断"选项卡可以调整自动运行的速度。"自动运行延时"以毫秒为单位设置程序每步运行之间的暂停时间。从 Visual LISP 菜单中再次选择"调试"→"自动运行"，可关闭自动模式。

10.3　Visual LISP 调试功能

Visual LISP 提供了许多的调试功能，可帮助用户控制程序运行。如：

出错时中断：使 Visual LISP 在对第一个表达式求值时无条件暂停。从 Visual LISP 菜单中选择"调试"→"出错时中断"可打开该模式。

立即停止：当程序遇到运行错误时自动暂停。从 Visual LISP 菜单中选择"调试"→"立即停止"可打开该模式。

注意：如果选择了该选项，从 AutoCAD 命令提示处输入的某些函数调用所引起的错误，也会使 Visual LISP 获得控制，即活动窗口可能从 AutoCAD 切换到 Visual LISP 控制台窗口。

函数进入时中断：如果为某函数名设置了进入时的标志，在用户调用该函数时，程序会暂停，而且此时该函数的源代码会显示在专门的窗口中。用户可以在"符号服务"对话框中切换设置或清除进入时的调试标志。

顶层调试模式：控制从文件或编辑器窗口中对程序的加载。如果设置了该选项，在对每个顶层表达式（如 defun）进行求值前将暂停运行的程序。从 Visual LISP 菜单中选择"工具"→"环境选项"→"基本选项"中的"诊断"选项卡可找到"不调试顶层"复选框，清除此选项可打开顶层调试模式。

如果同时打开顶层调试选项和立即停止选项，Visual LISP 在每次加载文件时进入调试模式，因为 Visual LISP 在加载文件时会调试文件中定义的 defun、setq 和其他函数。这种调试方法并不可取，一般情况下不这么做。

如：在包含 aa.lsp 文件的文字编辑器窗口中选择函数名 exam_1，接着单击"确定"，就可以打开"检验"窗口查看函数 aa 的定义。

10.3.1 开始调试任务

开始调试的最简单方法是从 Visual LISP 菜单中选择"调试"→"立即停止"。当选中该选项时，在第一次对表达式进行求值时将使程序暂停。暂停后可以采用各种调试命令使程序进行运行。另一种进入调试的方法是在"设置断点中断程序运行"中设置断点。

当程序暂停时，相应的 Visual LISP 文字编辑器窗口就会显示程序暂停时所处的当前表达式。此时控制台窗口中会出现一个中断标志。利用控制台窗口，用户可以访问和操纵断点处程序所处的环境，也可以通过"监视"窗口检查变量的值。

10.3.2 断点循环

表达式是 AutoLISP 程序的基本单元，LISP 的工作实际上是不断地对表达式进行读入、求值和输出操作，在 LISP 术语中，被称为读算写循环。

如果不用调试工具而是正常地运行 Auto LISP 程序，程序将处于顶层的读算写循环。如果在 Visual LISP 控制台窗口内对表达式求值，也是处于顶层的读算写循环。

如果程序在运行时被中断或挂起，Visual LISP 将控制转交给控制台，就进入了断点循环（Break loop）。断点循环是一个单独的读算写循环，它嵌套在原有的读算写循环内。断点循环也可以被中断，这时将开始一个嵌套于该断点循环内的读算写循环。断点循环相对于顶层循环嵌套的层数称为该中断的层数。

进入断点循环时，Visual LISP 将在控制台提示 _$ 前加一个数字来指出所处循环的层数。例如，当首次进入程序的断点循环时，提示为_1_$。如果处于断点循环状态，就不能将控制切换到 AutoCAD 窗口。

退出断点循环，将恢复上一层循环。如果在该断点循环中修改了某变量的值，程序继续运行时将使用变量修改后的值。

断点循环分为可继续断点循环和不可继续断点循环。

1. 可继续断点循环

可继续断点循环是指可以在程序中断处，继续向下运行剩余的表达式。用以下方法进入可继续断点循环：

1）打开"立即停止"模式，碰到带调试信息的表达式时（从源代码中加载的表达式带调试信息，而从编译后的 .exe 文件中加载的表达式不带调试信息）；

2）遇到带"进入时调试"标志的函数时；

3）遇到程序中设置的断点时；

4）单击"暂停"按钮进入断点循环时；

5）在前一个断点循环状态下，运行"下一嵌套表达式"、"下一表达式"或"跳出"命令时。

如果程序在某函数中被中断，可以访问被该函数声明的局部变量，也可以在控制台提示下用 setq 函数修改它们的值。

2. 不可继续的断点循环

当程序出现错误导致崩溃时，如果设置了"出错时中断"选项，将激活一个不可继续的断点循环。此时可以访问出错环境中的所有变量，但不能继续运行程序或运行任何单步调试程序的命令。

如果工具栏上的单步调试的按钮 、 、 或继续运行的按钮 处于可用状态，说明进入了可继续的断点循环。

处于不可继续的断点循环时，选取"调试"菜单的"重置为顶层"或单击按钮 ，退出断点循环并跳转至控制台顶层循环；选取"调试"菜单的"退出当前层"项或单击按钮 ，退出断点循环并返回到上一层循环。

注意：如果在处于不可继续的中断循环时激活 AutoCAD，用户将无法在其命令窗口中进行任何输入，事实上，该窗口将不会有命令提示。如果用户此时偶然在 AutoCAD 命令窗口中键入字符，这些键盘输入将进入排队系列，直到 AutoCAD 重新获得控制（即在用户退出中断循环后再激活 AutoCAD 窗口）。此时用户输入的所有字符将被 AutoCAD 求值。

10.3.3 使用断点

断点是用户用来指定程序暂停位置的一种工具，指定的断点可以在括起来的表达式前或后，但是只能是 Visual LISP 文字编辑器窗口中设置断点。运行的程序遇到断点时，将产生一个中断。当程序中断时，可查看、分析变量的值，修改程序的源代码。利用断点可提高调试程序的效率。

1. 有关断点的操作

（1）在程序中设置/删除断点　只能在 Visual LISP 的文本编辑器窗口内设置断点。断点应位于表达式的左、右括号上。设置断点的步骤如下：

1）将光标移到需要程序暂停的位置。例如，需要在某表达式之前暂停，则应将光标移至与表达式的左括号相邻的位置。

如果光标所处位置（如处于表达式中间）不能明确指出断点位置，Visual LISP 将把光标移到最近的括号处，并显示如下信息询问用户是否采用该断点位置，如图 10-10 所示。

2）选择菜单"调试"→"切换断点"，单击按钮 或按〈F9〉键。如果该位置没有断点，就加入一个断点，否则，删除该断点。单击鼠标右键在快捷菜单中选择"切换断点"项也可以设置或删除断点。如果光标不与括号相邻，Visual LISP 暂时将光标移到后面最近的右括号处，并通过对话框询问用户是否在该处设置断点。

3）选择菜单"调试"→"清除所有断点"项，删除

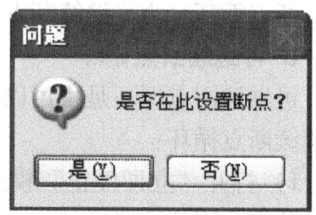

图 10-10　询问设置断点

已设置的所有断点。

（2）改变断点的颜色　　Visual LISP 用高亮矩形显示每一个断点，默认情况下，活动的断点是红色的。选择菜单"工具"→"窗口属性"→"配置当前窗口"，通过随后弹出的"窗口属性"对话框内的 WINDOW-TEXT 下拉列表的：BPT-ACTIVE 项可改变断点的颜色，如图 10-11 所示。

（3）临时禁用断点　　断点可以被临时禁用和恢复使用。禁用断点的步骤如下：

1）将光标置于断点处并单击鼠标右键。

2）显示的快捷菜单上选择"断点服务"项，弹出图 10-12 所示的"断点服务"对话框。

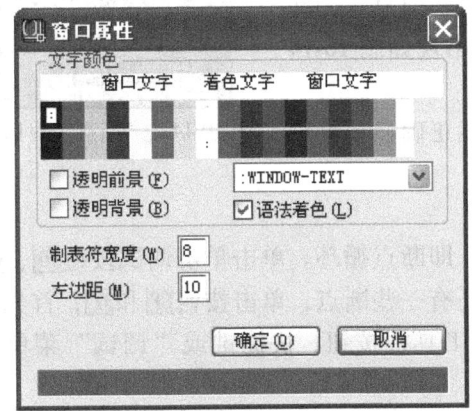

图 10-11　"窗口属性"对话框

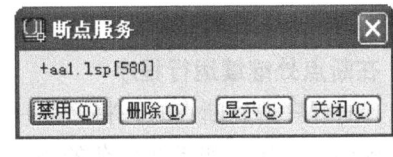

图 10-12　"断点服务"对话框

3）在"断点服务"对话框中单击"禁用"按钮可临时禁用该断点；若该断点已被禁用，图 10-12 所示断点服务对话框将出现"可用"按钮，单击该按钮，所选断点将改变为可用状态。

默认情况下，被禁用的断点显示为蓝色。用设置断点颜色的方法也可以改变被禁用断点的颜色。

（4）浏览和编辑程序中的断点　　选择菜单"视图"→"断点窗口"将看到如图 10-13 所示的"断点"对话框。

该断点窗口列出了所有编辑器窗口的断点。其中有程序 aa1.lsp 的 3 个断点。每项包含断点的源文件名以及断点在源文件中的位置，位置是以 0 开始的西文字符数量，前面的"+"号表示该断点是活动的，"-"号表示该断点是被禁用的。

单击该对话框的"全部删除"按钮可以删除所有的断点；单击"显示"按钮可显示该断点所在的源文件及其在源文件中的位置；单击"删除"按钮可删除该断点；单击"编辑"按钮可打

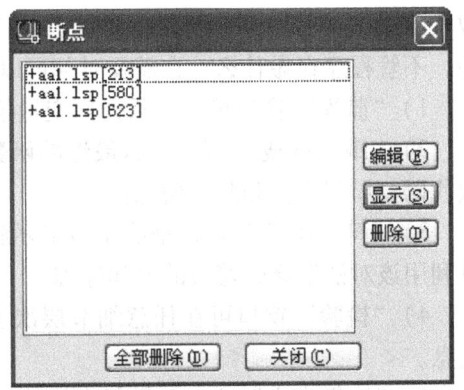

图 10-13　"断点"对话框

开"断点服务"对话框,利用该对话框可以改变断点可用或禁用的状态。

(5) 断点的生命周期　可以在加载程序前或后设置断点。如果在加载程序之后设置断点,该断点只有在重新加载程序之后才有效。

断点在整个 Visual LISP 编辑任务期间都有效,如果用户从"工具"菜单中选择了"保存设置",它在以后的 Visual LISP 任务中也会被保留下来。

用户在进行如下工作时会自动删除断点:

1) 删除包含断点的代码。

2) 在 Visual LISP 之外修改了文件(如用记事本编辑和保存文件)。

3) 将 Visual LISP 格式编排命令应用到包含断点的代码段。

注意:如果用户修改程序代码后继续运行程序,而没有重新加载该程序,程序在运行到断点时仍会停下来,但显示的并不是真正的代码位置。如果出现这种情况,会出现如图 10-14 所示的对话框。

只有重新加载代码并开始运行程序后,才能正确显示代码位置。

图 10-14　"断点"对话框

2. 在断点处继续运行程序

运行的程序遇到断点时,将产生一个中断,即断点循环。单击单步调试按钮■、■和■可继续运行程序。如果在复杂的表达式之内还有一些断点,单击按钮■和■,首先在断点处暂停。此外还有以下控制程序继续运行的工具栏按钮、快捷键或"调试"菜单的菜单项。

■ "继续"或〈Ctrl + F8〉键:继续运行程序直至遇到下一个断点(如果有)或程序结束。

■ "退出当前"或〈Ctrl + Q〉键:结束当前程序,返回到控制台的上一层断点循环。

■ "重新置于顶层"或〈Ctrl + R〉键:结束当前程序,结束所有的断点循环。

10.4　使用 Visual LISP 数据查看工具

在 Visual LISP 中程序运行的时刻,用户都可以几乎毫无限制地访问符号、变量值和函数。除了"符号服务"对话框外的其他 Visual LISP 数据查看工具用无模式对话框实现的,即,不管程序在做什么,在需要时都可以让它随时显示在屏幕上。

1) "监视"窗口可以显示任何变量集的当前值。

2) "跟踪堆栈"窗口显示最近的函数调用层次。用户可以查看堆栈中任一层的相应函数代码、局部变量和其他信息。

3) "符号服务"对话框除了可显示符号的当前值外,还可以显示它当前的标志,用户可利用该对话框修改符号的值和标志。

4) "检验"窗口可在任意细节层次上显示 LISP 对象(从字符串 AutoCAD 块定义)的信息。

5) "边框绑定"窗口显示任意堆栈框架的所有局部变量的值(即调用序列中的特定函数的调用信息)。

第 10 章 调试程序

Visual LISP 还提供日志功能。激活该功能时，用户可以将数据查看窗口中数据复制到日志文件中。

10.4.1 监视程序

跟踪程序运行的工具有命令跟踪、出错跟踪和跟踪堆栈。

1. 打开和关闭跟踪日志功能的步骤

1）激活"跟踪"窗口。

2）Visual LISP 菜单选择"文件"→"切换跟踪日志"，指定日志文件名。注意如果没有激活"跟踪"窗口，"切换跟踪日志"选项不可用。

3）选中指定文件单击"保存"按钮。如果已存在该文件，Visual LISP 将给出如图 10-15 所示的信息。

如果回答"是"，Visual LISP 将把新的数据附加到文件当前内容后；如果回答"否"，Visual LISP 将覆盖该文件，该文件原有内容将丢失；如果选择"取消"，将中断该操作，用户随后可指定不同的文件名。

图 10-15　跟踪窗口

4）"文件"菜单中再次选择"切换跟踪日志"，关闭日志文件并退出日志记录过程。

打开跟踪日志选项，显示在"跟踪"窗口中的任何信息也将被写入日志文件中。Visual LISP 数据查看工具提供一个工具栏按钮，可将数据复制到"跟踪"窗口。

"跟踪"窗口的标题栏上指示了跟踪日志选项的状态：如果该选项被打开，Visual LISP 在标题栏上显示日志文件名，如果该选项被关闭，标题栏将不显示文件名。

如果用户在退出 Visual LISP 前没有关闭日志文件，Visual LISP 在退出时会自动关闭该文件。关闭日志文件后，用户可以用任意文字编辑器（如 Visual LISP 文字编辑器）查看该文件内容。

2. 使用"监视"窗口

"监视"窗口可在 AutoLISP 程序运行时监视其变量的值。"监视"窗口中每一行显示一个变量的名称和它的当前值，如图 10-16 所示。

在 Visual LISP 交互任务的每一步都会自动更新"监视"窗口，所以"监视"窗口总可以显示当前的环境状态。在调试器模式下，每一次表达式求值后会自动刷新"监视"窗口。

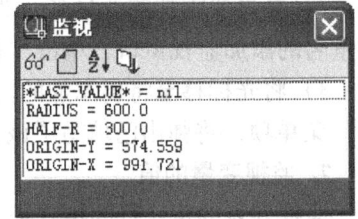

图 10-16　"监视"窗口

3. 将变量加到"监视"窗口的步骤

1）在 Visual LISP 的任何地方（如文字编辑器窗口、控制台窗口等）亮显变量名。

2）单击"添加监视"按钮，或从"调试"菜单中选择"添加监视"，也可以在光标位于变量名上时单击鼠标右键并从快捷菜单中选择"添加监视"。

3）如果已激活"监视"窗口，单击"监视"窗口工具栏上的"添加监视"按钮，可将变量添加到"监视"列表中。

如果 Visual LISP 依据光标位置或用户所选文字无法确定用户要指定的变量，它将显示"添加监视"窗口，如图 10-17 所示。

在该窗口中指定变量名再单击"确定"按钮即可。

在 Visual LISP 任务期间"监视"窗口会"记住"加入的变量：如果用户激活"监视"窗口，将变量加入该窗口，加入的变量将会出现在"监视"窗口。

图 10-17　"添加监视"窗口

4. 使用"监视"工具栏

"监视"窗口中的工具栏包括如下按钮：

添加监视："添加监视"命令将新的变量加入到监视窗口。

清除变量：清除监视窗口内的所有的变量。

排序：将监视窗口内的变量名按字母顺序排序。

复制到跟踪/日志：将监视窗口的内容复制到跟踪窗口。如果打开日志选项，"监视"窗口中的内容将被复制到跟踪日志文件中。

5. 使用监视项目快捷菜单

选择"监视"列表中的某一项单击右键可显示快捷菜单。

该菜单中包含如下内容：

检验值（I）：调用检验功能，查看所选值。

复制值（C）：将所选变量的值复制到系统变量 *obj* 中。

打印值（P）：将所选变量值加上一个单引号前缀'，打印到控制台窗口。

符号（S）：对所选变量调用"符号服务"对话框。

自动匹配（A）：调用"自动匹配选项"对话框，用所选变量名作自动匹配参数。

从监视对话框中删除（W）：从"监视"窗口中删除所选变量。

6. 将变量加入到"监视"窗口

有 3 种途径可以将新的变量加入到"监视"窗口。

1）单击工具栏上的添加监视按钮，在随后弹出的图 10-17 所示的"添加监视"窗口内填入变量名，然后单击"确定"按钮。

2）亮显要添加的变量名，然后单击工具栏上的添加监视按钮，随后弹出已填写了该变量名的添加监视窗口，单击"确定"按钮。

3）将光标移至将要添加的变量名，单击鼠标右键，在弹出的快捷菜单上选取"添加监视"菜单项，将弹出已填写了该变量名的添加监视窗口，然后单击"确定"按钮。

7. 监视变量的值

监视列表的每一行的格式是"变量名 = 变量值"，例如：A = 1。如果程序尚未运行，变量的值是空的；随着程序的运行，在监视窗口可以看到变量的值也在不断变化。

8. 利用断点和监视窗口调试程序

【例2】输入矩形的对角点，绘制矩形。

假定在编辑器窗口已键入了如图 10-18 所示的源程序。该程序的功能是根据用户输入的两个对角点绘制矩形。

首先检查该程序是否存在语法错误。选择菜单"工具"→"文本编辑器"或单击按钮

▽，在"编译输出"窗口显示："检查完成"，如图 10-19 所示，说明该程序没有语法错误。

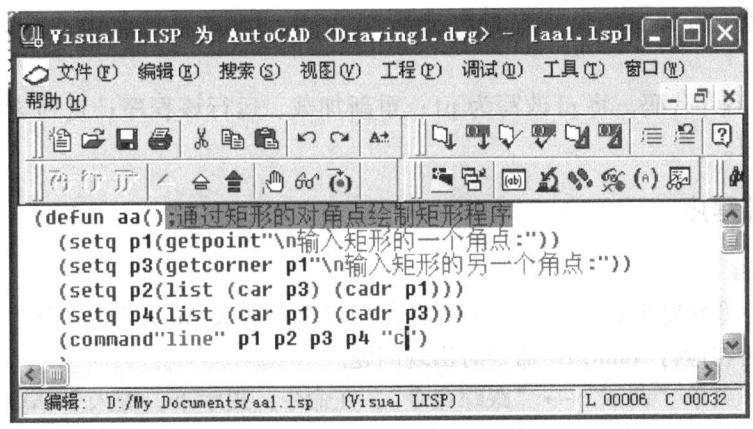

图 10-18 例 10-2 编辑窗口

选择菜单"工具"→"加载编辑器中的文字"或单击按钮，Visual LISP 自动将控制切换到 AutoCAD 界面。当出现"输入矩形的一个角点："的提示时，输入（0，0）点，该点是 p1 点的坐标；当出现"输入矩形的对角点："的提示时，输入（100，100）点，该点是 p2 点的坐标。程序运行结束，只得到了矩形的两条边，显然，这不是预期的运行结果。

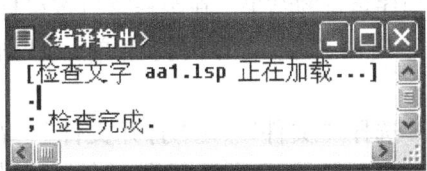

图 10-19 编译输出对话框

调试程序的步骤如下：

1）确定要监视的变量。选择菜单"调试"→"添加监视"或单击工具栏上的添加监视按钮，在弹出的"添加监视"窗口内填入变量名 p1，单击"确定"按钮。用同样的操作监视变量 p2、p3、p4，如图 10-20 所示。

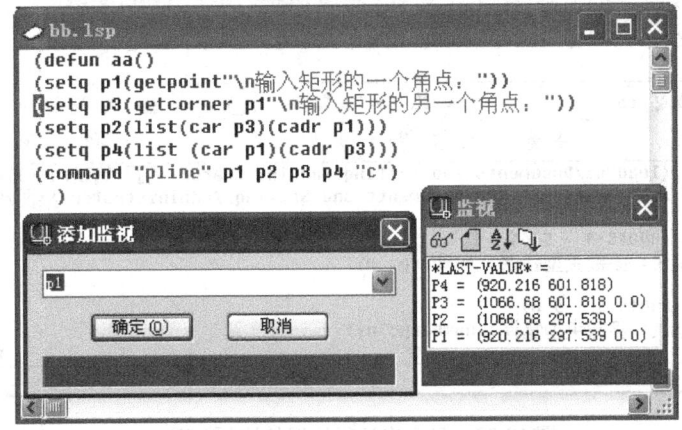

图 10-20 监视 p1、p2、p3、p4 点的值

2）从图 10-20 所示监视窗口可以看到：p1 = [920.216 297.539 0.0]、p2 = [1066.68 297.539]、 p3 = [1066.68 601.818 0.0]、p4 = [920.216 601.818]。说明各点的坐标是正确的；如果有错误的，假如：p4 = [nil 601.818]，X 坐标是（car p1）的返回值，检查（car p1），car 是正确的，亮显 p1，单击添加监视按钮 ⌖，监视窗口内出现 PL = nil，PL 本不是该程序的变量，是 p1 的误写。

3) 修改源程序代码，将 pl 改写为 p1；重新加载、运行该程序；直到该程序可以正常运行，调试结束。

10.4.2 跟踪程序

1. 命令跟踪

如果打开命令跟踪模式，Visual LISP 将在窗口跟踪有关 AutoCAD 命令的运行情况，以便监控程序是否在运行 AutoCAD 命令时出现问题。

例如，选择菜单"调试"→"跟踪命令"，在命令：提示下，键入 TUXING 命令（假定程序能够正常运行），将在"跟踪"窗口显示有关 AutoCAD 命令的运行情况的信息。

2. 出错跟踪

出错跟踪是用"错误跟踪"窗口记录跟踪程序运行的结果。在跟踪窗口按鼠标右键，将弹出跟踪窗口的快捷菜单，如图 10-21 所示。

选择"文件"→"打开文件"，在打开文件窗口选定程序源代码文件，单击"确定"按钮即可打开文件。单击工具栏按钮 ⌖。在 Visual LISP Console（控制）窗口的_$提示下键入（ROOTS 1 -5 6）。显示了出错原因是"参数类型错误"，如图 10-22 所示。

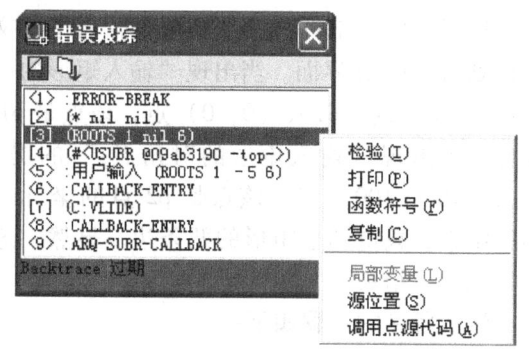

图 10-21 "跟踪出错"窗口及其快捷菜单

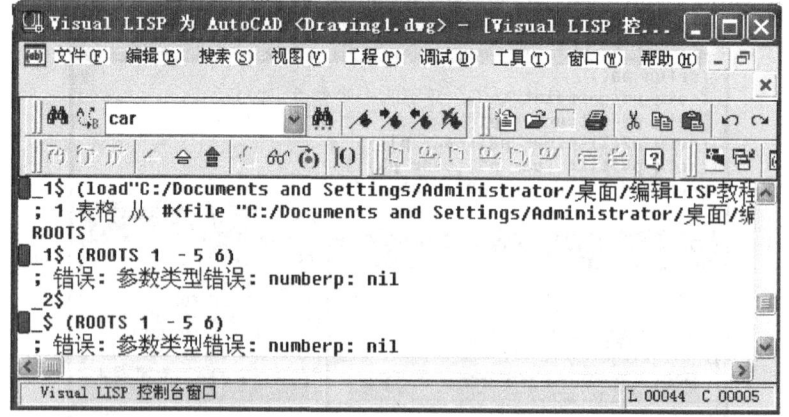

图 10-22 显示出运行错误的控制台窗口

选择菜单"视图"→"错误跟踪"或按〈Ctrl + Shift + R〉键，将出现如图 10-22 所示的出错跟踪窗口。

3. 跟踪堆栈

Visual LISP 提供了一个名为"跟踪堆栈"的调试工具，它保存着调用函数的历史记录（堆栈源于计算机数据结构）。利用堆栈后进先出的特点，记录一系列的嵌套表达式的出口，图10-23 说明了如何在堆栈中添加和删除记录。当程序运行中断，如遇到断点，通过跟踪堆栈可以了解程序的运行状态。如果程序运行出现错误，导致程序崩溃，通过跟踪堆栈可以分析程序崩溃的原因，如图 10-23 所示。

Visual LISP 使用跟踪堆栈来"记住"嵌套表达式的出口。在程序运行（如挂起或中断状态下）或程序刚崩溃时浏览该堆栈，用户可以了解程序当前所做的工作。

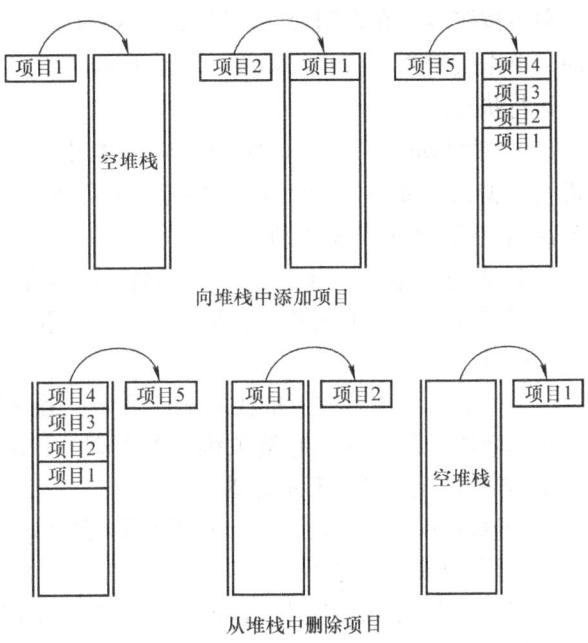

图 10-23　在堆栈中添加和删除记录

用户从控制台窗口在 AutoCAD 中调用函数之前，跟踪堆栈是空的，而调用函数则会在该堆栈中放入一个记录或元素。如果在调用该函数时，程序又调用了其他嵌套程序，那么可能在该堆栈中加入其他元素。Visual LISP 只有在需要时"记住"嵌套函数的出口时，才会将相关记录放入该堆栈中。

上述两种情况，检查跟踪堆栈可能会有帮助：一是程序挂起状态时；二是由于发生错误而使程序崩溃。

【例3】跟踪堆栈的结构

程序说明：stack-tracing 是一个递归调用的，indexval 是序号的初始值，maxval 是序号的最大值。当 indexval 小于 maxval 时，打印 indexval 的值。st5 是调用 stack-tracing 的主函数。

程序源代码：
```
(defun stack-tracing(indexval maxval)
  (princ "\n 递归函数实参 = ")
  (princ indexval)
   (if( < indexval maxval)
  (stack-tracing(1 + indexval)maxval)
   (princ "\n 递归结束。");在这里设置一个断点
 )
)
(defun C:trace-10-deep()
   (terpri)
   (stack-tracing 1 10)
```

)

单击按钮，在控制台窗口键入（stack-tracing 1 5）运行该程序。当程序运行到断点暂停时，单击按钮，将弹出如图10-24所示的"跟踪堆栈"窗口。通过该窗口可了解该程序的运行状态。

(1)"跟踪堆栈"窗口的结构　按钮用于刷新"跟踪堆栈"窗口，按钮用于将"跟踪堆栈"窗口中的内容复制到跟踪窗口或日志文件。

每个堆栈元素占一行。每一行的前面都有一个用"[ ]"或"< >"括起的数字，数字表示该元素在跟踪堆栈中的序号。

(2)堆栈元素的种类　堆栈元素可分为：函数调用框架、跟踪堆栈最顶端和最底端关键字的框架、顶端结构、Lambda结构和特殊结构5种类型。

1）函数调用框架。表示单个函数调用。其格式如下：
[序号][函数名　参数 ...]

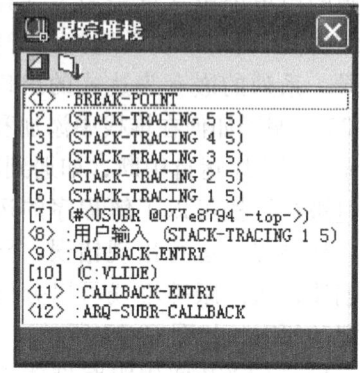

图10-24　"跟踪堆栈"窗口

图10-24所示的跟踪堆栈窗口的2~6行显示了调用stack-tracing函数时的函数调用框架。
例如：
[2]（STACK-TRACING 5 5）
"[2]"表示它是堆栈元素列表的第二个元素，"STACK-TRACING"是函数名，其后的两个数字是传给该函数的实际参数值。

2）跟踪堆栈最顶端和最底端的关键字框架。其格式如下：
<序号>：关键字框架类型　与程序状态相关的其他信息

关键字框架代表Visual LISP环境中的一种特定的操作，关键字指明操作的类型。关键字框架只可能出现在堆栈的顶端或底端。

(3)显示关于跟踪堆栈元素的信息　选中跟踪堆栈中某个元素后单击右键，会显示快捷菜单。通过该快捷菜单，可以显示该元素的更详细的信息。

同时，快捷菜单中显示的可选菜单项取决于所选堆栈元素的类型，表10-2列出了所有可能出现的菜单命令。

表10-2　跟踪堆栈的快捷菜单命令

菜 单 命 令	功　　　能
检验	对所选堆栈元素调用检验功能
打印	将堆栈元素打印到控制台
函数符号	如果通过符号调用了某函数，则激活对堆栈框架中该函数调用的"符号服务"功能
复制	将所选堆栈元素复制给系统变量 *obj*
局部变量	显示"边框绑定"对话框，允许用户在调用函数时浏览局部变量值
源位置	检查所选堆栈框架中调用的函数的源代码是否已被打开。如果源代码已被打开，将显示含该源代码的文字窗口，并高亮显示函数运行的当前位置
调用点源代码	显示调用该函数的表达式的位置，和"源位置"类似

第 10 章 调试程序

(4) 使用"边框绑定"窗口　如果从跟踪堆栈快捷菜单中选择"局部变量"菜单项，Visual LISP 将显示"边框绑定"窗口，如图 10-25 所示。

"边框绑定"窗口显示框架中局部变量的信息。在本例中，列出了参数名（INDEXVAL，MAXVAL）和赋给这些参数的值，这些值被传给函数。所列参数的顺序和在函数中定义的顺序一致。

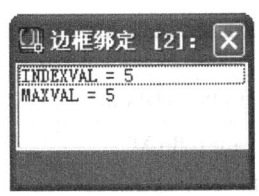

图 10-25　"边框绑定"窗口

在"边框绑定"窗口中的条目上单击鼠标右键，Visual LISP 将显示一个快捷菜单包含表 10-3 菜单项。

表 10-3　"边框绑定"快捷菜单项

菜 单 项	功　　能
检验	对所选值调用检验功能
打印	在控制台窗口显示所选值
符号	对所选符号调用"符号服务"对话框
复制	将所选值复制给系统变量 * obj *
添加到监视	将所选符号添加到"监视"窗口

(5) 理解关键字框架　关键字框架代表 Visual LISP 环境中出现的一种特别的操作，而关键字则指明操作的类型。关键字框架只可能出现两个位置：堆栈的最顶端或堆栈的最底端。底端关键字框架，见表 10-4。

表 10-4　底端关键字框架

框 架 类 型	发生的操作
:ACAD-REQUEST	由 AutoCAD 命令提示所引起，对:ACAD-REQUEST 关键字框架的上一个框架中的函数的调用
:DCL-ACTION	由 AutoCAD 要求运行对话框控件的动作。关键字:DCL-ACTION 后的两个字符串分别是 DCL 对话框名称和 DCL 动作主体（控件或对话框本身）的 $ KEY 变量值。如果出现的是一个数，那它是 DCL 动作主体的 $ REASO 变量值。该框架的上一个框架描述的是动作表达式中调用的函数
:INSPECT-EVAL	运行了检验功能
:INSPECT-VERBOSE	进入了图形检验器的入口函数
:TOP-COMMAND	Visual LISP 交互环境的动作。例如，加载文件或选取文本时直接运行一个函数
:USER-INPUT	框架内的字符串是在控制台输入的
:WATCH-EVAL	对所监视的表达式求值

图 10-26 所示"跟踪堆栈"窗口的第 8 行显示了本例堆栈底端关键字框架的信息。内容如下：

<8>：用户输入（stack-tracing 1 5）

表示是用户在控制台输入了的（stack-tracing 1 5）。

顶端关键字框架会出现在堆栈顶最底端，见表 10-5。

表 10-5 顶端关键字框架

框架类型	发生的操作
:ACMD-CALLBACK	调用了已注册的 AutoCAD 命令
:AFTER-EXP	程序正处于调试中断模式,且刚用"下一表达式"或"跳出"选项跳出某表达式
:ARQ-SUBR-CALLBACK	表示从 AutoCAD 窗口调用标准的 Visual LISP 定义的函数
:AXVLO-IO-CALLBACK :DWF 或 :DWG	在 DWG 或 DWF 文件保存或恢复 VLA 对象
:BEFORE-EXP	进入函数时用调试器中断了程序。当用户用"下一表达式"或"跳出"命令进入某表达式时会出现该消息(在跳出某表达式时用:AFTER-EXP)
:BREAK-POINT	用户指定的断点
:ENTRY-NAMESPACE	一个独立 VLX 命名空间上下文中的调用
:ERROR-BREAK	一般的运行时出现的错误。单击鼠标右键,选择菜单中的"显示信息"菜单项,可以查看更详细的出错信息
:FUNCTION-ENTRY	在进入函数时调试器中断了程序。该消息后的下一个堆栈元素包含了引发中断的函数的调用框架
:KBD-BREAK	按下了〈Pause〉键,程序被挂起
:PROTECT-ASSIGN	为受保护的符号赋值。单击鼠标右键,选择菜单中的"显示信息"菜单项,查看变量名、变量当前值和试图赋给该变量的新值。也可以选择 Inspect 项,查看包含该符号的表,以及跟随在:PROTECT-ASSIGN 之后的新值
:REACTOR-CALLBACK	调用了反应器
:READ-ERROR	在读操作时发生的错误。单击鼠标右键,选择菜单中的"显示信息"菜单项,可获得更详细的出错信息
:SYNTAX-ERROR	Visual LISP 遇到了 AutoLISP 语法错误

图 10-26 所示"跟踪堆栈"窗口的第 1 行显示了本例堆栈顶端关键字框架的信息。内容如下:

<1>:BREAK-POINT

表示程序运行的最后一个操作是遇到用户设置的断点。

1)顶端结构:说明相应动作是由顶层控制台窗口中输入的表达式引起,或在 Visual LISP 文本编辑器窗口中加载文件或所选文本时触发的函数调用引起的。

2)Lambda 结构:当程序调用 lambda 函数时,Visual LISP 会在堆栈中放入该结构。

3)特殊结构:调用 foreach 和 repeat 函数时,Visual LISP 在堆栈中加入该结构,该结构中不显示函数的参数,其格式如下:

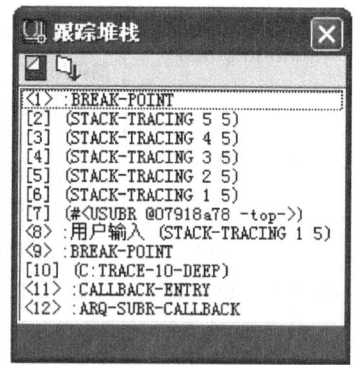

图 10-26 跟踪堆栈窗口

<序号>[FOREACH 或 REPEAT...]

@ FOREACH 框架表示对 foreach 函数的调用。从快捷菜单选择"局部变量",显示用户所提供变量名称和当前值,列出 foreach 函数范围内的表变量。例如,对以下表达式求值:(foreach n '(a b c)(print n));在表达式开始处设置断点单步运行该表达式,当运行到(print n)

时，选择菜单"视图"→"跟踪堆栈"项，将弹出图 10-27 所示的"跟踪堆栈"窗口。

该窗口的第二行为[2](REPEAT...)，其中[2]是该元素的序号，(REPEAT...) 是该函数的形式。

然后选择"局部变量"选项，将显示如图 10-28 所示的"边框绑定"窗口：

 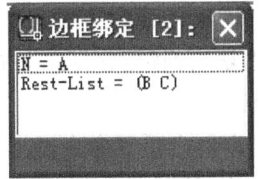

图 10-27　调用 foreach 函数时的"跟踪堆栈"窗口　　　图 10-28　"边框绑定"窗口

"边框绑定"窗口指明了用户所提供的变量（N）、变量当前值（A）和将提供给 FOREACH 处理而且目前尚未处理的条目（BC）。

@ REPEAT 框架表示对 REPEAT 函数的调用。从快捷菜单中选择"局部变量"命令可显示专用命名计数器和 REPEAT 内置计数器的当前值。内置计数器最初被设置为传给 REPEAT 的整数值，代表要循环的次数。每循环一次，该计数器减一，所以计数器的值就是剩下的循环次数减一了。

注意每个 repeat 表达式处理自己的计数器，但在"监视"窗口中只能加入一个这样的监视器。

例如，对以下表达式求值：
(setq i 0)
(repeat 10)
　(princ(1 + i))
)

单步运行该表达式，运行到（1 + i）时，选择菜单"视图"→"跟踪堆栈项"，将弹出图 10-29 所示的"跟踪堆栈"窗口。

if、cond 和 setq 等函数并不出现在跟踪堆栈里，因为在源文件的 Visual LISP 文本编辑器窗口可以看到它们被调用的位置。

（6）查看"错误跟踪堆栈"　　如果用户程序因为错误而终止，可从"视图"菜单中选择"错误跟踪"来查看用户程序直到崩溃时调用函数的状态，如图 10-30 所示。

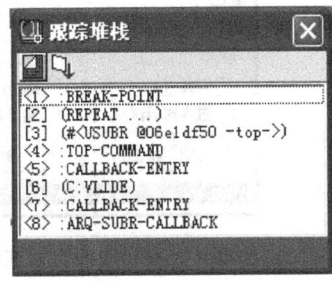 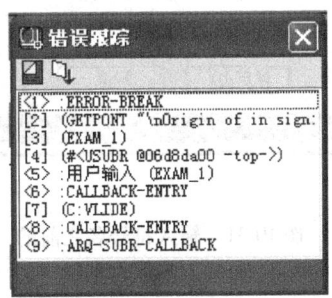

图 10-29　调用 repeat 函数时的"跟踪堆栈"窗口　　　图 10-30　"错误跟踪"堆栈窗口

错误跟踪是跟踪堆栈在发生错误时的一个复制。如果选择了"出错时中断"选项，在错误刚发生后错误跟踪和跟踪堆栈是一致的。要验证这一点，可以从"调试"菜单中选择"出错时中断"选项，然后故意制造一个错误（如调用非法函数），打开两个跟踪窗口比较一下就知道了。

"跟踪堆栈"窗口上的工具栏包括两个按钮：

1)"刷新"按钮：更新"跟踪堆栈"窗口中的内容。

2)"复制到跟踪/日志"按钮：将窗口中的内容复制到"跟踪堆栈"窗口或打开的日志文件。

当用户发出重置命令退出一个中断循环（例如重置到顶层）时，单击"跟踪堆栈"窗口上的"刷新"按钮，可以将该窗口中的内容替换成最新的"跟踪堆栈"数据。与此相反，刷新"错误跟踪"窗口并不会改变该窗口中的内容，除非又接着发生了一个新的错误。

10.5 修改变量和函数的特性

1. "符号服务"对话框的功能

符号可以是变量或函数名。"符号服务"功能是为简化访问各种为符号提供的调试器功能而设计的，通过"符号服务"对话框可以查看或修改变量的当前值，也可以设置变量或函数的一些特性。

2. "符号服务"对话框的组成

打开"符号服务"对话框和更新符号，有两种打开符号服务对话框的途径。

1) 在程序源代码或控制台窗口中亮显所需符号名处（任意一处），然后选择菜单"视图"→"符号服务"，或单击"调试"工具栏上的按钮。

2) 从 Visual LISP 菜单中选择"视图"→"符号服务"，或单击"调试"工具栏上的"符号服务"按钮。进入"符号服务"窗口，在随后弹出的图 10-31 所示的"符号服务"对话框内输入符号名或在下拉列表中选取符号名，若光标附近有符号名，则该符号名作为新符号名的默认输入。单击"确定"按钮即可打开如图 10-32 所示的"符号服务"对话框。

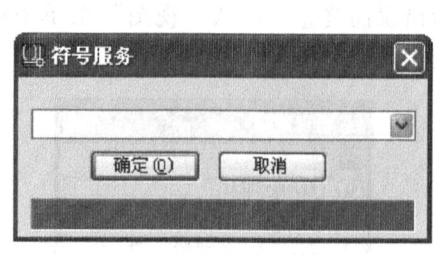

图 10-31　输入符号名之前的"符号服务"对话框

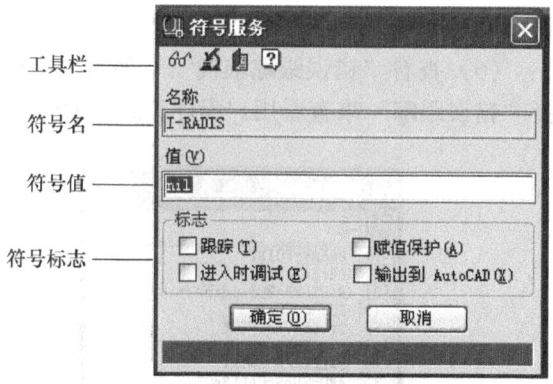

图 10-32　"符号服务"对话框

图 10-32 所示为符号服务对话框，它由工具栏、符号名、符号值和符号标志 4 部分

组成。

① 工具栏：提供了对符号操作的工具。它包括以下 4 个图标按钮：

监视按钮：将当前符号加入到监视窗口。

检验按钮：检验该符号的值。

显示定义按钮：如果该符号是用户定义的函数名，则打开包含该函数定义的文本编辑器窗口，并亮显该函数的定义。

帮助按钮：如果该符号是一个内部函数名，则显示 Visual LISP 帮助文件中的相关信息。

② "名称"：用于输入或改变要操作的符号名。

③ "值"：显示符号值或它最初的子串。

④ 一系列符号标志复选框：该组有以下 4 个复选框，其特性如下：

"跟踪"复选框：对设置"跟踪"标志的函数，在"跟踪"窗口显示对其跟踪的信息。该标志只对作为函数名的符号有效。

"赋值保护"复选框：该标志的符号受到保护。程序运行时如果对受到保护的符号赋值，将产生询问信息。受到保护的符号在文本编辑窗口呈蓝色显示。在默认情况下，所有 AutoLISP 内置函数的函数名都受到保护。例如，符号 pi、setq 就是受到保护的符号。

"进入时调试"复选框：如果设置了该标志，不管是否加载了该函数的调试信息，在每次调用该函数时都会产生中断。该标志只对用户定义的函数起作用。

"输出到 AutoCAD"复选框：如果设置了该标志，那么与该符号相关联的函数会被定义为外部函数，这样的函数可以被 ObjectARX 应用程序调用。

3. 修改变量的值

要修改所显示符号的值，可在"值"文本框中输入一个表达式，单击"确定"按钮后，Visual LISP 会对表达式求值，并将求值的结果赋给该符号。

假定某程序有以下两行代码：

（setq x 1）；此处设置一个断点

（princ x）

当程序遇到断点暂停时，亮显变量 a，单击按钮，在随后弹出的符号服务对话框的"值"文本框里显示了变量 a 的当前值为 1。将该值修改为 2，单击"确定"按钮。单击按钮，将在控制台将打印出变量 a 的结果为 2。说明完成了对变量 a 的修改，如图 10-33 所示。

如果是可继续的断点循环，利用"符号服务"对话框的这一功能，可直接改变变量的值，并继续运行程序。

如果用户指定的符号是一个被保护的符号，那么"值"将处于只读状态，清除"赋值保护"复选框可解除保护状态。

单击"确定"或"取消"按钮可关闭该对话框，继续在 Visual LISP 中工作。

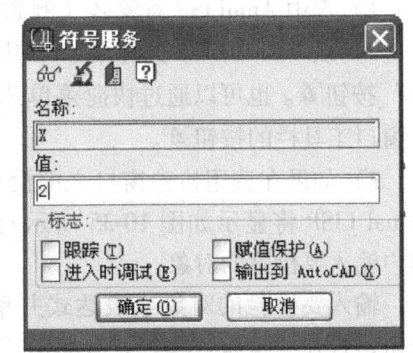

图 10-33　利用"符号服务"窗口
修改符号值

4. 设置符号的特性

假定有以下表达式：

（setq a(＋b c)）；可以是任一含有变量 b 的表达式

亮显变量 b，单击按钮，在弹出的"符号服务"对话框的"标志"选项组选中"赋值保护"复选框，单击"确定"按钮。变量 b 呈蓝色显示，说明它已成为受保护的变量了。在随后的表达式中，如果直接或间接改变 b 的值，将出现图 10-34 所示的提示。单击"是"按钮，程序在此处暂停；单击"否"按钮，符号 b 可以被改变。

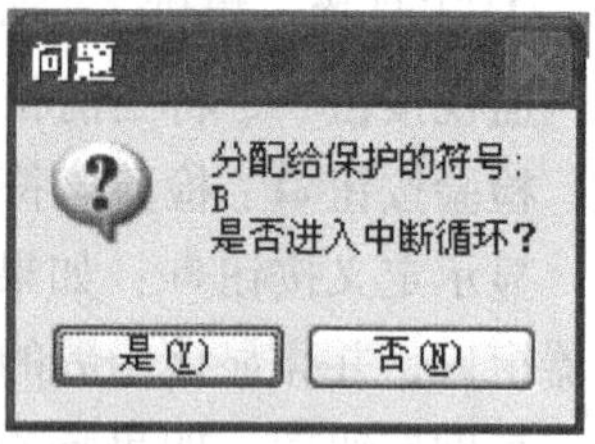

解除符号保护状态的操作与此类似，只需取消选择"赋值保护"复选框即可。

图 10-34　询问是否为受保护符号赋值的对话框

5. 设置函数在被调用时处于暂停的状态

将例 2 所示程序代码复制到 Visual LISP 文本编辑器窗口，删除程序中的断点，亮显函数名 stack-tracing，单击按钮，在弹出的"符号服务"对话框的"标志"选项组中选中"进入时调试"复选框，单击"确定"按钮。然后运行该程序。当程序运行遇到对 stack-tracing 函数的调用时，不管事前是否在函数内设置了断点，当程序运行到该函数时，自动处于暂停的状态。此时可利用各种调试程序的工具查看、检验或分析变量的结果。

10.6　"检验"窗口

1. 检验窗口的功能

"检验"功能是 Visual LISP 的组件，向用户提供了浏览、检查和修改 AutoLISP 和 AutoCAD 对象的功能。"检验"功能可以查看如下各项：

1）任意 AutoLISP 对象，如表、数字、字符串和变量。
2）AutoCAD 图形元素。
3）AutoCAD 选择集等。

用户可以使用"检验"功能来浏览复杂对象的数据结构。

"检验"工具为用户查看每个对象创建一个单独的窗口。使用检验窗口还可以浏览 ActiveX 对象。

2. 打开"检验"窗口的步骤

1）选中 AutoLISP 对象名（例如某变量）。

2）从 Visual LISP 选择菜单"视图"→"检验"，或单击"调试"工具栏按钮上的"检验"按钮。也可以通过快捷菜单选择"检验"项，或单击"符号服务"和"自动匹配"等窗口工具栏的按钮。

3）如果在调用检验窗口之前没有选中对象，Visual LISP 将显示如图 10-35 所示对话框，提示用户输入要检验的对象。

输入要检验的对象或表达式并单击"确定"按钮，打开"检验"窗口，或单击"取消"按钮取消该操作。

Visual LISP 保存用户最近输入"检验"提示

图 10-35　输入检验对象的对话框

对话框的 15 个记录。用户可以用下拉列表来选择以前指定的对象。

3. "检验"窗口的结构

在包含 aa.lsp 的文本编辑器窗口中选择函数名 exam_1，单击 ，或选择菜单"视图"→"检验"，就可以打开"检验"窗口查看函数 exam_1 的定义了。

"检验"窗口的结构如图 10-36 所示。窗口的内容与被操作对象的种类相关。所有的"检验"窗口都有一个标题栏、对象行和元素表（该表可能为空）。

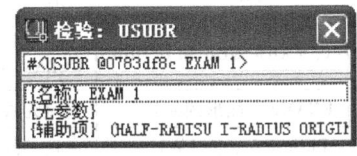

图 10-36 "检验"窗口的结构

1）标题栏：对话框的标题，同时显示所了解对象的类型。

2）对象行：对象名或对象值，它是所查看对象的书面说明。

3）元素表：组成该对象的成员。对象种类不同，元素表的大小和内容也有所不同。元素表的每一项（行）都分为名称和内容两部分。名称用括号括起，方括号"[ ]"说明可以通过与该项关联的快捷菜单的"修改"选项修改该项；而花括号"{ }"说明用户不能修改该项。

对象栏和元素表都有与自己的关联快捷菜单。

Visual LISP 在"检验"窗口至多可以显示 50 个元素。如果要显示元素多于 50 个，"检验"用一系列的页来显示这些元素。当用户滚动到"检验"窗口的最低端而还有元素未显示时，元素表的最后一行会显示"＞＞＞[下一页]"。用户可采用如下步骤浏览这些页：

1）在"＞＞＞[下一页]"元素行双击或选中该行并按〈Alt + E〉键，可向后翻页。

2）对"检验"窗口中显示的 AutoLISP 表和选择集，用户双击列表最上面的""" ＜＜＜[上一页]"元素行（或选取该行并按〈Alt + E〉键），可向前翻页。

3）对"检验"窗口中显示的 AutoLISP 表和选择集，当用户浏览到元素行的最后一页时，双击""" ＜＜＜[上一页]"或选中该行并按〈Alt + E〉键，可返回到第一页。

用户双击元素表上某条目可使 Visual LISP 展开该条目。如，该例"检验"窗口中的{辅助项}组件本身就是一个表，在{辅助项}条目上双击可打开另一个"检验"窗口显示表中的元素。

4. 对象元素表格式

根据不同的检验对象数据类型，"检验"元素表中的内容也不同。表 10-6 列示了各种数据类型在元素标志的内容。

表 10-6 检验元素表

数 据 类 型	元素表中内容
INT（整型数）	整型数的各种表示法
REAL（实型数）	空
STRING	字符串中的字符序列，可能用整数依次表示每个字符
SYMBOL	3 个元素：值、符号名和标志
LIST（规则表）	要查看的条目

(续)

数 据 类 型	元素表中内容
LIST（不规则表）	两个元素：表 car 操作的结果和 cdr 操作的结果，对有不正确的 LISP 表都如此，所谓不正确的 LISP 表是指对表的最后一次 cdr 操作的结果不是 nil
FILE	相应文件得文件名及其打开的属性
SUBR、EXRXSUBR 和 USUBR	函数名（在 defun 中或加载时指定的名称）。SUBR 指明是内置或已编译函数、EXRXSUBR 指明是 ARX 外部函数，而 USUBR 指明是用户定义函数
ENAME（图形图元）	该元素表中的域与 AutoLISP 内置函数返回的 AutoCAD DXF 对象表相对应
PICKSET（选择集）	选中的 AutoCAD 对象列表
VARIANT	变体的数据类型和值
SAFEARRAY	Safearray 的数据类型、维数和值

5. 各种对象的检验窗口

检验窗口元素表的内容是由检验对象的类型确定的。

（1）INT（整数）　　对象栏是整数本身，元素表的内容是用二进制、八进制、十进制、十六进制和字符形式显示的数值。字符格式是指和该数相应的 ASCII 字符，对大于 256 的整数则取其与 256 的余数，如图 10-37 所示。

（2）REAL（实数）　　对象栏是实数本身，它没有元素表，如图 10-38 所示。

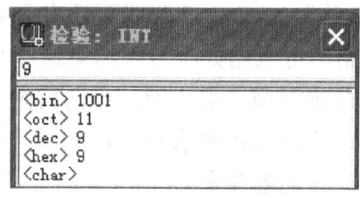

图 10-37　整型数

图 10-38　实型数

（3）STRING（字符串）　　对象栏是字符串本身，它的元素表是该字符串的单字符序列，双击某单字符可以了解该字符的数字表示形式，如图 10-39 所示。

（4）LIST（规则表）　　规则表的检验窗口如图 10-40 所示。

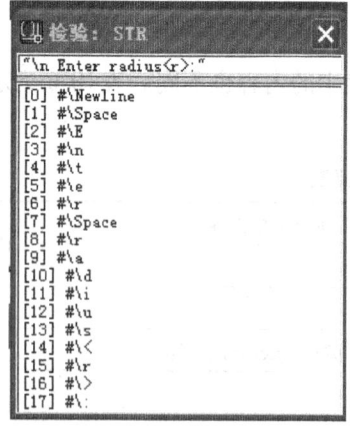

图 10-39　字符串

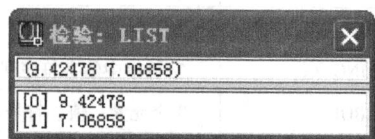

图 10-40　规则表

（5）LIST（不规则表）　不规则表，也成为点对（Dotted Pairs）。元素表内是该表的 car 和 cdr 操作的结果。例如，由（cons 8 "A"）创建的表，其检验窗口如图 10-41 所示。

（6）SYMBOL（符号）　包含符号名、符号值和表示符号属性的标志，所有标志如下所列：

Pa 赋值保护

Tr 跟踪

De 进入

Ea 输出到 AutoCAD

使用对象行快捷菜单命令"符号服务"，可打开"符号服务"窗口来修改符号值或标志设置。

注意：使用"符号服务"功能可更方便地获得 SYMBOL"检验"窗口中显示的所有信息，如图 10-42 所示。

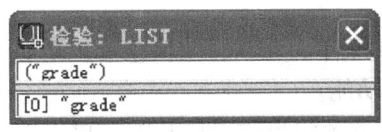
图 10-41　不规则表

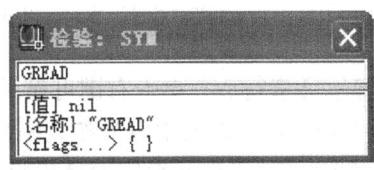
图 10-42　符号

（7）FILE（文件）　文件的"检验"窗口如图 10-43 所示。元素表内是该文件的名字和打开该文件时的属性。name 指出了文件名，mode 指出该文件是打开供读、写、附加、还是已被关闭，id 是内部文件的标志，position 显示了读或写文件的当前位置，eof 指出是否在文件的结束处，如果文件是以写模式打开时不出现该项。

（8）SUBR（函数）　SUBR 是内部或已编译的函数，元素表内是该函数的名字。

SUBR 数据类型表明函数可以用 Visual LISP 调试工具调试（如用户不能在函数中设置断点），这些函数包括 AutoLISP 函数或从 FAS、VLX 文件中加载的函数。内部函数的"检验"窗口如图 10-44 所示。

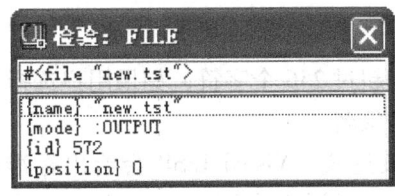
图 10-43　文件的"检验"窗口

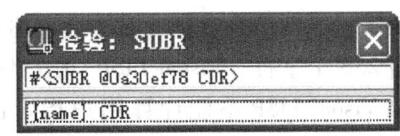
图 10-44　内部函数的"检验"窗口

（9）USUBR　USUBR 数据类型表明函数可以用 Visual LISP 调试工具调试（如用户可以在函数中设置断点并查看程序变量的值），这些函数是从 LISP 源代码文件中加载的。

"检验"窗口显示符号名、函数参数表和函数中定义的局部变量列表（列在 defun 参数表的"/"之后）。下例的"检验"窗口中的函数没有参数，但是定义了几个局部变量，如

图 10-45 所示。

6. 常用"检验"命令

"检验"窗口提供的快捷菜单包含与所检验数据相关的命令。

按〈Alt + O〉键或在对象行上单击右键,可显示对象行快捷菜单,对象行快捷菜单中的命令见表 10-7。

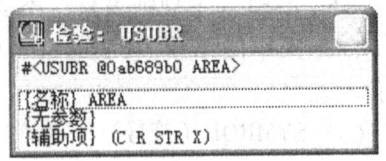

图 10-45 USUBR 函数

表 10-7 "检验"窗口快捷菜单命令

符 号 服 务	调用符号服务功能
打印(Alt + P)	在控制台窗口中打印该对象
精巧打印	在控制台窗口中设置该对象格式并打印
复制	将该对象复制给 * obj * 变量
日志	将"检验"对话框中的当前内容复制到"跟踪"窗口,如果激活了日志功能,该内容也被复制到"跟踪"日志文件中
更新(Alt + U)	更新"检验"窗口,以显示所查看对象的最新状态

高亮显示元素行后,单击右键可显示元素行快捷菜单,元素行快捷菜单包括如下命令:

检验(Alt + I):以元素值为参数调用"检验"功能。

降序(Alt + D):以元素值为参数调用"检验"并关闭当前"检验"窗口。

复制:将所查看元素的值复制给 * obj *。

查看源文件:激活包含所选文字的编辑窗口,如果该文本是从控制台窗口或以表的形式加载的,该命令将激活一个新的文字编辑器窗口。

默认情况下,在元素行上按回车键激活的命令是"检验"命令。

7. 将"检验"对象复制给 * obj * 系统变量

有时可能需要从用户程序或 Visual LISP 控制台窗口访问对象的某些部分,或将对象某项的值复制到另一项等,通过"检验"功能提供的一个保留系统变量 * obj * 可以完成这些任务。该变量在浏览数据结构时可作为临时存储变量。在"检验"对话框中,用户既可以将某值赋给该变量,又可以将该变量的值赋给当前项。

在"检验"窗口中某项上单击右键并选择"复制",可将所查看对象的值赋给 * obj * 变量。

8. 在"检验"命令中处理错误

在文字编辑器窗口中查看的所选表达式长度不能超过 256 个字符,如果用户选择的字符长度超过 256 个字符,Visual LISP 会给出用户输入对象名。

如果 Visual LISP 不能计算用户指定的对象或表达式,Visual LISP 会给出标准的 AutoLISP 错误信息。一旦错误信息出现,用户可以在该对话框中更正表达式,并对其再次求值。

在嵌套的中断循环中,无法调试用户所输入对象在求值时产生的错误,因为在这种求值期间所有的中断都被禁用。如果用户想检查这种错误,请从 Visual LISP 菜单中选择"视图"→"错误跟踪",或将该表达式复制到控制台提示处并按回车键。

10.7 访问 AutoCAD 对象

本节介绍通用检验窗口浏览 AutoCAD 图形数据库的操作。

1. 浏览图形数据库中的图元

（1）控制图形对象检验信息显示数目的步骤

1）选择"工具"→"环境选项"→"基本选项"。

2）在"基本选项"窗口中打开"诊断"选项卡。

3）选择"检查冗余图形对象"可查看图元的详细信息，清除该复选框可使"检验"显示的图元信息最少。

选择菜单"视图"→"浏览图形数据库"→"浏览所有图元"，可打开"AutoCAD 图元"窗口查看当前数据库的图元选择集，如图 10-46 所示。Visual LISP 显示一个列出数据库中图元的窗口，如图 10-47a 所示。在该检验窗口的元素表可看到有直线、圆、圆弧、文本、多义线和椭圆等各种图元。

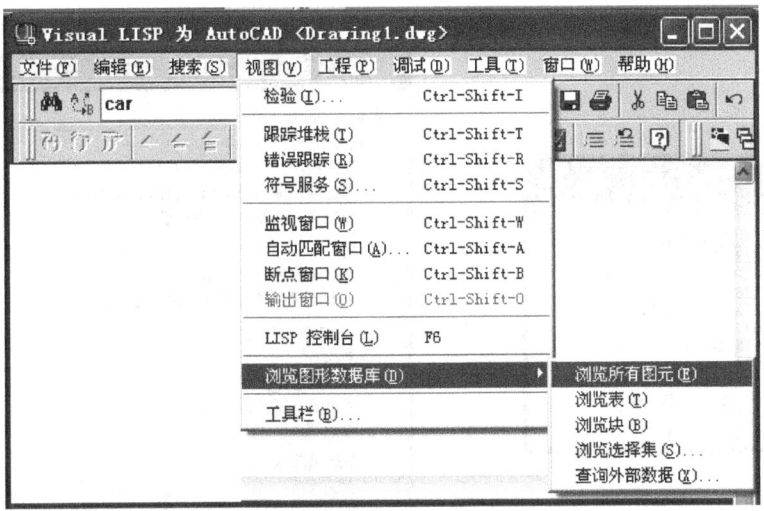

图 10-46 打开浏览图形数据库窗口

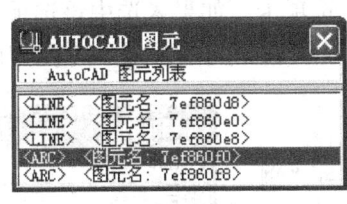
a)

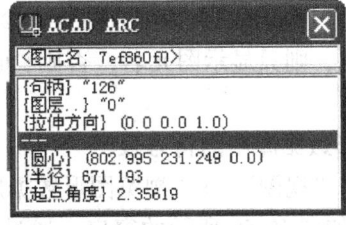
b)

图 10-47 AutoCAD 图形元素检验窗口
a) 数据库中图元的窗口 b) 打开的图元检验窗

双击图元名,或选中图元后单击鼠标右键并选择"检验",可打开该图元的检验窗口。图 10-47b 是双击第二个图元 < ARC > 后打开的图元检验窗口。该窗口的标题栏指明了图元类型是 ACAD ARC,对象栏显示了该圆的图元名 < 图元名:7ef860f0 > ,元素表列出了该圆句柄、所在的图层、拉伸方向、圆心、半径和起点角度的数据。

(2) 图元窗口对象行快捷菜单　图元窗口对象行快捷菜单包括基本的检验命令,如打印、复制、日值、更新命令外,还增加了以下菜单项:

1) 修改:如果可用,将打开标准的针对所浏览图元的 AutoCAD DDMODIFY 对话框。

2) 检验原始数据:显示该图元的"检验"窗口,元素表的内容与 entget 函数返回的图元表基本相同,如图 10-48 所示。

3) 检验下一个图元:显示"检验"窗口查看图元列表中的下一个图元。

4) 查询外部数据:显示当前用 regapp 注册的应用程序表。如果用户从该表中选中某项,所查看的 entget 函数返回结果表中将包括和所选应用程序相关联的所有扩展函数。

说明:可以控制图元在检验窗口显示的内容,步骤如下:

步骤1:选择菜单"工具"→"环境"→"基本选项",弹出如图 10-49 所示的"基本选项"对话框。

图 10-48　图元名检验窗口

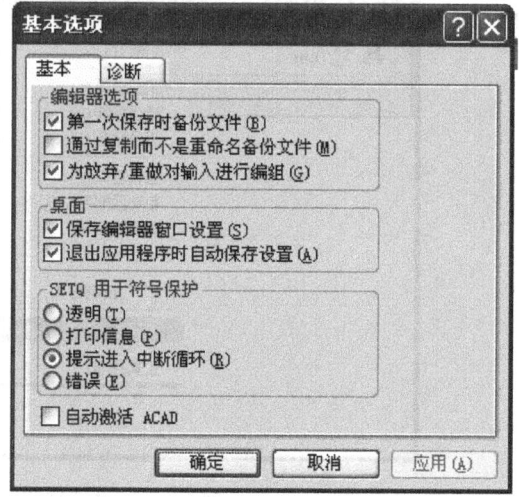

图 10-49　"基本选项"对话框

步骤2:在"基本选项"对应框中,"诊断"选项卡,如果未选中该选项卡的"检验画图对象"复选框,则只显示图元名,否则,还要显示该图元的图层、厚度方向及详细的几何信息。

2. 查看图形数据库中的符号表

选择菜单中"视图"→"浏览图形数据库"→"浏览表",可打开如图 10-50 所示的窗口,通过该窗口可以浏览图形的视口、线型、图层、样式、视图、标注样式、用户坐标系、应用程序各种符号表。

符号表检验窗口的每个元素是同一种类型符号表的集合,如图层表、线型表。双击某元素或选中该名称后

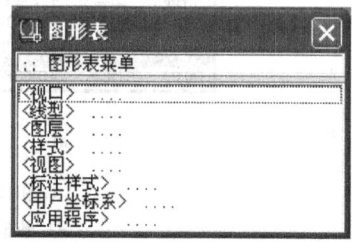

图 10-50　"浏览表"窗口

单击右键并选"检验"即可查看其属性，例如<线型>，将弹出如图 10-51 所示的有关线型的检验窗口。

图层表检验窗口的每个元素是一个图层名，双击某元素，例如<Continuous>，将弹出图 10-52 所示的有关这个图层的检验窗口。通过该窗口可以看到该图层的相关信息。

图 10-51 "检验"线型元素属性窗口

图 10-52 线型属性窗口

3. 浏览图形数据库中的块

选择菜单"视图"→"浏览图形数据库"→"浏览块"，可打开"AutoCAD 块"窗口查看图形中的块，如图 10-53 所示。

双击某块名，如选中某块后单击鼠标右键并选择"检验"，可打开如图 10-54 所示的这个图块的检验窗口。

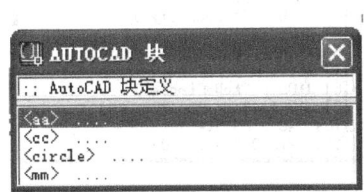
图 10-53 图块检验窗口

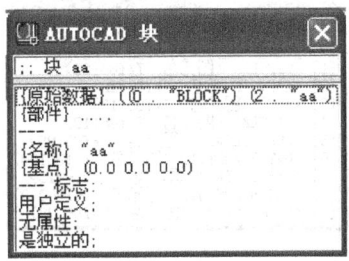
图 10-54 图块检验窗口

"原始数据"元素显示所查看块中的符号信息，双击"部件"行可打开"检验"窗口，其中列出了该块中的图元集合。

在所有的块"检验"窗口中都包括"原始数据"和"部件"元素行元素行（如｛名称｝等）只在选中了"检验冗余图形对象"诊断选项时才会显示。

通过块成员检验窗口可以看到该块是由一个椭圆、一个圆弧、一个圆和两条直线组成的。如果双击 LINE 或 CIRCLE，可进一步了解每个成员的详细信息。

4. 查看图形中选中的对象

选择菜单"视图"→"浏览图形数据库"→"浏览选择集"，可选择用户想要查看的图形对象。Visual LISP 将调用 ssget 函数提示用户在 AutoCAD 绘图区定义所需的选择集，当用户确定选择集后，Visual LISP 打开"检验"窗口查看所选的选择集，如图 10-55 所示。

双击窗口图元或选中该图元后单击右键并选择"检验"，可打开"检验"窗口查看该图元。

5. 查看扩展数据

选择菜单"视图"→"浏览图形数据库"→"查询

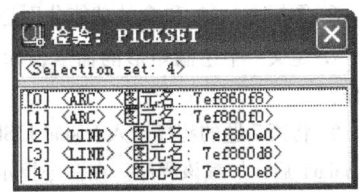
图 10-55 选择集"检验"窗口

外部数据",可显示当前 regapp 注册的应用程序表,这些应用程序与图元的扩展数据相关。如果用户从该表选中一项,所查看的 entget 函数返回结果表中将包含与所选应用程序相关联的扩展数据。查看 AutoCAD 对象关联的外部数据的步骤如下:

1) 从 Visual LISP 菜单中选择"视图"→"浏览图形数据库"→"查询外部数据"。
2) 选择与要查看的外部数据相关联的应用程序。
3) 在 AutoCAD 窗口中,选择要查看的外部数据所附着的图形对象。
4) 选择"视图"→"浏览图形数据库"→"浏览选择集",Visual LISP 将显示"检验"窗口,其中列出了用户所选中的 AutoCAD 对象,如图 10-56 所示。
5) 在"检验"窗口元素表中,双击用户要查看的外部数据所附着的对象,Visual LISP 显示查看该对象的"检验"窗口。
6) 选中"检验"窗口的对象行,单击右键以显示其快捷菜单。
7) 从快捷菜单上选择"检验原始数据",Visual LISP 将显示如图 10-57 所示的"检验"窗口。

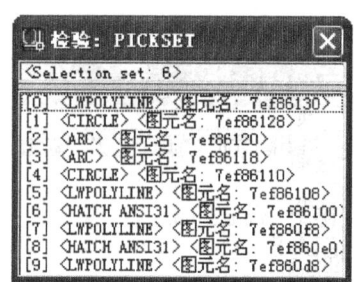

图 10-56 选择集"检验"窗口

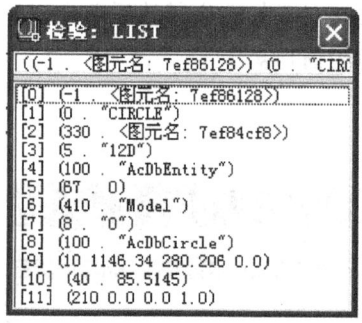

图 10-57 "检验原始数据"窗口

扩展数据由 3DXF 组码标志。图元表的最后一行显示所选对象的扩展数据,用户可双击该行以打开一个单独的"检验"窗口,该窗口仅包括扩展数据。

习　题

1. Visual LISP 提供了哪些用于调试程序的工具?
2. 如何利用监视窗口监视变量的值?
3. 在没有断点的情况下,如何进行分步调试程序?
4. 自动分步调试需要进行哪些步骤?
5. 如何设置/删除断点?在设置断点情况下,图标 ⊕、♂、♂ 和 ▲ 被单击一次后,程序将被运行到哪个位置?
6. 图标 ▲、≙ 和 ≙ 的功能分别是什么?
7. 定义一个绘制矩形的命令,如果想了解该命令在运行 AutoCAD 内部命令时的详细情况,该怎样操作?
8. 将第 7 题的程序录入 Visual LISP 编辑器窗口,并将表达式(setq p4(polar p3(+ alf pi)w)中的 polar 改为 polar1 后,加载该程序。在命令提示下输入 rect2 命令,接着输入了矩形的一个角点、宽、高和旋转角,程序显示出错信息并停止运行。

(1) 在这种情况下,如何打开"错误跟踪"窗口?假定"错误跟踪"窗口如图 10-58 所示,从中得到了哪些提示？如何找到出错的位置？

（2）在这种情况下，如何打开"跟踪堆栈"窗口？通过"跟踪堆栈"窗口分析程序出错的原因，并找到出错的位置。

9. 在程序运行过程中利用符号对话框可以实现哪些功能？

10. 选择"视图"→"浏览图形数据库"→"浏览表"，可以检验字样的定义。试通过定义字样的"文字样式"对话框和如图10-59所示的检验字样的窗口，了解该窗口中各表项的含义。

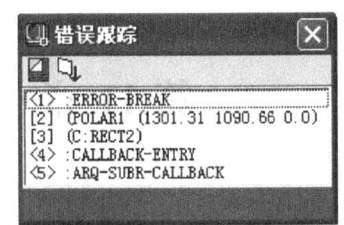

图 10-58　习题 8 图

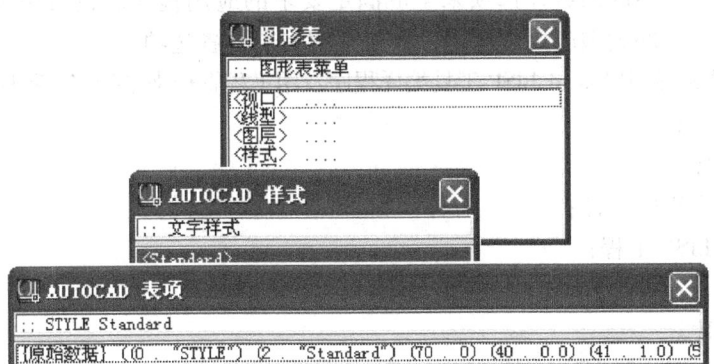

图 10-59　习题 10 图

第 11 章 编辑及维护 AutoLISP 程序

Visual LISP 可以将 AutoLISP 程序文件编译成可执行的程序模块以提高程序效率和源代码的安全性，并提供不同的编译选项来生成满足要求的应用程序。也可用 Visual LISP 工程来维护包含多个文件的大型应用程序，以及定义编辑器的各选项。

本章介绍了如何利用 Visual LISP 工具编译程序及用工程管理来维护多个程序文件，内容有：
编译链接程序；
生成应用程序；
多文档环境下程序设计；
使用 Visual LISP 工程；
操作工程文件；
优化应用程序。

11.1 编译链接程序

在 AutoLISP 语言中，程序的使用需要加载源代码，然后由 AutoCAD 解释执行。这样运行程序的好处在于可方便地修改与调试程序，在程序的编写和调试阶段是比较方便的，但是如果已经调试成功确定使用后，再使用加载源代码的运行方式就不方便了。

首先是执行速度慢，每次加载程序 AutoCAD 都要对其进行解释执行，这个过程的重复执行使得程序的执行速度变慢；而且使用源代码时，程序的保密性不好；再者，使用源代码时，程序的封装性不好，各种资源文件（如 DCL 对话框控制语言、幻灯片等）必须在相应的目录下才能被调用，因而程序所在路径的变化有可能造成程序不能正常运行，并且在多个程序文件的情况下，程序之间的相互影响也难以避免。

Visual LISP 提供了一套编译器来解决这些问题。通过这个编译器，用户可以将源代码编译成可执行的机器码文件，即 FAS 文件。源代码程序编译后，可直接在 AutoCAD 中加载运行，运行效率提高了，而且程序源代码是保密的，甚至于源代码中的字符串与符号也会被 Visual LISP 的编译器加密。

Visual LISP 还提供了将复杂的 AutoLISP 应用程序包编译成独立运行程序文件的功能，这种文件称为 VLX 文件。VLX 文件中可以包含其他资源文件（如 VBA 代 DCL 文件、AutoLISP 源文件等）。通过使用 VLX 文件，程序开发者可以进一步控制和简化应用程序的运行环境。

11.1.1 Visual LISP 编译器

Visual LISP 提供了几种应用文件编译器的方法，既可以使用 vlisp-complies 函数来编译单个 AutoLISP 程序，也可以使用 "工程" 将一个或几个相关的 AutoLISP 程序编译成 FAS 文件，还可以使用生成应用程序向导生成应用程序包，编译成 VLX 文件。

如果应用程序包含一组 AutoLISP 文件，则可以使用 Visual LISP 的集成工程管理实用工具来编译程序，然后再加入其他文件组成程序包。Visual LISP 的工程管理功能提供了源程序修改之后重新编译的功能，并允许在不给出确定程序文件的情况下查找代码段，而且提供优化程序中的函数调用、变量等功能。

vlisp-complie 函数的调用格式为：

（vlisp-compile 'mode "filename" [out-filename]）

说明：

Mode 参数表示编译模式，数据类型为系统符号，必须有单引号，可以是下列符号 st、lsm、lsa 中的一个，各符号的含义如下：

St：标准的编译方式；

Lsm：优化但不链接；

Lsa：优化而且链接。

优化方式可以生成比较有效率的编译输出文件，对于大而复杂的程序，优化编译的作用是非常明显的。优化的基本方法包括：

1）链接函数调用。在编译代码中创建对已经编译函数的直接调用，而不是只引用函数的符号；这样不仅提高了程序编译后的运行效率，而且防止在运行时对函数进行重定义。

2）隐藏函数名。使编译后的代码更安全，并能减少程序的体积及调用时间。

3）隐藏内部变量名。将对这些变量直接链接调用，同样可以减少程序的体积及调用时间。

4）Filename 字符串表示 AutoLISP 源文件。如果源文件位于 AutoCAD 支持文件搜索路径中，则在指定文件名时可以省略路径。如果省略扩展名，则默认为 .lsp。

5）Out-filename 字符串表示生成后的输出文件。如果没有指定输出文件，vlisp – compile 设定输出文件与原文将同名，但将扩展名替换为 .fas。

请注意如果指定了输出文件名，但没有指定 I/O 文件的路径，则 vlisp – compile 将输出文件置于 AutoCAD 的安装目录下。

6）返回值：如果编译成功则返回 T，否则返回 nil。

【例1】编译在 AutoCAD 搜索路径下的 pingjian.lsp 单个程序文件，则可以在 Visual LISP 控制台窗口中输入如下命令：

（vlisp-compile 'st "pingjian.lsp"）

此命令用标准方式来编译这个程序，没有确定输出文件名，因此编译后生成的文件名为 pingjian.fas，和 pingjian.lsp 在同一个目录下。

vlisp-compile 函数的功能：如果编译成功，则返回 T，否则返回 nil。编译完成后，可以在"编译输出"窗口查看所有的编译信息，如图 11-1 所示。

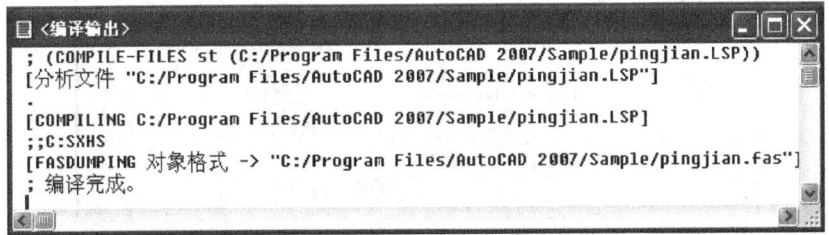

图 11-1 "编译输出"窗口

【例2】输出文件名为 yinyang.fas 的文件，该文件与源文件位于同一目录下。

下面的命令编译 yinyang.lsp 并将输出文件命名为 GoodKarma.fas：

(vlisp-compile 'st "yinyang.lsp" "GoodKarma.fas")

注意上一命令中的输出文件位于 AutoCAD 的安装目录中，而不是 yinyang.lsp 所在的目录。下面的命令编译 yinyang.lsp 并将输出文件置于 c:\my documents 目录中。

(vlisp-compile 'st "yinyang.lsp" "c:/my documents/GoodKarma")

最后一个样例中指定了源文件的完整路径：

(vlisp-compile 'st "c:/program files/< AutoCAD installation directory >/Sample/yinyang.lsp")

输出文件名为 yinyang.fas，与输入文件位于同一目录下。

在编译过程中，编译器会在"编译输出"窗口中显示每个编译阶段的信息。第一阶段编译器对源程序的符号和语法进行检查，如果发现错误，则会显示出错信息并停止编译过程；如果编译器发现不合适的表达式（如对已经存在的 AutoLISP 函数重复定义或对赋值保护变量重新赋值），则会显示相应的警告信息。

如果成功地进行了编译，则"编译输出"窗口中会显示编译过得输出文件名；如果出错，则会显示相应的出错信息，双击该信息可查看出现错误的源代码。

注意：必须打开 Visual LISP IDE 以保证 vlisp-compile 能正常运行。

11.1.2　加载运行已编译程序

Visual LISP 可以加载并运行的程序文件类型为 LSP、FAS、VLX，加载这 3 种文件的步骤是相同的，都可以在 Visual LISP 窗口、AutoCAD 命令提示符下及通过相应菜单命令来加载，如图 11-2 所示。

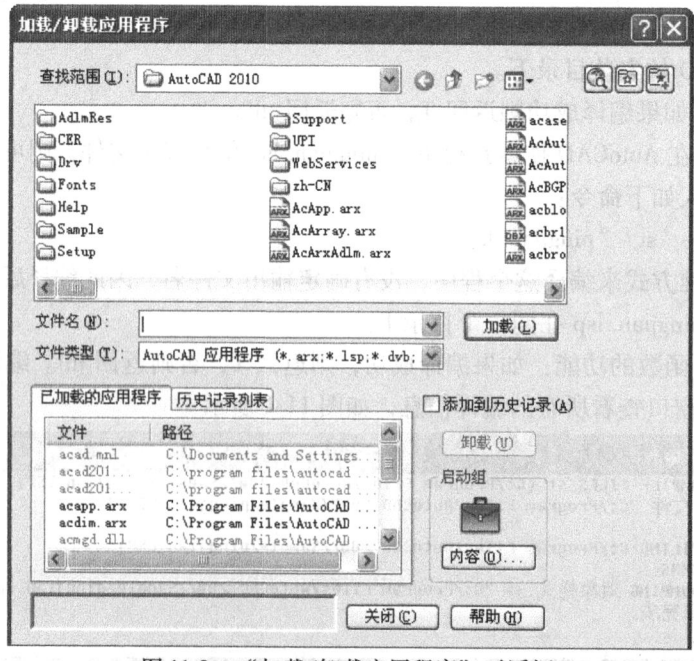

图 11-2　"加载/卸载应用程序"对话框

在 Visual LISP 窗口及 AutoCAD 命令提示符下用 load 函数加载程序，如加载例 1 中的已经编译完成的文件 pingjian.fas 的表达式为：

(load "pingjian.fas")

如果文件不在当前 AutoCAD 搜索路径下，应在文件名前加上文件的绝对路径。文件扩展名可以省略，如果不指定文件扩展名，load 函数将在当前目录以及 AutoCAD 搜索路径下查找带有 vlx、fas 及 lsp 扩展名的匹配文件，load 函数找到任何一个匹配文件后则停止搜索。如果同目录下有多个扩展名有效的文件，函数优先选择的顺序为 vlx、fas 及 lsp。

如果 load 函数未找到匹配的文件，将返回出错信息，用户可以通过调用此函数，并设置相应参数来处理这个错误，例如，在加载程序文件出错后调用 err-load 函数，则调用表达式为：

(load "pingjian.fas" (err-load))

也可以仅仅显示一个简单的信息，如显示"找不到文件!"，则调用表达式为：

(load "pingjian.fas" ("找不到文件!"))

在 AutoCAD 菜单中选择"工具"→"加载应用程序…"命令，则可在如图 11-2 所示的对话框中加载程序文件，也可以在此对话框中卸载已加载的程序。

加载完程序文件后，可以在 Visual LISP 控制台或 AutoCAD 命令提示符中调用已经在程序文件中定义的函数或命令。

11.1.3 链接函数调用

编译过程中的链接函数调用会使 Visual LISP 生成一个包含 AutoLISP 内部函数副本的可加载模块。这个加载模块对内部函数的静态链接会增加编译后程序的运行效率，但也带来一些问题。如，程序中调用了某内部函数，这个函数后来又被重新定义，但程序调用的仍是原来的定义，要调用重新定义后的函数就必须重新编译这个程序。

在编译多个程序文件组成的应用程序包时，更有可能出现上述问题，此时应当使用 Visual LISP 提供的工程管理系统工具来自动实现程序代码的优化，而不是使用 vlisp-compile 来做较大的程序包的编译。

11.2 生成应用程序

Visual LISP 允许用户创建独立的可执行程序模块，即应用程序包。该模块包括全部的 AutoLISP 编译程序，也包括 DCL 文件、DVB 文件及其他一些应用程序可能需要的资源文件。Visual LISP 可执行模块又被称为 VLX 文件。

利用 Visual LISP 提供的"生成应用程序向导"不仅可以帮助用户在 Visual LISP 中生成应用程序，而且在这个过程中同时生成 prv 文件，该文件包括建立可执行应用程序全部过程的指令。

11.2.1 创建新应用程序

在对程序进行编译前，应对源程序进行调试或运行，以保证源程序的正确性。

1. 创建应用程序的步骤

1）在 Visual LISP 菜单中选择"文件"→"新建应用程序向导"命令，则将显示如图 11-3 所示的"向导模式"对话框。

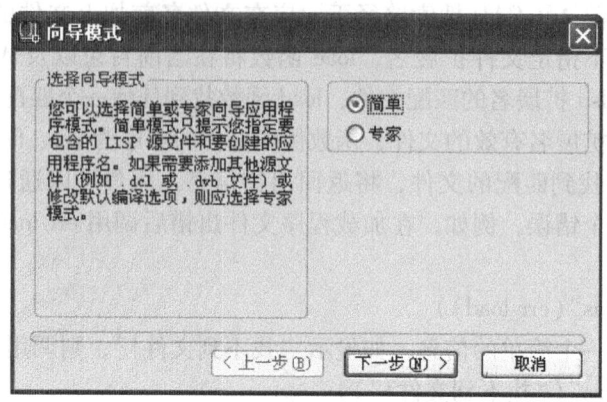

图 11-3 "向导模式"对话框

"生成应用程序"向导有两种模式：简单模式和专家模式。简单模式中，仅需指明要生成的应用程序文件名，而专家模式则会有更多的选项，在多数情况下，选专家模式。

2）在图 11-3 中选中"专家"按钮，单击"下一步"按钮，弹出如图 11-4 所示的"应用程序目录"对话框，在此对话框中可以命名应用程序并制定"生成应用程序向导"编译应用程序所在的位置，在"简单模式"和"专家模式"下都会显示此对话框。

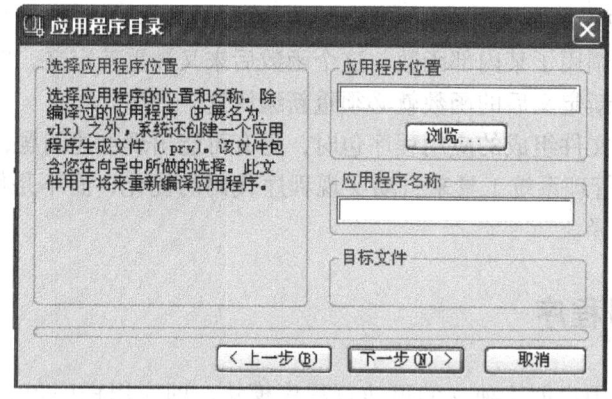

图 11-4 "应用程序目录"对话框

"应用程序目录"向导使用应用程序名作为可执行文件（.vlx）与生成文件（.prv）的文件名，在"生成应用程序"向导中，如果需要修改某些选项的设置，可在对话框中单击"上一步"按钮。

3）如果是在"专家模式"下运行"生成应用程序"向导，将显示"应用程序选项"对话框，如图 11-5 所示。在这个对话框中可以设定应用程序是在单独的变量空间中运行，还是在图文档的变量空间中运行。

如果选中"独立名称空间"复选框，则"ActiveX 支持"复选框也将变为可用，若选中

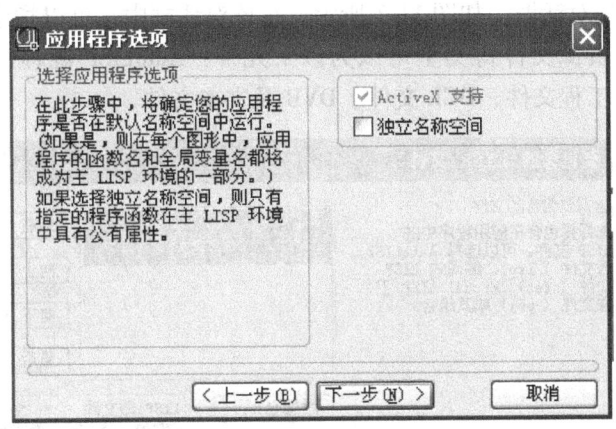

图 11-5 "应用程序选项"对话框

此复选框，程序在加载 VLX 时自动加载 ActiveX 支持函数。

4）单击"下一步"按钮可继续应用程序编译过程，Visual LISP 将显示"要包含的 LISP 文件"对话框，如图 11-6 所示。在"简单模式"和"专家模式"下都会显示此对话框，在这个对话框中可以指定 AutoLISP 源代码，已经编译过的 AutoLISP 文件或者 Visual LISP 工程文件。在该对话框的下拉列表框中可选要包含的文件类型。

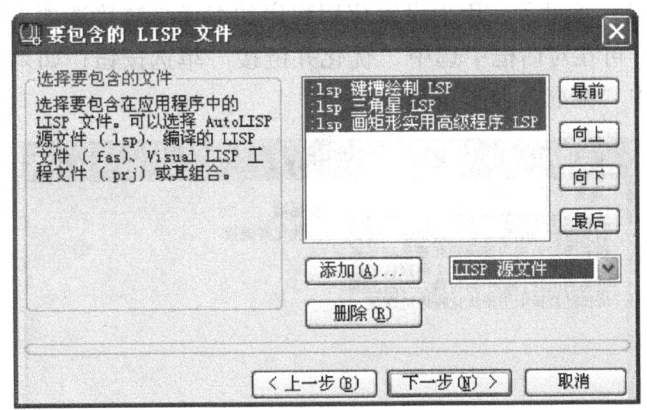

图 11-6 添加要包含的程序文件

如果指定的是 AutoLISP 源文件，Visual LISP 在编译应用程序时将编译这些程序文件；如果指定的是工程文件，该工程的所有源文件都将被编译并包含在输出模块中。需要将列表中的一些文件从应用程序中删除时，选中该文件后单击"删除"按钮即可。

Visual LISP 加载应用程序文件的顺序和它们在对话框中列出的顺序相同，因此需要对文件列表进行重新排序。如果在加载时需要调用某函数，则该函数必须在其调用前就已经定义，在这种情况下需要把包含该函数定义的程序文件放在列表前面。也可以通过单击对话框中的相应的"最前"、"向上"、"向下"及"最后"按钮来实现对文件列表的排序，也可以在选中某项之后，从快捷菜单上选择相应的命令。

5）单击"下一步"，如果在"专家模式"下运行"生成应用程序"向导，则将弹出

"要包含的资源文件"对话框,如图 11-7 所示。在该对话框中,可以指定应用程序要包含的其他资源文件,这些资源文件得类型可以为以下几种:AutoLISP 源程序文件、AutoLISP 编译文件、Visual LISP 工程文件、DCL 文件、DVB 及文本文件。

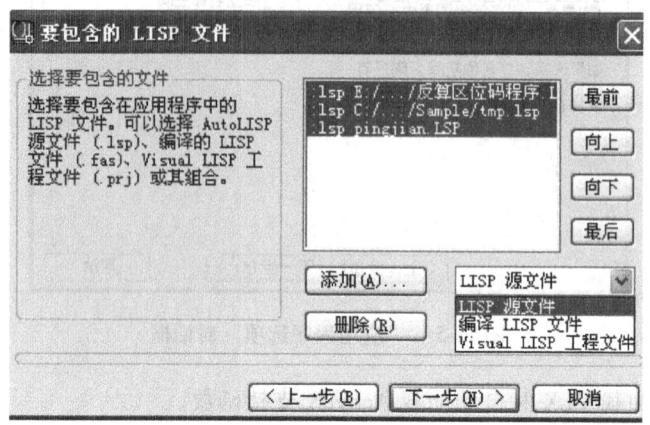

图 11-7　添加要包含的资源文件

添加的资源文件将包含在输出程序包中,并按照相关的描述使用。和操作"要包含的程序文件"对话框一样,添加多种资源文件或删除其中不需要的文件。

6)单击"下一步"按钮,弹出"应用程序编译选项"对话框,如图 11-8 所示。该对话框仅在"专家模式"下显示,用于设置应用程序的编译与链接选项。如果需要提高输出程序包的运行效率,可在对话框中选中"优化并链接"单选按钮;如果需要保持源程序的结构关系,则可选中"标准"单选按钮。

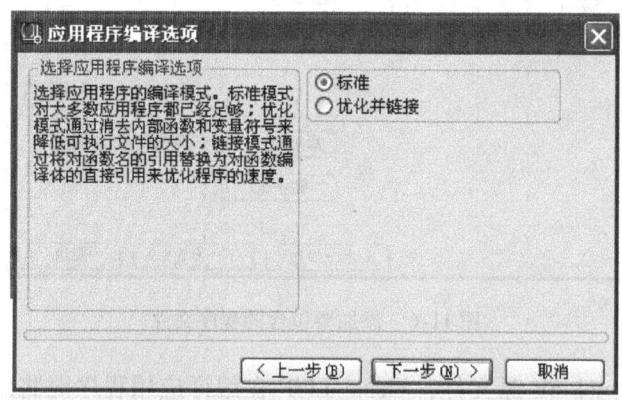

图 11-8　"应用程序编译选项"对话框

在选择完编译选项后,请按"下一步"按钮可继续执行"生成应用程序"向导。

7)单击"下一步"按钮,将显示"查看选择/编译应用程序"对话框,如图 11-9 所示,这是"生成应用程序"向导的最后一步,在"简单模式"和"专家模式"下都会出现。

Visual LISP 将应用程序的所有选项都保存在生成文件(.prv)中,生成文件中还包括所有 Visual LISP 编译应用程序所需用的指令。如果你不编译应用程序,Visual LISP 以后也可

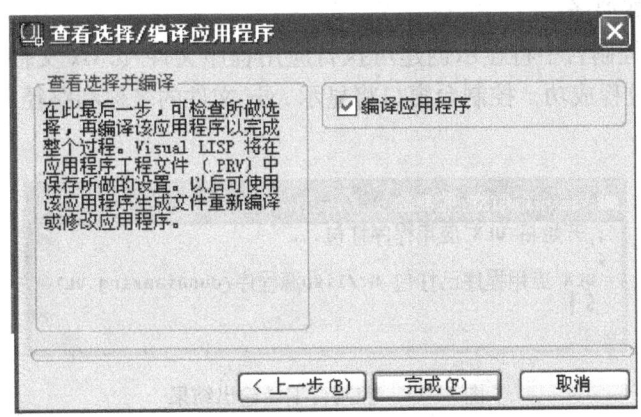

图 11-9 "查看选择/编译应用程序"对话框

以用生成文件编译应用程序。

按"完成"按钮可结束"生成应用程序"向导。

2. "生成应用程序"输出文件

Visual LISP 执行生成文件中的指令来编译应用程序,该过程中输出的消息出现在两个 Visual LISP 窗口中:即"输出编译"窗口和控制台窗口。任何将源文件代码编译成 FAS 文件的相关信息都包含在"编译输出"窗口中,如果程序编译成功,则其显示的内容与图 11-10 类似。

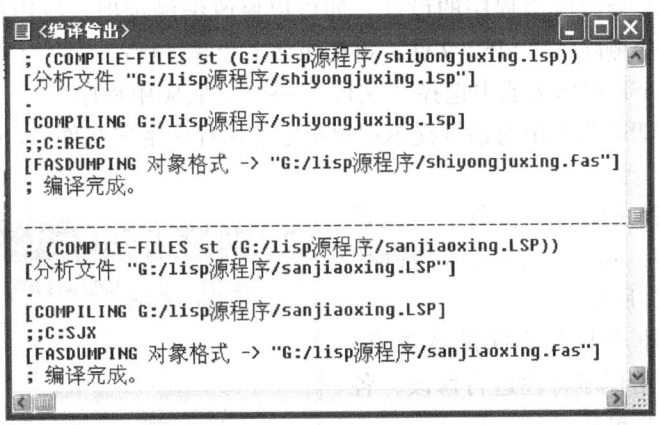

图 11-10 编译输出结果

编译输出的消息内容包括:

1)在编译的源文件的名称和目录。

2)源文件中定义的函数。

3)输出 .fas 文件的名称和路径。

如果出错,则还相应地有出错信息的介绍。

在编译过程中如果出现错误,可以在"编译输出"窗口中双击相应提示条目(会以醒目的方式显示),Visual LISP 将自动切换到相关的程序编辑器并选定相关程序行。修正程序错误以后,在 Visual LISP 菜单中选择"文件"→"生成应用程序"→"重新编译应用程序"命令来进行重新编译。

在 Visual LISP 控制台中将显示创建可执行应用程序文件（.vlx 文件）的有关消息。如果生成应用程序的过程成功，控制台窗口将显示.vlx 文件的名称和路径，如图 11-11 所示。

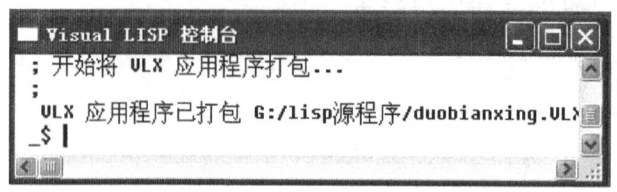

图 11-11 控制台编译输出结果

11.2.2 加载和运行 Visual LISP 应用程序

在运行 VLX 应用程序中的函数前，必须先用下列方法之一加载 VLX 文件：
1）调用 AutoLISP load 函数。
2）从 Visual LISP 菜单中选择"文件"→"加载文件"。
3）从 AutoCAD 菜单中选择"工具"→"加载应用程序"。

11.2.3 修改应用程序选项

Visual LISP 允许修改应用程序的设计，如可以修改编译选项、应用程序添加 AutoLISP 文件或从应用程序中删除 AutoLISP 文件，可按照如下步骤进行：

1）在 Visual LISP 菜单选项中选择"文件"→"生成应用程序"→"现有应用程序特性"命令，Visual LISP 将弹出对话框提示用户指定应用程序生成文件（.prv 文件），该文件中包含应用程序的特性。

2）指定应用程序的生成文件名，然后单击"打开"按钮，弹出"应用程序特性"对话框，如图 11-12 所示。

3）在该对话框中打开不同的选项卡，则可以对不同的应用程序特性进行修改，各选项卡中的具体内容包括：

① "加载/编译选项"选项卡：编译 AutoLISP 源文件时使用的编译方式，是"标注编译"还是"优化并连接"。

② "修改目录"选项卡：重新指定对象目录及目标目录。对象目录是 Visual LISP 存放.FAS 文件和编译器产生的临时文件的目录。目标目录则是应用程序目录的另一个名称，它是"生成应用程序"向导保存 VLX

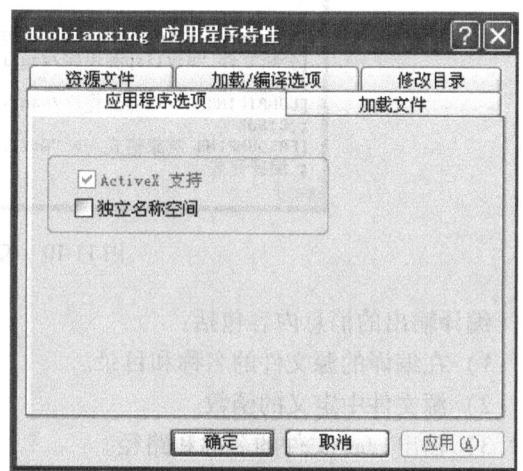

图 11-12 "应用程序特性"对话框

文件的目录。如果指定的目录为空，Visual LISP 将使用.prv 文件所在的目录。

③ "应用程序选项"选项卡：创建的独立名称空间的 VLX 并包括 ActiveX 支持和独立名称空间，加载该 VLX 将导致自动加载 AutoLISP ActiveX 支持函数。

④ "加载文件"选项卡：包括在应用程序中的 AutoLISP 源文件。

⑤ "资源文件"选项卡：包括在应用程序中的其他资源文件。

4）在改变特性之后，按"应用"按钮可保存这些修改，也可以按"确定"按钮来保存这些修改，并退出"应用程序特性"对话框。

11.2.4 重新编译应用程序

在改变应用程序选项或修改源程序代码后，须重新编译程序才能使其更改有效。按如下步骤重新编译程序：

1）在 Visual LISP 菜单中选择"文件"→"生成应用程序"→"重新编译应用程序"。

2）指定应用程序生成文件的位置。

3）单击"打开"按钮即可重新编译该应用程序。

在重新编译应用程序时，Visual LISP 将采用指定的编译选项重新编译所有的 .lsp 源文件，并将应用程序文件输出到新的 .vlx 中。

如果应用程序包括多个 AutoLISP 文件，而只修改了其中的一两个文件的源代码，可以使用"生成应用程序"选项使应用程序的重新编译更有效。

11.2.5 更新应用程序

如果仅修改应用程序的一小块 AutoLISP 源代码，可以让 Visual LISP 在重新编译应用程序时仅编译需更新过的那些文件；只需在 Visual LISP 菜单中选择"文件"→"生成应用程序"命令，并选择应用程序的生成文件，就可以使这类更新有效。Visual LISP 将根据生成文件中包含的信息重新编译应用程序，同时自动编译满足下列条件之一的任何应用程序文件：

1）该文件没有对应的 .fas 文件存在。

2）该文件有对应的 .fas 文件存在，但源文件在编译后又做了修改，即 AutoLISP 源文件的日期比 .fas 文件更新。

注意："生成应用程序"命令仅检查源代码文件而不检查应用程序选项，因而如果修改了应用程序选项（如改变了编译模式），必须通过"重新编译应用程序"命令来创建新的 VLX 文件以使修改生成。"生成应用程序"命令仅检查源代码文件，而不检查应用程序选项。

11.3 多文档环境下的程序设计

在 AutoCAD2004 以后的版本中，用户可以在单个 AutoCAD 进程中同时打开和编辑处理多个图形文件，这被称为多文档界面（Mutiple Document Interface，MDI），为用户提供了方便。如可在图形之间复制对象，以及同时在 AutoCAD 窗口中并排显示多个图形等。因此，在程序设计中必须考虑多个图形文档之间的关系。

11.3.1 理解命名空间

为避免在一个图形窗口中运行的程序影响其他窗口程序的运行（如在一个图形窗口中定义的函数被其他窗口中运行的程序重新定义），AutoCAD 引入了命名空间的概念。Visual LISP 的命名空间（Namespace）与其他程序设计语言的同类名词具有类似的概念，表示包含了符号集的 LISP 程序环境。

在多图形文档条件下，每个图形文档都有自己的命名空间，不同命名空间中的符号是完全隔离的。在默认条件下，当前图形文档中加载的程序只能在当前图形文档的命名空间中运行，即一个图形文档命名空间中定义的变量和函数与在另一个图形文档命名空间中定义的变量和函数各自独立，互不影响。这一点可以从下面的示例中看出来，具体步骤如下：

1）在 AutoCAD 新建两个图形文件：a.dwg 和 b.dwg。

2）选择 AutoCAD 菜单中"窗口"→"垂直平铺"，将两个图形并排显示在 AutoCAD 窗口中，如图 11-13 所示。

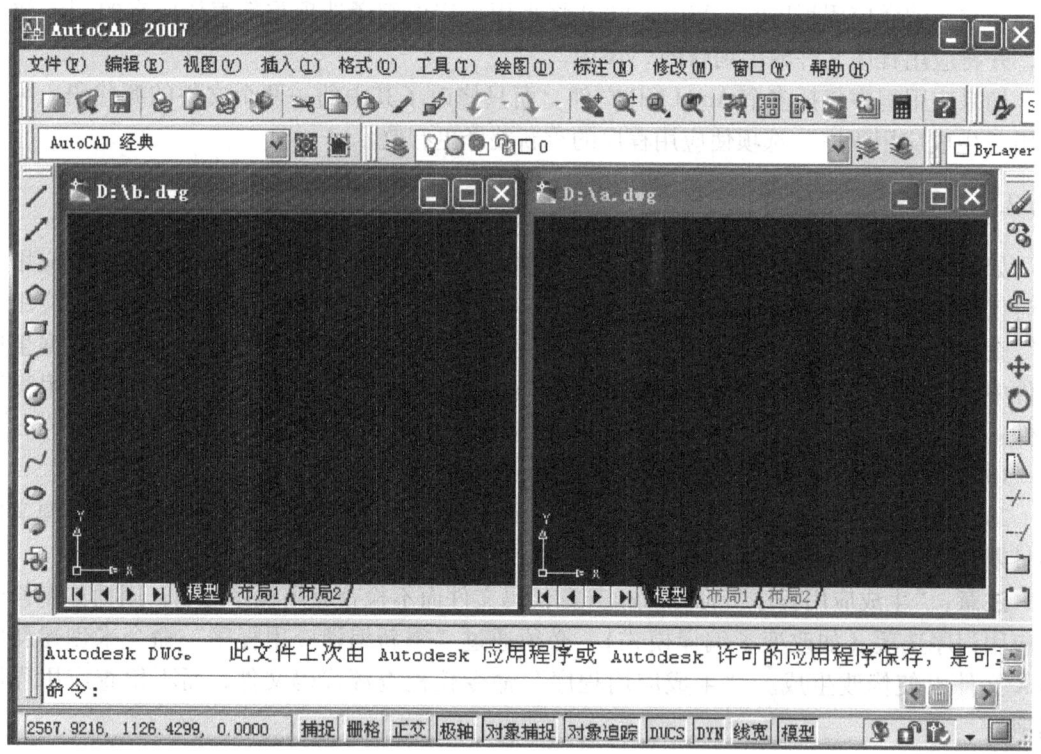

图 11-13　AutoCAD 中多图形文档显示

文档的标题栏指明了当前活动的是哪个窗口，在前例中，当前文档是 b.dwg。

3）在命令提示处输入如下命令：

(setq drawlfoo "I am drwaing 1")

该命令将 drawlfoo 变量设置为一个字符串。

4）激活 a.dwg（在其窗口的标题栏上单击即可）。

5）查看 drawlfoo 是否为你刚才所设的值：

命令:! drawlfoo

nil

该变量为空（nil）是因为用户并没有在当前文档的名称空间中设置它,而仅在属于 b.dwg 的名称空间中设置了它。

6）在命令提示符下输入如下命令:

(setq draw2foo "I too am a drawing,but number2. ")

该命令将 draw2foo 设置为一个字符串变量。

7）激活 b.dwg

8）测试变量 draw1foo 和 draw2foo 的值:

命令:! drawlfoo

"I am drwaing 1"

命令:! draw2foo

nil

变量 drawlfoo 的值为用户设置的值,但是当 draw2foo 的值为空时,表明用户没有在当前名称空间设置它,而是在 a.dwg 的名称空间设置了一个同名的不同变量。

和变量一样,在 AutoLISP 文件中定义的函数只有在加载该文件的活动文档中才有效。该文件中的函数被加载到当前文档的名称空间中,只有该文档才能使用这些函数。

11.3.2 查看多名称空间对函数的影响步骤

1）从 AutoCAD 命令提示或 Visual LISP 控制台提示处加载 LISP 文件。如:

(load "aa.lsp")

2）调用函数。

3）打开第二个图形出口。

4）在第二个图形窗口活动时再次调用该函数。这时的响应是提示函数未定义的错误信息。

用户可以用 vl-load-all 函数将 AutoLISP 文件加载到所有 AutoCAD 图形文档中,如下命令将文件 aa.lsp 的内容加载到所有打开的文档和随后在该 AutoCAD 任务期间打开的任何文档中:

(vl-load-all "aa.lsp")

vl-load-all 函数对在多文档中测试新函数有用,但在一般情况下应该使用 acaddoc.lsp 来加载每个 AutoCAD 文档都需要的文件。

11.3.3 运行应用程序于自身的名称空间中

在 Visual LISP 中用户可以给 VLX 定义一个名称空间,该方法定义的 VLX 应用程序称为带独立名称空间的 VLX。当用户加载带独立名称空间的 VLX 时,它在自己的名称空间中运行,而不是运行在加载 VLX 时所在文档的名称空间中。定义 VLX 带自身名称空间的选项是"生成应用程序"程序的一部分。

如果用户试图加载一个已经加载的带独立名称空间的 VLX,Visual LISP 会给出一个错误的信息。可以使用 vl-unload-vlx 函数卸载这种应用程序。

函数的语法为:

(vl-unload-vlx appname)

参数说明:

appname:用于指定文件名,不带路径和扩展名,文件名以字符串形式表示。

在应用程序名称空间中定义的变量和函数仅能被应用程序识别,不能被加载该应用程序时的活动图形文档识别,还可以防止其他应用程序或用户无意识覆盖用户的变量。

返回值:

如果成功,则返回 T;否则,vl-unload-vlx 给出一个错误信息。

例如:

假设 vlxns 是一个应用程序,加载到它自己的名称空间,以下命令卸载 vlxns:

命令:(vl-unload-vlx "vlxns")

T

试着再卸载

命令:(vl-unload-vlx "vlxns")

错误信息:LISP 应用程序没有找到 VLXNS

因为应用程序没有加载,所以这次执行 vl-unload-vlx 命令失败。

VLX 应用程序可以向文档名称空间输出函数名,使这些函数在文档中可用,文档名称空间与动态内存之间的关系,如图 11-14 所示。

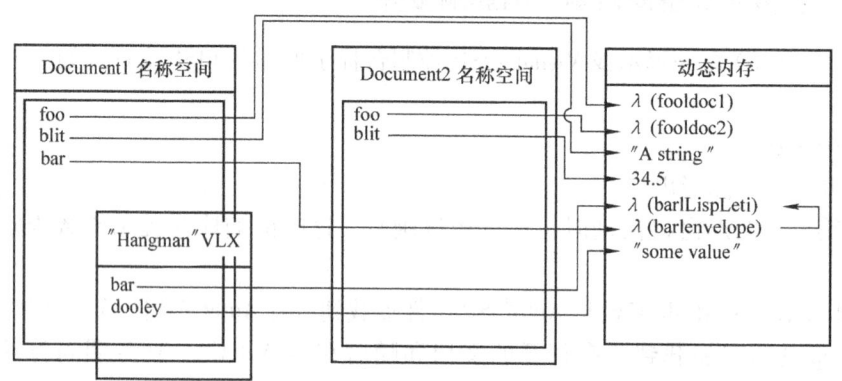

图 11-14 名称空间与动态内存之间的关系

图 11-14 显示 AutoCAD 任务包括两个打开的图形文档:在 Document1 为活动时加载一个名为 hangman 的 VLX 应用程序(如用户打开 Document1 后立即从命令提示下加载 VLX 应用程序)。该应用程序建立自己的名称空间并在该空间中声明了函数 bar 和变量 dooley,VLX 将函数 bar 输出到 Document1 的名称空间。当用户从 Document1 中调用 bar 时,bar 在应用程序的名称空间中运行;Document2 不能识别函数 bar,而且任何文档都无法访问变量 dooley(因为 VLX 没有输出它)。用户可以将 VLX 的另一个实例加载到 Document2 中,但将拥有自己的名称空间和自己的 bar 和 dooley 的复制。

注意: 当用户加载的 VLX 文件,没有被定义成拥有自己的名称空间时,所有的函数和变量都加载到在加载该 VLX 时的活动文档的名称空间中。

11.3.4 使文档可以访问函数

默认情况，加载带独立名称空间的 VLX 时活动文档的名称空间，并不能访问该 VLX 定义的函数，用户必须用 vl-doc-export 函数来使文档的名称空间能访问函数。当带独立名称空间的 VLX 调用 vl-doc-export 函数时，它将指定函数输出到任何加载该 VLX 文档的名称空间中。vl-doc-export 函数仅接受单个参数，即指定函数名的符号。如，考查如下代码：

（vl-doc-export 'kertrats）
（defun kertrats（）
　（princ "This function goes nowhere"）
）

该例定义了函数 kertrats，它仅打印一个消息。在该函数的语句前调用了 vl-doc-export 函数，将该函数输出到文档的名称空间。

11.3.5 查看 vl-doc-export 在独立名称空间 VLX 中的作用

1）在文字编辑器窗口，将下列代码复制到文件中。
（defun kertrats（）
　（princ "This function goes nowhere"）
）
注意该代码没有调用 vl-doc-export。

2）保存刚创建的文件。

3）使用 Visual LISP "生成应用程序" 向导，由用户的程序文件建立一个 VLX，指定下列向导选项：

向导模式：选择 "专家模式"。
应用程序名称：doctest。
应用程序选项：独立名称空间。
编译选项：优化并链接。

4）从命令提示或控制台提示处加载该 doctest VLX 文件

5）运行 kertrats 函数。
用户将得到一个错误消息，提示没有定义该函数。

6）将下面一行代码加到程序文件的开头：
（vl-doc-export 'kertrats）

7）保存文件，然后重新编译应用程序。

8）用 vl-unload-vlx 卸载 VLX，然后再加载和运行该 VLX，就可以成功地运行 kertrats。

用户也可以在独立名称空间 VLX 应用程序之外调用 vl-doc-export 函数，但是这样做没有什么实效。

vl-list-loaded-vlx 函数返回由所有与当前文档相关的独立名称空间应用程序组成的表，如：

_$（vl-list-loaded-vlx）
（DOCTEST）

vl-list-exported-functions 函数用来确定函数已经从独立名称空间应用程序中输出到当前文档。调用该函数时，用户必须将要检查的应用程序名作为字符串参数传给它。如：如下命令返回由应用程序 doctest 输出的函数列表：

_ $ (vl-list-exported-functions" doctest")

("DOCTEST")

结果显示只有一个函数 kertrats，由 kertrats 输出到当前文档的名称空间。

11.3.6　使用其他 VLX 应用程序访问独立名称空间的函数

独立名称空间 VLX 应用程序中定义的函数无法被其他独立名称空间 VLX 应用程序访问。如果某函数已经用 vl-doc-export 输出，用户可以调用 vl-doc-import 函数来使其他独立名称空间 VLX 可访问该函数。

11.3.7　引用文档名称空间中的变量

与 VLX 相关的文档名称空间无法识别由独立名称空间 VLX 定义的变量，但独立名称空间 VLX 可以用函数 vl-doc-ref 和 vl-doc-set 访问在文档名称空间中定义的变量。

vl-doc-ref 函数可以从文档名称空间中复制其定义的变量值，该函数需要单个参数，即指定要复制变量的符号。如下面函数调用可复制名为 aruhu 的变量值：

(vl-doc-ref　'aruhua)

如果在文档的名称空间中执行，vl-doc-ref 等效于 eval 函数。

vl-doc-set 函数可以设置文档名称空间中定义的变量值，该函数需要两个参数：指定要设置的变量的符号和赋给该变量的值。如下面函数调用可设置名为 ulus 的变量的值：

(vl-doc-set 'ulus "Go boldy to noone")

如果在文档的名称空间中执行，vl-doc-set 等效于 setq 函数。

如果设置某变量在所有打开文档名称空间中的值，可使用 vl-propagate 函数。下面函数调用将在所有打开文档名称空间中设置名为 fooyall 的变量：

(setq fooyall "Go boldly and carry a soft stick")

(vl-propagate 'fooyall)

该命令不但将 fooyall 的值复制到当前所有打开文档的名称空间中，还会在当前 AutoCAD 任务打开任何新文档时将 fooyall 自动复制到该文档的名称空间中。

11.3.8　在名称空间中共享数据

1. "黑板" 名称空间的概念

Visual LISP 提供了一个称为"黑板"的名称空间，用来在名称空间之间传递变量值。黑板名称空间是一个不依附于任何文档或 VLX 应用程序的名称空间，用户可以在黑板中设置和引用任何文档或 VLX 中的变量。vl-bb-set 函数设置变量的值，用 vl-bb-ref 函数获得变量值。

下面的命令将黑板变量 foobar 设置为字符串：

命令：(vl-bb-set 'foobar "Root toot toot")

"Root toot toot"

vl-bb-ref 函数返回指定的字符串，下例用 vl-bb-ref 从黑板名称空间获得变量 foobar 的值：
命令：(vl-bb-ref 'foobar)
"Root toot toot"

注意：这些函数要求用户传给它们命名，并要引用的变量的符号（'var-name），而不是变量名（var-name）。设置或获取黑板中的变量值并不影响名称空间中的同名变量。

2．"黑板"名称空间量的作用

"黑板"名称空间中，设置的变量不会影响文档变量。

例如：

1）从 Visual LISP 控制台窗口或 AutoCAD 命令提示处，用 vl-bb-set 设置黑板变量"example"：

_$ (vl-bb-set '*example* 0)
0

2）在黑板名称空间中将变量'*example*设为 0

3）使用 vl-bb-ref 验证用户的前一步设置的变量值：

_$ (vl-bb-ref '*example*)
0

4）查看在当前 AutoCAD 文档中变量*example*的值：

_$ *example*
nil

变量*example*为 nil，是因为没有在文档名称空间中设置它。

5）在当前文档中设置*example*：

_$ (setq *example* -1)
-1

在文档名称空间中将变量*example*设为-1。

6）检查在黑板名称空间中变量*example*的值：

_$ (vl-bb-ref '*example*)
0

黑板名称空间中名为*example*的变量的值仍为第一步中设给它的值，在 4）中设置同名文档变量对黑板名称空间没有影响。

Visual LISP 也提供了 vl-doc-set、vl-doc-ref 和 vl-propagate 函数，它们可从独立名称空间 VLX 中设置和获得文档名称空间的变量。

11.3.9 MDI 环境下的错误处理

默认情况下，每个文档名称空间都有它自己的错误处理函数*error*，定义如下：

```
(defun *error* (msg)
    (princ "error:")
    (princ msg)
    (princ)
)
```

在文档名称空间中运行的 VLX 应用程序可共享该默认的错误处理函数，用户可以给其应用程序加上自己的错误处理函数。

11.3.10　在自身名称空间中运行的 VLX 的错误处理

对在自身名称空间中运行的 VLX 应用程序，用户可以使用默认的错误处理函数，也可以定义该应用程序特定的错误处理函数。

如果用户为运行在自身名称空间中的 VLX 定义了错误处理函数，你就可以调用 vl-exit-with-error 函数将控制从 VLX 的错误处理函数传给文档名称空间的 *error* 函数。

下例用 vl-exit-with-error 函数将一个字符串传给文档的 *error* 函数：

```
(defun *error* (msg)
    ... ;processing in VLX namespace/execution context
    (vl-exit-with-error(strcat "My application bombed!" msg)))
```

VLX 的 *error* 函数可调用 vl-exit-with-value 将某值返回给调用该 VLX 的文档名称空间。下面用 vl-exit-with-value 将整数值 3 返回给调用该 VLX 的文档名称空间：

```
(defun *error* (msg)
    ... ;processing in VLX-T namespace/execution context
    (vl-exit-with-value 3))
(vl-doc-export 'foo)
(defun foo(x)
    (bar x)
    (print 3)
    (defun bar(x)
        (list(/ 2 x)x)))
```

在错误发生时未执行的指令将不再被执行。

如果用户的名称空间错误处理函数不使用 vl-exit-with-error 或 vl-exit-with-value，那么在执行错误处理函数后控制将返回给命令提示。用户只能在 VLX 应用程序的错误处理函数中调用 vl-exit-with-error 和 vl-exit-with-value 函数，在其他任何环境下调用这两个函数都会引起错误。

11.3.11　在 MDI 环境下对于使用 AutoLISP 的限制

当在 MDI 环境下使用 AutoLISP 时，用户在同一时刻只能在一个图形文档中工作。尽管 AutoLISP 提供了可在多个名称空间中交换变量和输出函数，但是当 entmake 命令发出在另一个文档名称空间中创建图元时，AutoLISP 不支持同时在多个图形中存取信息。

用户可以用 ActiveX automation 同时访问多个文档的名称空间，AutoLISP 提供了访问 ActiveX 方法的途径。然而，AutoLISP 尚不支持用 ActiveX 访问多个文档这个功能。例如在文档 A 中运行的 AutoLISP 程序可调用 vla-put-activedocument 函数将活动文档改成文档 B，但活动文档的修改会马上挂起该程序的运行。如果用户激活包含文档 A 的窗口，该程序可能可以继续运行，但系统将处于不稳定的状态，很可能会导致系统崩溃。

警告：在 MDI 环境下使用 ActiveX，如果你关闭所有的 AutoCAD 图形，将无法访问 AutoLISP，导致异常。

习 题

1. 假定 AutoLISP 源文件的名字为 shaft.lsp，存放在 C 盘的 cad1 目录下，要想在 E 盘的 cad1 目录下得到执行文件 shaft.fas，下列表达式中错误的是（　　）。

　　A.（vlisp-compile 'st "e:/cad1/shaft.lsp"　"e:/cad1/shaft.fas"）

　　B.（vlisp-compile 'st "e:/cad1/shaft" "e:/cad1/shaft.fas"）

　　C.（vlisp-compile 'st "e:/cad1/shaft" "e:/cad1/shaft"）

　　D.（vlisp-compile 'st "e:/cad1/shaft.lsp"）

　　E.（vlisp-compile 'st "e:/cad1/shaft.lsp"　"shaft.fas"）

2. 通过应用程序生成器编译 AutoLISP 源文件，确定向导模式时选取了 Simple（简单）模式，编译完成后可得到哪些类型的文件？

3. 理解 Visual LISP 不同编译选项下编译链接程序文件的差别，以及生成应用程序中不同的函数调用方式。

4. 通过应用程序生成器编译 AutoLISP 程序，除了 AutoLISP 源文件外，还可以添加哪些类型的文件？

5. 通过应用程序生成器编译 AutoLISP 源文件，确定向导模式时选取了"专家"模式，没有添加 AutoLISP 源文件之外的任何类型的文件，编译完成后可得到哪些类型的文件？

6. 通过工程管理器编译 LISP 源文件，编译完成后可得到哪些类型的文件？

第 12 章 使用 ActiveX

Visual LISP 为 AutoCAD 提供了许多新的功能,包括支持 ActiveX 对象的操作以及支持 ActiveX 与其他程序的交互等。ActiveX Automation 技术使用户可以方便地使用其他许多面向对象的高级语言开发 AutoCAD 程序,其作用是面向对象的编程接口,程序可以据此访问 AutoCAD 所有的绘图对象和非绘图对象。同时 Visual LISP 不仅使程序开发更容易、更快捷,还为 AutoLISP 应用程序提供了一些新的功能。如用户可以用 Visual LISP 通过 AutoLISP 代码访问 ActiveX 对象,还可以通过 ActiveX 与支持 ActiveX 功能的其他 Windows 应用程序交互。

ActiveX Automation 是一种新的方法,通过它可用编程的方式操作 AutoCAD 图形。通过将 AutoCAD 的对象显示到"外部世界"使用户能够以编程的方式操作 AutoCAD 对象,一旦这些对象被显示到"外部世界",许多不同的编程语言和环境及其他应用程序(如 Microsoft Word VBA 或 Excel VBA)就可以访问它们,如图 12-1 所示。

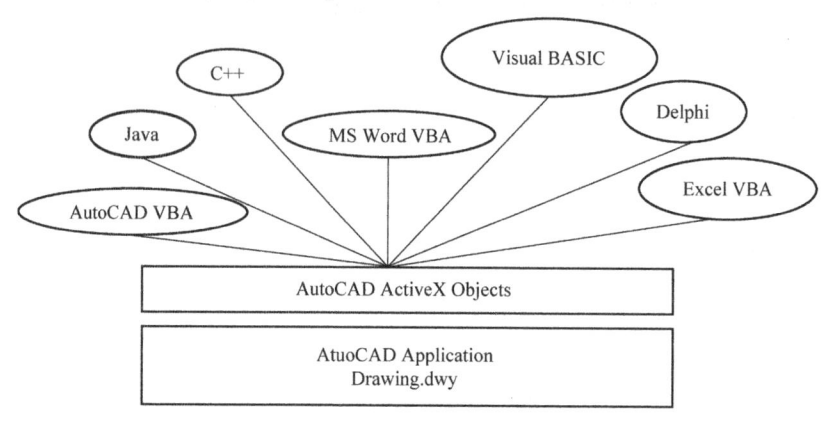

图 12-1 层次结构示意图

许多语言都可以使用 ActiveX 编程界面,如 C++、Visual BASIC、Java 和 Delphi 等。在 AutoLISP 中使用 ActiveX 对象,与其模型、属性和方法与在其他编程环境中使用的 ActiveX 对象完全相同。

在 AutoCAD 中使用 ActiveX 接口使得更多的编程环境可以访问 AutoCAD 图形,而且与其他应用程序共享数据变得更加容易,和其他 AutoCAD API 环境比较起来,ActiveX 接口具有如下特点:

1) 速度快。在同一进程空间中运行时,ActiveX 应用程序比 AutoLISP 和 ADS 应用程序运行速度快。

2) 易于使用 ActiveX 随 AutoCAD 安装,比其他编程语言和开发环境易于使用。

3) 数据交换性强。ActiveX 为与其他应用程序共同使用及信息交流提供了方便的途径。

如果在 AutoLISP 中使用 ActiveX 函数,必须首先调用 vl-load-com 函数初始化 ActiveX 环

境。vl-load-com 函数首先检查是否加载了 ActiveX 支持的函数，如果加载，该函数不做任何工作，否则，将加载 ActiveX 和其他 Visual LISP 扩展部分的函数。本章所有实例的前提均是已调用了 vl-load-com 函数。

12.1 在 AutoLISP 中使用 ActiveX 对象

对象是 ActiveX 应用程序的主要组成部分。例如，直线、圆弧、多义线和圆等都被称为图形对象。但在使用 ActiveX 时，以下 AutoCAD 本身及概念都被称为对象。
1) 样式设置对象，如线型（linetype）、文本样式（style）和尺寸样式（dimstyle）等。
2) 组织结构对象，如图层（layer）和块（block）等。
3) 图形显示对象，如视图（view）和视口（viewport）等。
4) 图形的模型空间（modelspace）和图纸空间（paperspace）。

ActiveX 包括许多由标准 AutoLISP 函数（如 entget、entmod 和 setvar 等）提供的功能，和这些函数相比，ActiveX 运行速度更快，访问对象特性更容易。如：如果用标准 AutoLISP 函数访问圆的半径，用户需要用 entget 函数获取图元列表，再用 assoc 函数查找所需的特性，这里还要求知道与该特性相关的代码（DXF 主键值），才能用 assoc 获取它，如：

(setq radius(cdr(assoc 40(entget circle-entity))))

如果使用的是 ActiveX 函数，则只需要如下所示的那样简单询问圆的半径：

(setq radius(vla-get-radius circle-object))

12.2 AutoCAD 对象模型

AutoCAD 对象是通过分层方式来组织的，应用程序（Application）对象为根对象。这种分层结构的视图被归结为对象模型。对象模型提供了用户访问下一层对象的途径，如图 12-2 所示。

例如，Application 对象具有 Preferences 特性，该特性可以返回 Preferences 对象。通过此对象可以访问"选项"对话框中存储在注册表中的设置（Database Preferences 对象包含存储在图形中的设置）。通过 Application 对象的其他特性，用户可以访问与应用程序相关的数据，例如应用程序的名称和版本，以及 AutoCAD 的大小、位置和可见性。Application 对象可以执行与应用程序相关的操作，例如列表显示、加载和卸载 ADS 与 ARX 应用程序，以及退出 AutoCAD。

应用程序对象也是 ActiveX 界面的全局对象。即，应用程序对象的所有方法和属性在全局名称空间都是有效的。

12.2.1 对象属性

AutoCAD 对象模型中的所有对象都有一个或多个特性，我们把这些特性称为属性。属性用于描述对象。例如，圆具有半径、面积、线型等属性，通过半径、面积、线型等属性描述一个具体的圆。椭圆具有面积和线型属性，虽然没有半径这个属性，但可以用其长轴和短轴的比例来描述它。通过 ActiveX 函数访问 AutoCAD 数据时必须知道属性名称。

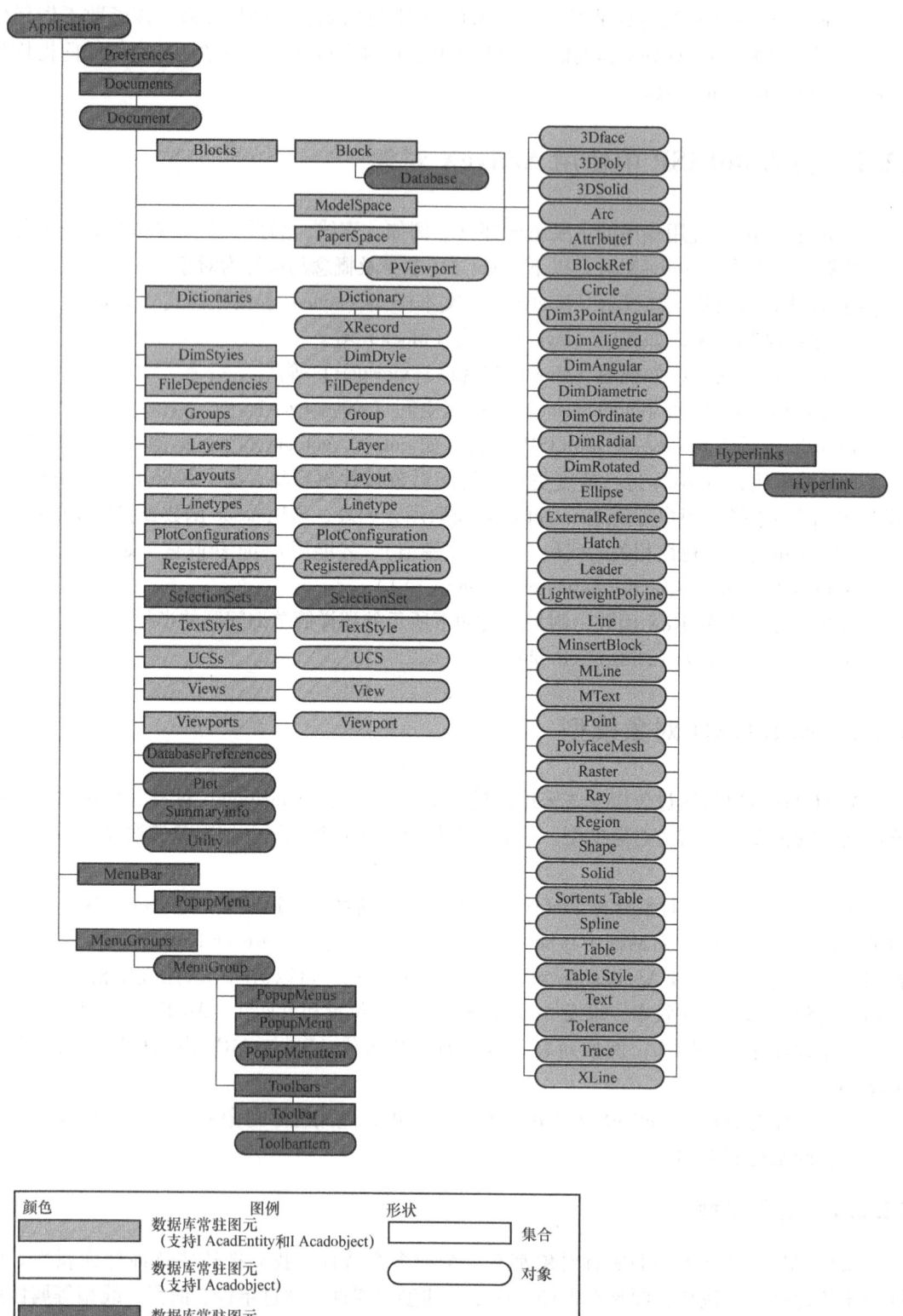

图 12-2　AutoCAD 对象的模型图

1. Application 对象

Application 对象（应用程序对象）是 AutoCAD ActiveX 自动操作对象模型的根对象，通过应用程序对象，用户可以访问其他对象，或指派对象的属性和方法。

Application 对象具有 Preference 属性，该对象提供访问在选项对话框中设定的注册信息（图形包含在 Database Preference 对象中）。应用程序对象的其他属性提供用户访问应用程序指定数据，如应用程序的名称和版本、AutoCAD 的窗口大小、位置和可见性等。应用程序对象的方法执行应用程序指定的动作，如列出、加载、卸载 ADS、ARX 应用程序和退出 AutoCAD。

应用程序对象也提供通过 Document 集合链接到 AutoCAD 图形，通过 MenuBar 和 MenuGroups 集合链接到 AutoCAD 菜单和工具栏，通过 VBE 属性链接到 VBA IDE。

应用程序对象也是 ActiveX 界面的全局对象，这也就是说应用程序对象的所有方法和属性在全局名称空间都是有效的。Application 对象的结构如图 12-3 所示。

2. Document 对象

文档对象，实际上就是 AutoCAD 图形，它可在 Documents（文档）集合中找到。它提供访问所有图形和大部分非图形的 AutoCAD 对象，如图 12-4 所示。通过提供的 ModelSpace

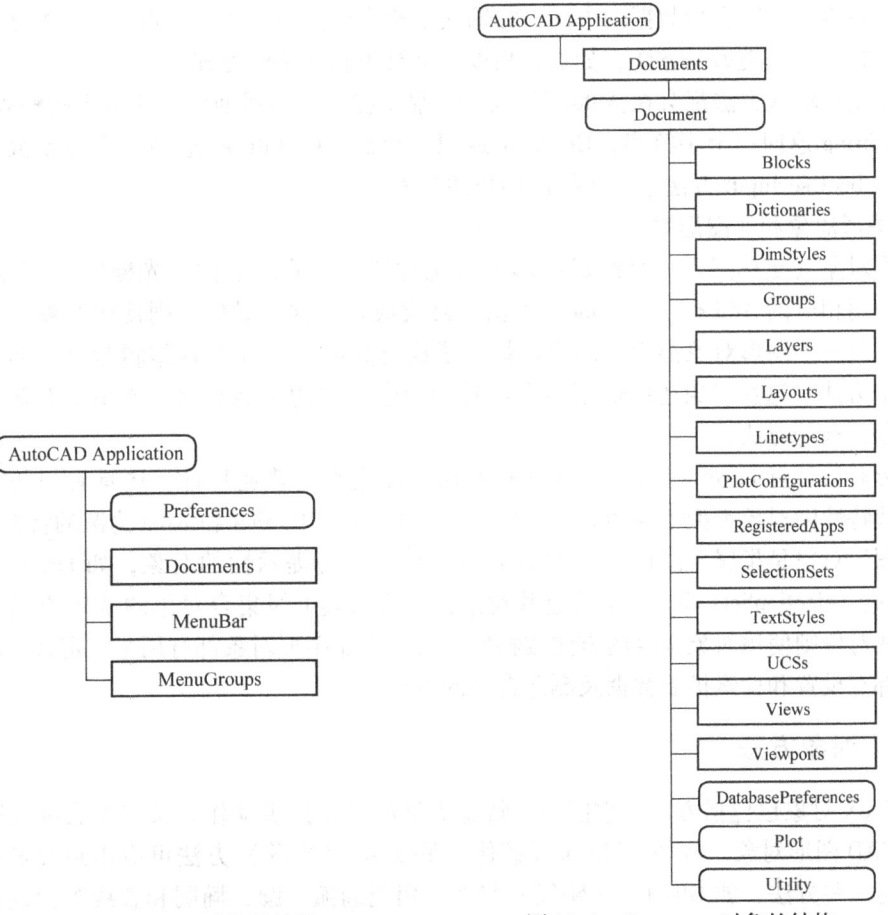

图 12-3　Application 对象的结构　　　　图 12-4　Document 对象的结构

（模型空间）和 PaperSpace（图纸空间）访问图形对象（线、圆、弧等），通过提供的如 Layers（图层）、Linetypes（线型）和 TextStyles（字型）这样名称的集合访问非图形对象（图层、线型、字型等）。Document（文档）对象也提供访问 Plot（打印出图）和 Utility（实用工具）对象。

3. Preferences、Plot 和 Utility 对象

Preferences 集合是 AutoCAD 对象模型下的一个重要对象集合，其对象分别对应"选项"对话框中的一个选项卡。这些对象提供对"选项"对话框中所有存储在注册表中的设置的访问。另外，还可以利用 SetVariable 和 GetVariable 方法设置和修改选项（包括不是在"选项"对话框中一部分的系统变量）。

打印出图（Plot）对象提供的访问在打印对话框中设定，允许其他程序使用不同的方法打印图形。使用 Plot 对象，用户可以按照模型空间中的显示打印图形，也可以打印其中一个已经准备好的图纸空间布局。打印涉及两个 ActiveX Automation 对象：即 Layout 对象和 Plot 对象。Layout 对象包含给定布局的打印设置，Plot 对象包含初始化和监视打印序列的方法和特性。

实用工具（Utility）对象提供用户输入和转换功能。用户输入功能是在 AutoCAD 命令行中提示用户输入不同类型数据的方法，如输入字符串、整数、实数、点等。转换功能是操作 AutoCAD 特有数据类型的方法，如点、角度、字符串和数字的处理。

每个用户输入方法都会在 AutoCAD 命令行显示提示，并返回特定于所求的输入类型值。例如 GetString 返回一个字符串、GetPoint 返回一个点、GetInteger 返回一个整型数，还可以使用 InitializeUserInput 方法进一步控制用户的输入。

4. 图形对象和非图形对象

图形对象（也称图元）是组成图形的可见对象（如直线、圆、光栅等）。创建这些对象，应使用相应的 Add < Entityname > 方法；修改或查询这些对象，则使用对象本身的方法或特性。每一个图形对象都为应用程序提供了执行大部分 AutoCAD 编辑命令（如复制、删除等）的方法。这些对象还提供了用来设置和检索对象的扩展数据，或用来更新对象以及检索对象边框的方法。

图形对象具有 Layer、Lintype、Color 和 Handle 之类的普通特性，还具有一些特有的特性。这些特性因对象类型不同而有所不同，例如 Center、Radius 和 Area 为圆的特性。

非图形对象是指属于图形的一部分但不可见的或为提示性的对象，如 Layer、Lintype、DimStyles、SelectionSets 等。要创建这些对象，应使用其上级集合对象的 Add 方法，修改或查询这些对象则使用对象本身的方法或特性。每一个非图形对象都有用于特定目的的方法和特性，都有设置和检索扩展数据及删除自身的方法。

12.2.2 对象方法

ActiveX 对象也包括方法，它们是为特定类型的对象提供动作。某些方法可应用到大多数 AutoCAD 图形对象。例如，Mirror（镜像）和 Move（平移）方法可应用到大多数图形对象。而另一些方法，如 Offset（等距线）只能应用到圆弧、圆、椭圆和直线等少数几种图形对象。

在 Visual LISP 中，ActiveX 方法是用 AutoLISP 函数实现的，在 Visual LISP 文档中，用户

会看到许多关于 ActiveX 函数的内容，但是应该清楚在 ActiveX 术语中，它们应被称为方法。

12.2.3 对象集合

AutoCAD 通过集合将所有对象进行分类，例如，块集合是由 AutoCAD 图形中的所有块定义组成的，"模型空间"集合包括图形模型空间中所有的图形对象（圆、直线、多义线等），在对象模型中标出了对象集合。虽然这些集合包含了不同类型的数据，但可以使用相似的技术来处理它们。每一个集合都提供了向其中添加对象的方法。大多数集合是通过 Add 方法完成的。但添加图元对象通常使用名为 Add<图元名>的方法。例如，添加直线使用 AddLine 方法。

集合还有一些其他的常用方法和特性。Count 特性用于获取集合中的对象个数（从零开始）。Item 方法用于获取集合中的任何对象。

12.3 访问 AutoCAD 对象

通过 Document 对象的 Application 特性可以访问 Application 对象。在对象层次结构中，Application 对象位于 Document 对象的上方。

通过 ThisDrawing 对象可以访问 Document 对象。

例如：以下代码行可以更新应用程序。

ThisDrawing. Application. Update

如果要在 AutoLISP 中使用 ActiveX 函数，用户必须先加载支持代码来使这些函数可用。调用如下函数加载 ActiveX 支持函数：

（vl-load-com）

该函数先检验是否已加载了 ActiveX 支持函数，如果已加载，该函数不做任何工作。如果尚未加载 ActiveX 支持函数，vl-load-com 将为 AutoLISP 语言加载 ActiveX 和其他 Viusal LISP 的支持函数。

注意：所有使用 ActiveX 的应用程序，都应在开始时就调用 vl-load-com 函数。如果用户的应用程序不调用 vl-load-com，除非用户已加载了 ActiveX 支持函数，否则，该应用程序运行失败。

12.3.1 访问 AutoCAD 应用程序

1. 获取 AutoCAD 应用程序

AutoCAD 应用程序即 AutoCAD 本身，是 AutoCAD 所有对象的根对象，是访问所有 AutoCAD 对象的起点。获取 AutoCAD 应用程序对象，只能通过函数 vlax-get-acad-object，格式如下：

（setq myacad（vlax-get-acad-object））

该函数返回指向 AutoCAD 应用程序的指针#<VLA-OBJECT IAcadApplication 00b5e51c>，返回值的数据类型为 VLA，即 VLISP ActiveX 对象。该表达式将指向 AutoCAD 应用程序的指针赋给了变量 myacad。

当用户使用 ActiveX 函数访问 AutoCAD 对象时，用户必须指定 VLA 对象类型，entget 函数返回的是数据类型为 ename 的对象，所以用户不能在 entget 访问某对象后直接调用 ActiveX 函数处理该对象。虽然用户不能在 ActiveX 函数中直接调用 ename 对象，但是可以用 vlax-ename->vla-object 函数将它转换成 VLA 对象。

2. AutoCAD 应用程序的属性和方法

（vlax-dump-object obj [T]）

该函数的功能是列出指定 VLA 对象的属性和方法，参数 obj 为 VLA 对象，如果未设置 T，则只列出指定的 VLA 对象的属性。

例如：

（vlax-dump-object myacad）；

返回的属性信息中有以下一行

;;ActiveDocument = #<VLA-OBJECT IAcadDocument 01165340>。

ActiveDocument 是 AutoCAD 应用程序的属性之一，也是 AutoCAD 应用程序的下一级 VLA 对象。

12.3.2 应用程序对象以下的其他 ActiveX 对象

沿着 AutoCAD 对象的模型层次图，应用程序对象的 ActiveDocument 特性将把用户带到文档对象，它代表当前 AutoCAD 图形。利用如下 AutoLISP 命令将返回活动文档：

（setq acadDocument（vla-get-ActiveDocument acadObject））

文档对象有许多特性。对非图形对象（如图层、线型和组等）的访问是由名称相近的特性（如 Layers、Linetype 和 Groups 等）提供的。如果要访问 AutoCAD 图形中的图形对象，用户必须访问图形的模型空间（通过 ModelSpace 特性）或图纸空间（通过 PaperSpace 特性），如：

（setq mSpace（la-get-ModelSpace acadDocument））

这时，用户可以访问 AutoCAD 图形或向图形中添加对象，如用户可以使用如下命令将圆添加到模型空间中：

（setq mycircle（vla-addCircle mSpace（vlax-3d-point '(3.0 3.0 0.0)）2.0））

12.3.3 过程总结

通过代码样例，实现的功能是用 ActiveX Automation 在 AutoCAD 图形中画一个圆对象，函数调用序列如下所示：

（vl-load-com）

（setq acadObject（vlax-get-acad-object））

（setq acadDocument（vla-get-ActiveDocument acadObject））

（setq mSpace（vla-get-ModelSpace acadDocument））

（setq mycircle（vla-acadCircle mSpace（vlax-3d-point '(3.0 3.0 0.0)）2.0））

该例中的语句完成的是如下工作：

1）加载 AutoLISP ActiveX 支持函数；

2）返回指向应用程序对象的指针；

3）通过应用程序对象的 ActiveDocument 特性，获取指向当前活动文档对象的指针，这使得我们可以访问当前的 AutoCAD 图形；
4）通过文档对象的 ModelSpace 特性获取指向模型空间对象的指针；
5）在模型空间中画一个圆。

本例在 AutoCAD 对象模型中通过的层次路径如图 12-5 所示。

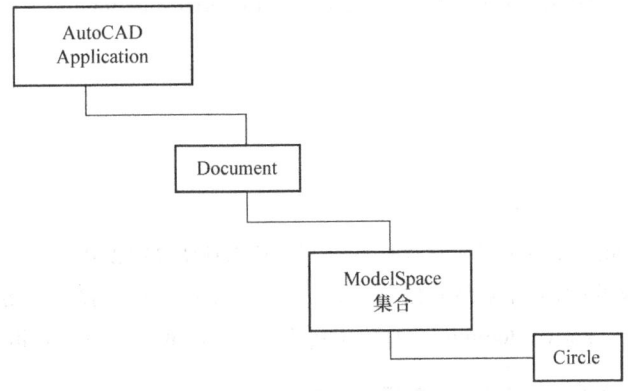

图 12-5　AutoCAD 对象模型层次路径图

12.3.4　编程技巧

在编程中应避免反复调用 AutoCAD 应用程序、活动文档和模型空间对象，因为这样会降低程序的运行速度。在编写程序时，用户应使应用程序一次获取这些对象，然后在整个应用程序中都引用所获取的对象指针。

【例1】下面的代码示例给出了 3 个函数，用户可以用它们分别返回应用程序、活动文档和模型空间对象：

```
(setq *acad-object* nil);初始化全局变量
(defun acad-object()
   (cond(*acad-object*)    ;返回获取的对象
      (t
      (setq *acad-object* (vlax-get-acad-object))
      )
      )
)
(setq *active-document* nil);初始化全局变量
(defun active-document()
   (cond(*active-document*);返回获取的对象
      (t
         (setq *active-document* (vla-get-activedocument(acad-object)))
      )
      )
)
```

```
(setq *model-space* nil);初始化全局变量
(defun model-space()
  (cond( *model-space* );返回获取的对象
    (t
     (setq *model-space* (vla-get-modelspace(active-document))))
  )
)
```

例如：

用户可通过函数绘制一个圆：

(vla-addCircle(model-space)(vlax-3d-point '(3.0 3.0 0.0))2.0)

model-space 函数返回活动文档的模型空间，如果必要，它可调用 active-document 函数访问文档对象。类似地，active-document 函数也可调用 acad-object 函数获取应用程序对象。

12.3.5　在 Visual LISP 函数中使用 ActiveX

为访问 ActiveX 对象，Visual LISP 给 AutoLISP 语言增加了一些函数，这些函数有一个前缀 vla-：如 vla-addCircle、vla-get-ModelSpace 和 vla-get-Color 等，并可按如下方法进行分类：

1) vla-函数和每个 ActiveX 方法相对应，可用这些函数调用 ActiveX 方法（如 vla-addCircle 调用 addCircle 方法）。

2) vla-get-函数和每个特性相对应，可获取 ActiveX 特性的值（如 vla-get-Color 获取对象的 Color 属性值）。

3) vla-put-函数和每个特性相对应，可设置 ActiveX 特性的值（如 vla-put‑Color 更新对象的 Color 属性值）。

Visual LISP 提供了一些和 ActiveX 有关的函数，前缀为 vlax-，是一些更综合的 ActiveX 函数，它们被应用到许多方法、对象或特性。例如，利用 vlax-get-property 函数，用户可获取任意 ActiveX 对象的任意特性。如果用户的图形包括自定义的 ActiveX 对象，或需要从其他应用程序（如电子表格 Microsoft Excel 等）中访问对象，也可使用 vlax-invoke-method、vlax-get-property 和 vlax-put-property 来访问对象。

12.3.6　确定所需的 Visual LISP 函数

Visual LISP ActiveX 函数实际上是提供了对 ActiveX 方法的访问能力，如在 Visual LISP 控制台提示下输入下列 AutoLISP 语句：

_$ (setq mycircle(vla-addCircle mSpace(vlax-3d-point '(3.0 3.0 0.0))2.0))

#< VLA-OBJECRT LAcadCircle03ad067c >

该命令用 addCircle 方法向图形中添加圆，为绘制圆而调用的函数是 vla-addCircle。如果不知道向 AutoCAD 图形中添加一个圆需要使用哪个函数，用户可以在 ActiveX and VBA Reference 中查找。如果查看圆对象的定义，查看的内容如图 12-6 所示。

有时会在文字描述中指出所需的方法（如在 Circle 条目中），但大多数时候需要在方法列表中查找能完成所需动作的方法。

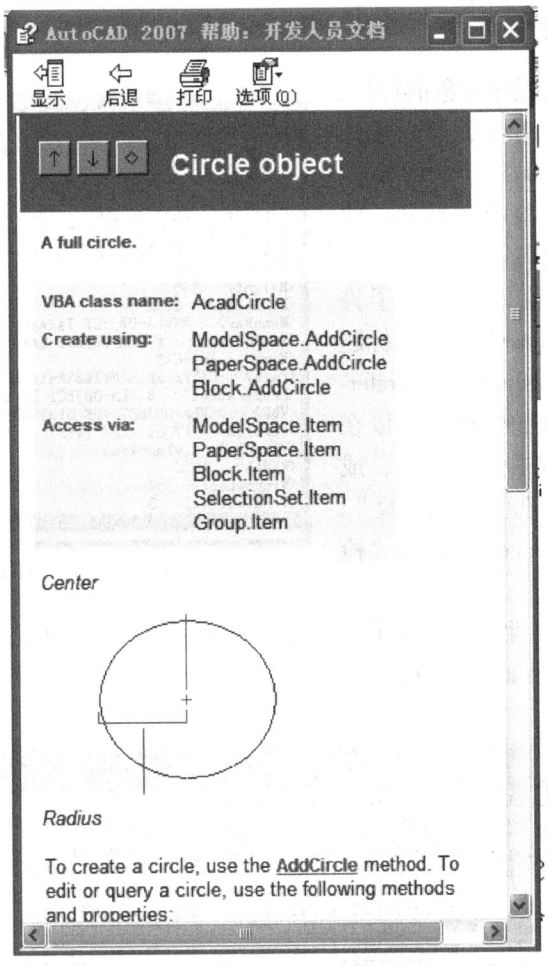

图 12-6 Circle Object

找到方法的名称后，在方法名前加一个 vla-前缀就是实现该方法的 Visual LISP 函数名，在本例中，函数名为 vla-AddCircle。注意在 Visual LISP 的函数名不区分大小写，所以 vla-addcircle 和 vla-AddCircle 完全相同。

12.4 ActiveX 对象访问

Application 对象是 AutoCAD 对象模型中的基础，从 Application 对象可以访问其他任何对象或是被访问对象的特性或方法。如果在 AutoLISP 中使用 ActiveX 函数，必须先调用 vl-load-com 函数来加载所有的 ActiveX 函数。

该函数先检查是否已经加载了 ActiveX 函数，如果已经加载，则该函数不做任何工作，如果尚未加载 ActiveX 支持函数，vl-load-com 函数将为 AutoLISP 语言加载 ActiveX 以及其他 Visual LISP 扩展部分。

注意：所有使用 ActiveX 的应用程序，必须保证运行开始时已经加载了 ActiveX 支持函数或调用了 vl-load-com 函数，否则，该程序将会运行失败。

12.4.1 查看对象特性

查看 AutoCAD 应用程序对象的特性，可以选中指向此对象的变量，然后选择"视图"→"检验"命令，或者单击"视图"工具栏中的"检验"按钮，将打开如图 12-7 所示的窗口。

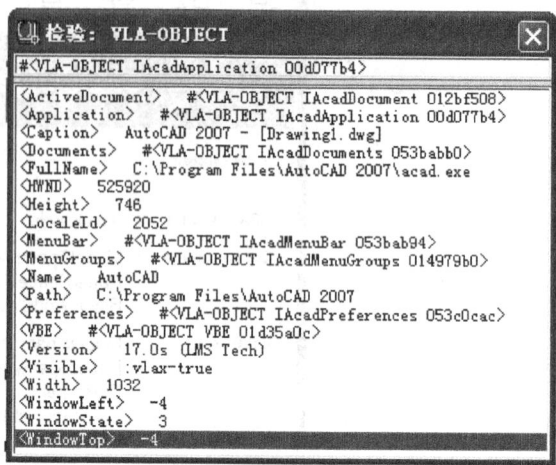

VLA-OBJECT 检验窗口中列出了许多特性。如 Caption 为 AutoCAD 窗口标题栏上标题，如 ActiveDocument 和 Preferences。要查看这些对象的特性，可以在图 12-7 所示的窗口中双击这个对象，或在右键快捷菜单中选择"检验"。图 12-8 显示的是 Preferences 对象的"检验"窗口。

图 12-7　应用程序对象数据窗口

Preferences 对象的特性和 AutoCAD "选项"对话框中的选项卡是相对应的。进一步查看 Output 特性，其显示结果如图 12-9 所示。

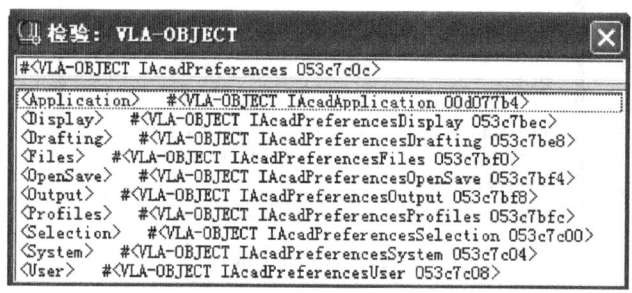

图 12-8　Preferences 对象特性

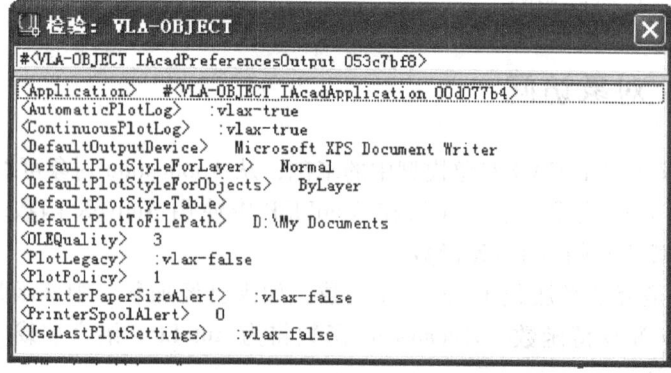

图 12-9　Display 对象特性

12.4.2 访问图形对象

1. 获取 AutoCAD 应用程序

AutoCAD 应用程序即 AutoCAD 本身,是 AutoCAD 所有对象的根对象,是访问所有 AutoCAD 对象的起点。获取 AutoCAD 应用程序对象,只能通过函数 vlax-get-acad-object,格式如下:

(setq myacad(vlax-get-acad-object))

该函数返回指向 AutoCAD 应用程序的指针:

#< VLA-OBJECT IAcadApplication 00d077b4 >

返回值的数据类型为 VLA,即 VLISP ActiveX 对象。该表达式将指向 AutoCAD 应用程序的指针赋给了变量 myacad。

2. AutoCAD 应用程序的属性和方法

(vlax-dump-object VLA 对象 [T])

该函数的功能是列出指定 VLA 对象的属性和方法,参数为 VLA 对象,如果未设置 T,则只列出指定 VLA 对象的属性。

【例 2】

(vlax-dump-object myacad t)返回

; IAcadApplication:An instance of the AutoCAD application
;特性值:
;   ActiveDocument = #< VLA-OBJECT IAcadDocument 012bf508 >
;   Application(RO) = #< VLA-OBJECT IAcadApplication 00d077b4 >
;   Caption(RO) = "AutoCAD 2007 – [Drawing1. dwg]"
;   Documents(RO) = #< VLA-OBJECT IAcadDocuments 032d1090 >
;   FullName(RO) = "C:\\Program Files\\AutoCAD 2007\\acad. exe"
;   Height = 31
;   HWND(RO) = 656746
;   LocaleId(RO) = 2052
;   MenuBar(RO) = #< VLA-OBJECT IAcadMenuBar 032d1074 >
;   MenuGroups(RO) = #< VLA-OBJECT IAcadMenuGroups 014979b0 >
;   Name(RO) = "AutoCAD"
;   Path(RO) = "C:\\Program Files\\AutoCAD 2007"
;   Preferences(RO) = #< VLA-OBJECT IAcadPreferences 032d60dc >
;   StatusId(RO) =... 不显示带索引的内容...
;   VBE(RO) = #< VLA-OBJECT VBE 01d359f4 >
;   Version(RO) = "17. 0s(LMS Tech)"
;   Visible = –1
;   Width = 160
;   WindowLeft = –32000
;   WindowState = 2

;   WindowTop = -32000
;支持的方法：
;   Eval(1)
;   GetAcadState( )
;   GetInterfaceObject(1)
;   ListArx( )
;   LoadArx(1)
;   LoadDVB(1)
;   Quit( )
;   RunMacro(1)
;   UnloadArx(1)
;   UnloadDVB(1)
;   Update( )
;   ZoomAll( )
;   ZoomCenter(2)
;   ZoomExtents( )
;   ZoomPickWindow( )
;   ZoomPrevious( )
;   ZoomScaled(2)
;   ZoomWindow(2)
T

在 Property values（属性）部分列出了 AutoCAD 应用程序具有 ActiveDocument（活动的文档）、Application（应用程序的指针）、Caption（标题）、FullName（可执行文件名）等属性。

其中标记为 #<VLA-OBJECT … >的属性是 VLA 对象。

例如：

ActiveDocument（活动文档）、Documents（一般文档）、MenuBar（菜单条）、MenuGroups（菜单组）和 Preferences（设置）这些对象属于 VLA 对象，可以被继续访问，引出下一级 ActiveX 对象，了解它们的属性和方法。

带有标记（RO）的属性是只读的，不能被修改，如属性 Caption(RO) = "AutoCAD 2006 - [Drawing1.dwg]"，表示 AutoCAD 应用程序的标题是"AutoCAD 2006 - [Drawing1.dwg]"，它是只读的，不能被修改。

在 Methods supported（支持的方法）部分列出了可以对 AutoCAD 应用程序施加 Eval、GetAcadState、GetInterface Object 等操作。

12.4.3 访问其他 AutoCAD 对象

获取 AutoCAD 应用程序这个根对象之后，沿着 AutoCAD 对象模型图就可以将其作为起点，逐级访问它的下一级 VLA 对象。

获取 AutoCAD 应用程序之外的对象，是一个前缀为 vla-get-的函数，格式如下：

(vla-get-property object)

参数 object 必须是 VLA 对象，property 是 object 的 VLA 对象类型的属性。该属性可通过 vlax-dump-object 函数获得。

假定依次绘制了一条起点为（10，20）、终点为（60，20）的直线和圆心为（35，20）、半径为 25 的一个圆。按照以下步骤，可以沿着 AutoCAD 对象模型图所示的 AutoCAD 应用程序→活动文档→模型空间→图形对象的顺序，访问这条直线和这个圆。

1. 取 AutoCAD 应用程序对象

(setq myacad (vlax-get-acad-object))

返回 AutoCAD 应用程序的指针# < VLA-OBJECT IAcadApplication 00d077b4 >，将其赋给变量 myacad。

2. 了解 AutoCAD 应用程序的属性

(vlax-dump-object myacad);返回的属性信息中有以下一行：; ActiveDocument = # < VLA-OBJECT IAcadDocument 012bf508 >。ActiveDocument 是 AutoCAD 应用程序的属性之一，也是 AutoCAD 应用程序的下一级 VLA 对象。

```
; IAcadApplication: An instance of the AutoCAD application
;特性值：
;   ActiveDocument = # < VLA-OBJECT IAcadDocument 012bf508 >
;   Application(RO) = # < VLA-OBJECT IAcadApplication 00d077b4 >
;   Caption(RO) = "AutoCAD 2007 - [Drawing1.dwg]"
;   Documents(RO) = # < VLA-OBJECT IAcadDocuments 032d1090 >
;   FullName(RO) = "C:\\Program Files\\AutoCAD 2007\\acad.exe"
;   Height = 746
;   HWND(RO) = 656746
;   LocaleId(RO) = 2052
;   MenuBar(RO) = # < VLA-OBJECT IAcadMenuBar 032d1074 >
;   MenuGroups(RO) = # < VLA-OBJECT IAcadMenuGroups 014979b0 >
;   Name(RO) = "AutoCAD"
;   Path(RO) = "C:\\Program Files\\AutoCAD 2007"
;   Preferences(RO) = # < VLA-OBJECT IAcadPreferences 032d1e9c >
;   StatusId(RO) = ... 不显示带索引的内容 ...
;   VBE(RO) = # < VLA-OBJECT VBE 01d359f4 >
;   Version(RO) = "17.0s(LMS Tech)"
;   Visible = -1
;   Width = 1032
;   WindowLeft = -4
;   WindowState = 3
;   WindowTop = -4
T
```

3. 获取活动文档程序对象

（setq mydoc(vla-get-ActiveDocument myacad)))

返回活动文档的指针#＜VLA-OBJECT IAcadDocument 012bf508＞，将其赋给变量 mydoc。

4. 活动文档的属性

（vlax-dump-object mydoc)

返回的属性信息中有以下一行：

; ModelSpace(RO) = #＜VLA-OBJECT IAcadModelSpace 032d4e54＞

其中，ModelSpace 是活动文档的属性之一，也是活动文档的下一级 VLA 对象。

5. 获取模型空间对象

（setq myms(vla-get-ModelSpace mydoc)))

返回模型空间的指针#＜VLA-OBJECT IAcadModelSpace 032d4e54＞，将其赋给变量 myms。

6. 活动文档的属性和方法

（vlax-dump-object myms t)

返回的属性信息中有以下一行：

; Count(RO) = 2。说明该模型空间当前有两个图形对象。

返回的方法信息中有 Add3Dface、Add3Dmesh、Add3Dpoly、AddArc、AddAttribute、AddBox、AddCircle、…、Item 等许多方法。

其中 Item 是根据序号获取图形对象，第一个图形对象的序号为 0。

7. 获取模型空间的第一个图形对象

（setq myline(vla-item myms 0)))

返回第一个图形对象，即这条直线的指针#＜VLA-OBJECT IAcadLine 032c9194＞，将其赋给变量 myline。

8. 了解这条直线的属性和方法

（vlax-dump-object myline t)

返回有关这条直线属性的信息如下：

; IAcadLine：AutoCAD Line 接口
;特性值：
;   Angle(RO) = 0.495774
;   Application(RO) = #＜VLA-OBJECT IAcadApplication 00d077b4＞
;   Delta(RO) = (538.099 291.019 0.0)
;   Document(RO) = #＜VLA-OBJECT IAcadDocument 012bf508＞
;   EndPoint = (1339.69 627.579 0.0)
;   Handle(RO) = "12A"
;   HasExtensionDictionary(RO) = 0
;   Hyperlinks(RO) = #＜VLA-OBJECT IAcadHyperlinks032c9154＞
;   Layer = "0"
;   Length(RO) = 611.754
;   Linetype = "ByLayer"

;   LinetypeScale = 1.0
;   Lineweight = -1
;   Material = "ByLayer"
;   Normal = (0.0 0.0 1.0)
;   ObjectID(RO) = 2130206992
;   ObjectName(RO) = "AcDbLine"
;   OwnerID(RO) = 2130201848
;   PlotStyleName = "ByLayer"
;   StartPoint = (801.59 336.56 0.0)
;   Thickness = 0.0
;   TrueColor = #<VLA-OBJECT IAcadAcCmColor032c8820>
;   Visible = -1

从以上有关这条直线属性的信息中，可了解到这条直线与 X 轴正方向夹角为 0.495774 弧度、3 个坐标的增量分别是 (538.099 291.019 0.0)、终点坐标是 (1339.69 627.579 0.0)、句柄是 "12A"、所在图层的名字是 "0"、长度为 611.754、线型名是 "ByLayer"、线型比例为 1.0、线宽为 -1（默认）、厚度方向为 (0.0 0.0 1.0)、打印样式名是 "ByLayer"、起点坐标是 (801.59 336.56 0.0)、厚度为 0.0。

返回这条直线的有关方法的信息如下：

;支持的方法：
;   ArrayPolar(3)
;   ArrayRectangular(6)
;   Copy()
;   Delete()
;   GetBoundingBox(2)
;   GetExtensionDictionary()
;   GetXData(3)
;   Highlight(1)
;   IntersectWith(2)
;   Mirror(2)
;   Mirror3D(3)
;   Move(2)
;   Offset(1)
;   Rotate(2)
;   Rotate3D(3)
;   ScaleEntity(2)
;   SetXData(2)
;   TransformBy(1)
;   Update()
T

上述关于圆的方法信息中,可以了解到对这个圆可以施加 ArrayPolar(环形阵列)、ArrayRectangular(矩形阵列)、Copy(复制)、Delete(删除)、GetBoundingBox(包容盒)、GetExtensionDictionary(获取延长方向)、GetXData(获取扩展数据)、Highlight(高亮显示)、IntersectWith(交点)、Mirror(镜像)、Mirror3D(三维镜像)、Move(平移)、Offset(等距)、Rotate(旋转)、Rotate3D(三维旋转)、ScaleEntity(比例缩放)、SetXData(设置扩展数据)、TransformBy(变换)、Update(更新)这些操作。

9. 在程序中访问图形的对象属性

如果用 ActiveX 访问指定的图形对象,可以先用所学的方法找到对象的图元名,再将这个名称转换成 VLA 对象,就可以按照访问 VLA 对象的方法进行操作了。如下代码即可以实现这样的操作:

(setq ename(car(entsel" \n 请指定一个图形对象:")))

vla_obj(vlax-ename- > vla-object ename))

返回值:# < VLA-OBJECT IAcadCircle 032cf574 >

(vlax-dump-object vla_obj t);t 参数可选,用于列出对象可用的方法

在模型空间或图纸空间里可以获取 AutoCAD 图形对象的数据,同样也可以向图形中添加对象。如下的程序将在 AutoCAD 模型空间里生成一个圆:

(vl-load-com)

 (setq acad_obj(vlax-get-acad-object))

 (setq acad_document(vla-get-activedocument acad_obj))

 (setq m_space(vla-get-modelspace acad_document))

 (setq my_circle(vla-addcircle m_space(vlax-3d-point '(100 100 0))5.0))

这段代码是按照下列顺序完成添加图形工作的:

1)装入 AutoLISP ActiveX 支持函数,这个操作可在打开图形时完成。

2)获取指向 AutoCAD 根对象(Application 对象)的指针,并将该指针保存在变量 acad_obj 中。

3)获取指向文档对象的指针,文档对象是 AutoCAD 的 Application 对象的一个特性,提供访问 AutoCAD 图形数据库的方法。这个指针保存在变量 acad_document 中。

4)获取指向模型空间对象的指针,模型空间是文档对象的一个特性,这个指针保存在变量 m_space 中。

5)在模型空间中生成一个圆。

12.4.4 使用检验工具了解 AutoCAD 对象的属性

前面介绍了通过函数了解 AutoCAD 对象和这些对象的属性与方法,这里介绍利用检验工具了解 AutoCAD 对象的属性。

按照前面的顺序用检验工具了解 AutoCAD 应用程序、活动文档、模型空间和图形对象的步骤如下:

1. 获取 AutoCAD 应用程序对象

 (setq myacad(vlax-get-acad-object))

返回 AutoCAD 应用程序的指针# < VLA-OBJECT IAcadApplication 00d077b4 >,将其赋给

变量 myacad。

2. AutoCAD 应用程序对象

了解 VLA 对象的属性，首先选取指向该对象的变量。选取 myacad，然后单击按钮 ，将弹出图 12-10 所示 AutoCAD 应用程序的检验窗口。

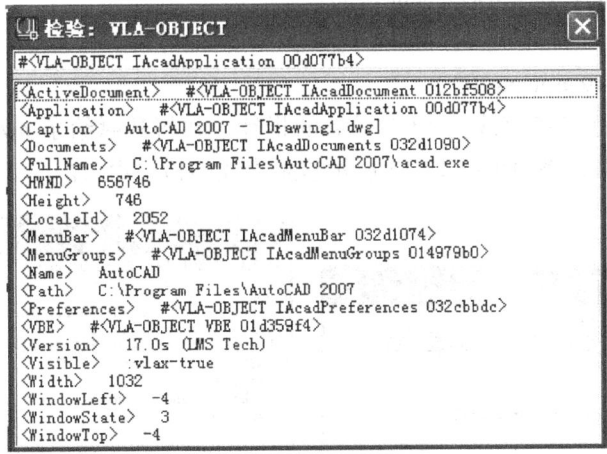

图 12-10　AutoCAD 应用程序的检验窗口

3. 活动文档的属性

双击上图所示 AutoCAD 应用程序检验窗口的 Active Document 属性，弹出图 12-11 所示活动文档的检验窗口。

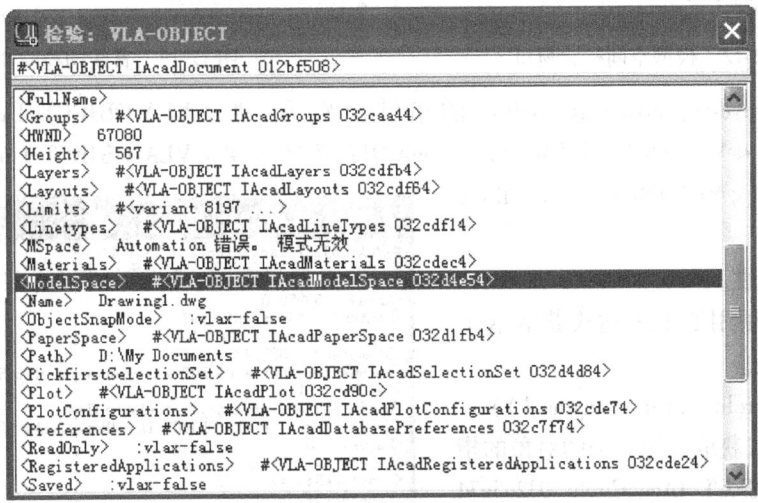

图 12-11　活动文档的检验窗口

4. 模型空间的属性

双击活动文档检验窗口的 ModelSpace 属性，弹出图 12-12 所示模型空间检验窗口。在该窗口可看到属性 Count 的值为 3，说明在模型空间当前有 3 个图形对象。

5. 直线的属性

由于模型空间的检验窗口没有直线的 VLA 对象，所以必须用下列表达式获取这条直线的 VLA 对象。

(setq myacad(vlax-get-acad-object))

(setq mydoc(vla-get-ActiveDocument myacad))

(setq myms(vla-get-ModelSpace mydoc))

(setq myline(vla-item myms 0))

以上表达式获取了这条直线的 VLA 对象的指针，并将其赋给了 myline 变量。选取 myline，然后单击按钮 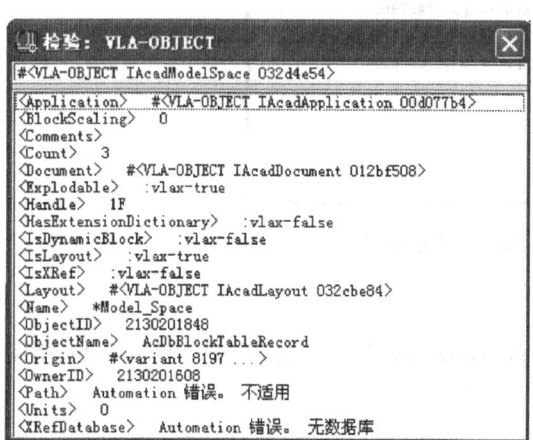，将弹出图 12-13 所示这条直线的检验窗口。

图 12-12　模型空间检验窗口　　　　　　图 12-13　直线的检验窗口

Myacad、mydoc、myms 和 myline 的指针分别为：# < VLA-OBJECT IAcadApplication 00d077b4 >、# < VLA-OBJECT IAcadDocument 012bf508 >、# < VLA-OBJECT IAcadModelSpace 032d4e54 > 和 # < VLA-OBJECT IAcadLine 032cecf4 >

6. 圆的属性

同样，必须用如下表达式获取这个圆的 VLA 对象。

(setq mycircle(vla-item myms 1))

以上表达式获取了这个圆的对象的指针 # < VLA-OBJECT IAcadCircle 032c5c74 >，并将其赋给了 mycircle 变量。选取 mycircle，然后单击按钮  弹出图 12-14 所示圆的检验窗口。

不难看出，用检验窗口显示有关 VLA 对象的属性，与前面通过 vlax-dump-object 函数显示有关 VLA 对象的属

图 12-14　圆的检验窗口

性基本相同。

12.4.5 通过 Help 功能了解 AutoCAD 对象

通过 Help 功能了解 AutoCAD 对象的步骤是：

1) 在 VLISP 环境下，按功能键 F1。

2) 在随后显示的 AutoCAD 2007Help：Developer Documentation 对话框的目录选项卡内双击 ActiveX and VBA Reference。

3) 在展开的目录树上双击 Objects。

4) 在 Objects 目录下双击 AutoCAD 图形对象，例如双击 Line Object，即可显示图 12-15 所示有关直线对象方法和属性的信息。

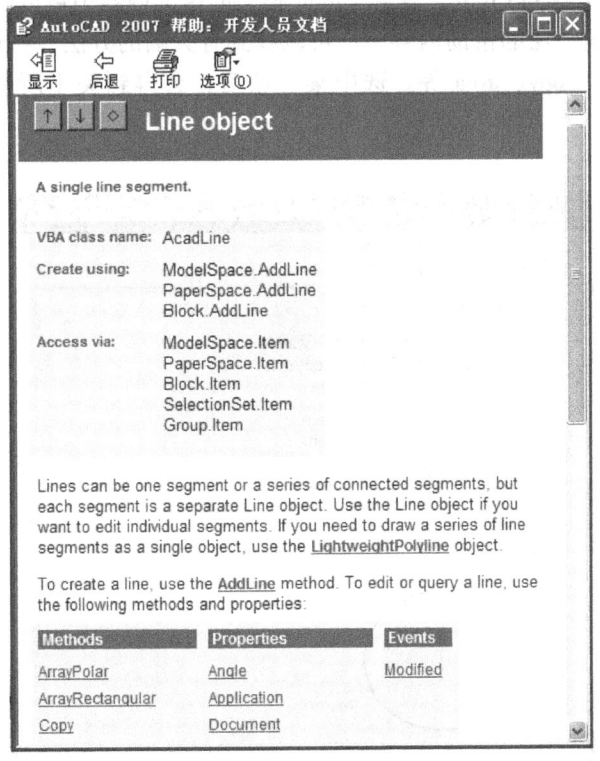

图 12-15　直线对象方法和属性的信息

以上帮助信息告诉用户创建一条直线用 Addline 方法，编辑直线用第一列显示的各种方法，第二列显示了直线的全部属性。

12.5　在 Visual LISP 函数中使用 ActiveX 方法

Visual LISP 为 AutoLISP 提供了一系列操作 ActiveX 对象的函数，这些函数分为以下几种：

1) VLA-前缀的函数：表示使用 ActiveX 对象的方法，如 vla-addcircle 函数绘制一个圆。

2) VLA-Get 前缀的函数：获取 ActiveX 对象的属性值，如 vla-get-color 函数获取对象的颜色属性。

3) VLA-Put 前缀的函数：更新对象的属性值，如 vla-put-color 更新对象的颜色属性。

4) VLAX-前缀的函数：用于多种方法、对象或属性。如 vlax-get-property 函数可以获得任何 ActiveX 对象的属性，包括图中的自定义 ActiveX 对象及其他应用程序对象。

12.5.1 查找所需要的函数

Visual LISP 中 ActiveX 方法操作函数是一个非常复杂的函数系列，如果要查找相应操作的函数，可参考 AutoCAD 在线帮助中的 "AutoCAD ActiveX and VBA references" 部分（对应的 AutoCAD 安装路径 Help 子目录下的 acadauto.chm 文件）。如需要查找生成圆调用哪个函数，可以从对象列表中找到 Circle，在和 Circle 相关的帮助内容中可以看到对圆的定义部分，如图 12-16 所示。在这一层的帮助内容中，可以找到有关圆的方法、特性以及生成方法的所有选项，如 addcircle、copy、area 等。选中某一项后，会得到关于所选项的更详细的帮助信息。

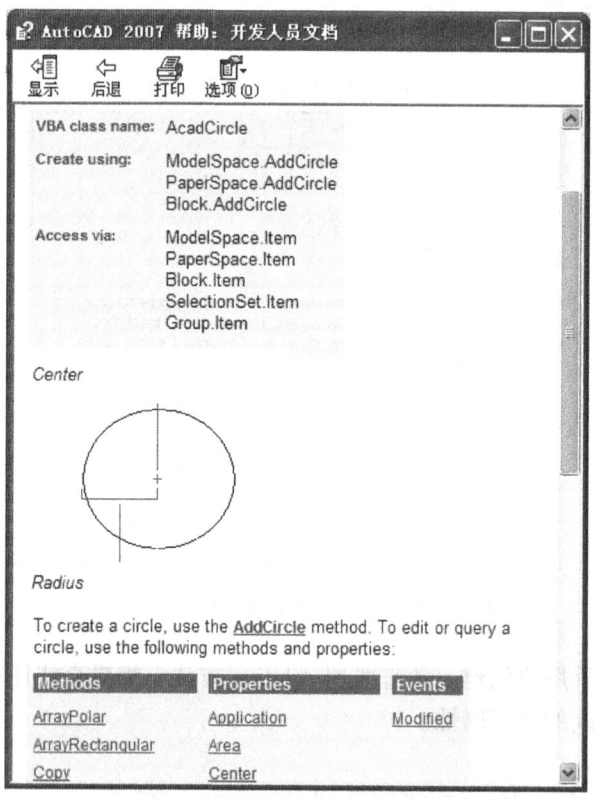

图 12-16 在帮助文件中查找相关方法

一旦确定了方法名，在方法名前加 vla-前缀就得到相应的要实现此方法的 Visual LISP 函数。

12.5.2 确定函数参数

确定了函数名，需要进一步确定这个函数的参数和数据类型，在"AutoCAD ActiveX and VBA references"中有使用 ActiveX 函数的详细信息。选择目录 methods 下的对应方法链接，可以查看相应方法的详细介绍，如图12-17 所示。

其中列出的语法定义格式是符合 VBA 语言格式的，但在 Visual LISP 中也可以参考，如 AddCircle 方法。VBA 的语法定义如下：

RetVal = object. AddCircle(Center, Radius)

在调用 AutoLISP 函数时也需要同样的参数，即圆心坐标或半径，如：

(setq my_ circle
　　(vla-addcircle m_ space
　　　　(vlax-3d-point '(100.0 100.0 0.0))
　　　　5.0
　　)
)

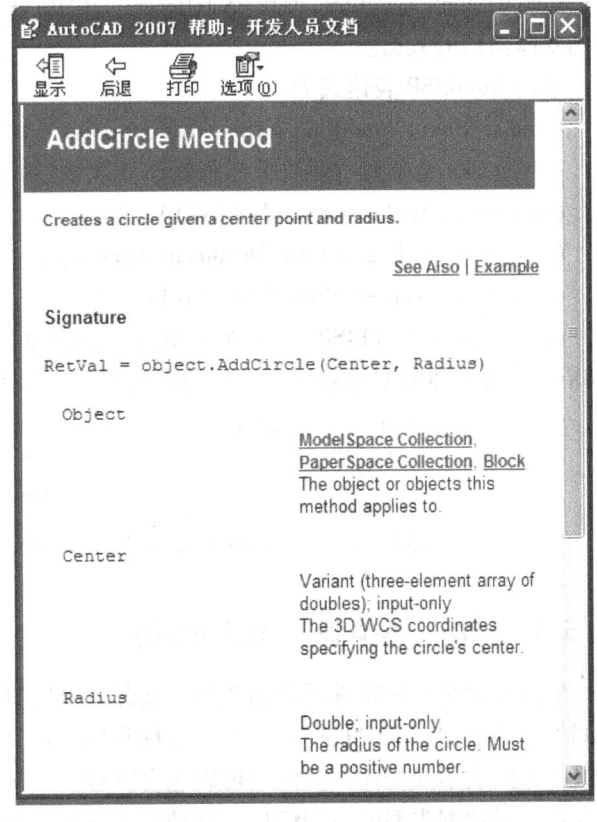

图 12-17　AddCircle 方法介绍

在 Visual LISP 中，用 ActiveX 函数返回的 AutoCAD 对象都是 VLA 数据类型，如上面的表达式返回的值为# < VLA-OBJECT IAcadCircle 053c75a4 >。

在 VBA 语法定义中，方法名前的引用对象一般为 VLA 函数调用时的第一个参数，这个对象即为要查看或修改的对象，如上式中的 m_ space 变量存储的即为指向模型空间对象的指针。

Visual LISP 中 ActiveX 函数调用的规则是：必须遵循层次关系，用某一 AutoCAD 对象的特性去访问另一个对象。上面的例子就是通过模型空间对象访问当前图形的模型空间，并在模型空间中生成一个圆。

12.5.3　将 Visual BASIC 环境下的语句改写为 AutoLISP 表达式

先分析 Visual BASIC 环境下的语句：

RetVal = object. AddLine(StartPoint, EndPoint)

RetVal 是返回值，object 是 AddLine 的上一级对象，StartPoint 和 EndPoint 是 AddLine 函数的参数。

在 VLISP ActiveX 环境下，模型空间是直线对象的上一级对象，模型空间对象作为 AddLine 的第一个参数，StartPoint 和 EndPoint 作为 AddLine 的其余参数。返回值赋给变量 myline。

valx-3d-point 是 VLISP ActiveX 的函数，其功能是将 AutoLISP 的 3 维点转换为 ActiveX 要求的变体类型的数据。

采用 AutoLISP 表达式为：

(setq myline(vla-addline myms(vlax-3d-point '(10 20))(vlax-3d-point '(80 30))))

其中 myms 是模型空间对象的指针，获取该指针的表达式如下：

(setq myacad(vlax-get-acad-object))

(setq mydoc(vla-get-ActiveDocument myacad))

(setq myms(vla-get-ModelSpace mydoc))

vlax-3d-point 是 VLISP ActiveX 的函数，其功能是将 AutoLISP 的 2 维或 3 维点转换为 ActiveX 要求的变体类型的数据。二者的转换关系，如图 12-18 所示。

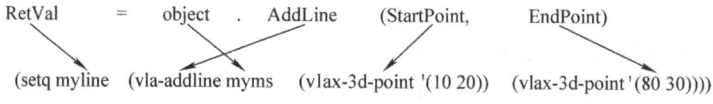

图 12-18　Visual BASIC 环境下的语句与 AutoLISP 表达式的对应关系

12.5.4　转换数据类型为 ActiveX 型

实体类型是一种特殊的数据类型，实际上可以看做是一种自定义的数据结构。可以含有不同类型的数据，固定长度的字符串数据和用户定义的类型除外。如数值型、字符串型以及数组都可以表示成变体，变体还可以包含特殊值 Empty、Error、Nothing 和 NULL。与数据一同存储的是数据类型的识别信息，这种自定义的数据类型使得与 ActiveX 的数据交互可以很顺利，因为它是基于多种程序设计语言都能够接受的数据结构。

AutoLISP 和 ActiveX 有些数据类型的定义是类似的，当 ActiveX 遇到这种类型的数据时，能够自动进行转换。

在一些参数的表达上，AutoLISP 与 ActiveX 存在着不一致的问题。如，AddCircle 方法的半径（Radius）参数是一个双精度的实数（double），而 AutoLISP 相关表达式返回的却是一个实数（real），两者兼容，因此不必转换就可以传给 ActiveX 方法。但是 AddCircle 方法的 Center 参数要求一个变体数组，而 AutoLISP 的相关数据却是一个表，因此必须进行转换才能传递给 ActiveX 方法。表 12-1 列出了能够被 ActiveX 接受的 AutoLISP 数据类型。

表 12-1　AutoLISP 与 ActiveX 数据类型对照

AutoLISP 数据类型	ActiveX 数据类型
字节	整数
布尔型	:vlax-true 或 :vlax-false
整型	整数
长整型	整数
单精度实数	整数或实数

(续)

AutoLISP 数据类型	ActiveX 数据类型
双精度实数	整数或实数
对象	VLA 对象
字符串	字符串
变体	变体
数组	安全数组

AutoLISP 和 ActiveX 方法有时会接受并转换表中未标明为可接受的数据类型，在编写程序时应尽量避免这一点。

表 12-2 给出了 ActiveX 函数针对要求的 ActiveX 数据类型所能接受的 AutoLISP 数据类型，表中的每一行代表 ActiveX 函数所用的一种数据，每一列则代表 AutoLISP 数据类型，如果交叉处的表格中是加号（+），表示在需要该类 ActiveX 数据类型时用户可以指定相应的 AutoLISP 数据类型。

表 12-2 AutoLISP 数据类型和 ActiveX 数据类型的关系

ActiveX 数据类型 \ AutoLISP 数据类型	整数	实数	字符串	VLA 对象	变体	Safearray	:vlax-true :vlax-false
单字节字符	+						
布尔型							+
整数	+						
长整数	+						
单精度实数	+	+					
双精度实数	+	+					
对象				+			
字符串			+				
变体					+		
数组						+	

AutoLISP ActiveX 函数有时会接受并转换表 12-2 中未标明为可接受的数据类型，但是用户编写程序时不能依赖这点。

1. 使用变体

AutoLISP 中用于处理变体数据的函数有以下几个：

1) VLAX-Make-Variant：生成一个变体型。
2) VLAX-Variant-Type：返回一个变体的数据类型。
3) VLAX-Variant-Value：返回一个变体的值。
4) VLAX-Variant-Change-Type：改变一个变体的数据类型。

其中 VLAX-Make-Variant 函数的调用格式为：

(vlax-make-variant [value][type])

参数：

value：是赋给变体的数据，如果省略，变体由 vlax-vbEmpty 类型创建（未初始化）。

Type：用于指定变体中的数据类型，其可用的类型见表 12-3。

表 12-3 vlax-make-variant 函数值参数

符号名称	常数值	说明
vlax-vbEmpty	0	未初始化（默认值）
vlax-vbNull	1	空数据
vlax-vbInteger	2	整型数
vlax-vbLong	3	长整型数
vlax-vbSingle	4	单精度浮点数
vlax-vbDouble	5	双精度浮点数
vlax-vbString	8	字符串
vlax-vbObject	9	对象
vlax-vbBoolean	11	布尔型
vlax-vbArray	8192	数组

在 vlax-make-variant 函数表达式中，为便于阅读代码，尽量将上述类型值描述为符号，而不是用常数描述，而且这些常数值可能在以后的版本中修改。例如下面的表达式生成一个整型变体 my_varivant，其值设置为 3：

(setq my_variant(VLAX-make-variant 3 VLAX-vbInteger))

返回值为：#＜variant 2 3＞，可以看出变体的数据类型为 2，即 vbInteger，值为 3。如果在调用 vlax-make-variant 函数时不指定数据类型，则该函数使用默认的类型，其分配见表 12-4。

表 12-4 数据的默认分配类型

数据	默认的分配类型
nil	vlax-vbEmpty
:vlax-null	vlax-vbNull
integer	vlax-vbLong
real	vlax-vbDouble
string	vlax-vbString
VLA-object	vlax-vbObject
:vlax-true :vlax-false	vlax-vbBoolean
vlax-make-safearray	vlax-vbArray
variant	与初始值的类型相同

如，在上例中如果不指定变体的数据类型：

(setq my_variant(VLAX-make-variant 3))

则返回值为；#＜variant 3 3＞，可以看出函数使用了默认的数据类型长整型。

通常为变体赋值时，应该声明数据类型与数据值，如果不提供具体的数值，则 VLAX-make-variant 函数将生成一个未初始化的变体。

（1）创建变体的表达式

1）（setq varnil(vlax-make-variant)）

返回#＜variant 0＞，创建了未初始化的变体，变体的类型为 0，即 vlax-vbEmpty，值为 nil。

2）（setq varint(vlax-make-variant 50 vlax-vbInteger)）

返回#＜variant 2 50＞，创建了整型变体，变体的类型为 2，即 vlax-vbInteger，值为 50。

3）（setq varlng(vlax-make-variant 5)）；返回#＜variant 3 5＞

创建了长整型变体，变体的类型为 3，即 vlax-vbLong，值为 5。

4）（setq varstr(vlax-make-variant "tsinghua")）；返回#＜variant 8 tsinghua＞

创建了字符串类型的变体，变体的类型为 8，即 vlax-vbString，值为" tsinghua"。

（2）变体的数据类型　了解所用变体的数据类型可用 vlax-variant-type 函数，返回变体的数据类型见表 12-2。调用的格式如下：

（vlax-variant-type var）

例如：

（vlax-variant-type varnil）；返回 nil

（vlax-variant-type varint）；返回 2，即 vlax-vbInteger

（vlax-variant-type varstr）；返回 8，即 vlax-vbString

（3）变体的值　了解所用变体的值，使用 vlax-variant-value 函数，调用的格式如下：

（vlax-variant-valuevar）

例如：

（vlax-variant-value varnil）；返回 nil

（vlax-variant-value varint）；返回 50

（vlax-variant-value varstr）；返回" tsinghua"

（4）改变变体的数据类型　用 vlax-variant-change-type 函数，数据类型见表 12-2，返回转换为指定变体类型后的值，如果不能将 var 转换为指定类型，则返回 nil。调用的格式如下：

（vlax-variant-change-type 变体类型的数据）

例如：

将名为 varint 的变量的值设为变体：

（setq varint(vlax-make-variant 5)）；返回#＜variant 3 5＞

将名为 varintstr 的变量设置为 varint 中包含的值，但将该值转换为字符串：

（setq varintStr(vlax-variant-change-type varint vlax-vbstring)）；返回#＜variant 8 5＞

检查 varintstr 的值：

_ $（vlax-variant-value varintStr）；返回"5"

这说明 varintstr 中确实包含字符串。

2. 安全数组

AutoLISP 数据类型中表是一种非常自由的数据类型，在 AutoLISP 程序中，根据程序需要,用户可以很容易地组建数据表。但是在 Visual LISP 中,需要一些强制数据类型的编译型应用程序进行数据交换,而这样的程序不可能直接接受 AutoLISP 特有的表的数据类型,比如 ActiveX,为了解决这个矛盾,Visual LISP 设立了安全数组这一数据类型。

安全数组是一种特殊的数组。它限制了在数组的边界之外赋值,避免了数据异常,所以这类数组是安全的。向 ActiveX 传递表类型的数据,必须使用安全数组类型。可使用 vlax-make-safearray 函数创建安全数组,并用 vlax-safearray-put-element 函数或 vlax-safearray-fill 函数将数据填充给安全数组。

(1)创建安全数组　创建安全数组用 vlax-make-safearray 函数,调用的格式如下:

vlax-make-safearray 类型 '(下限. 上限)['(下限. 上限)...]

该函数最大可定义 16 维的数组,数组中元素按照下列形式初始化:数值为 0,字符串为空串,布尔型为:vlax-false,对象(Object)为 nil,变体型(Variant)为未初始化(vlax-vbEmpty)。并且该函数要求至少有两个参数,第一个参数是确定该数组中元素的数据类型,可确定的数据类型及其预定义的数据类型见表 12-5;第二个是数组的维数。

表 12-5 vlax-make-safearray 函数可用的数据类型

类型符号	整数值	说明
vlax-vbInteger	2	整型数
vlax-vbLong	3	长整型数
vlax-vbSingle	4	单精度浮点数
Vlax-vbDouble	5	双精度浮点数
Vlax-vbString	8	字符串
Vlax-vbObject	9	对象
Vlax-vbBoolean	11	布尔值
Vlax-vbVariant	12	变体

由于它们的值在 AutoCAD 以后的版本中可能会作修改,所以应该使用预定义的常量,而不要直接使用常量所对应的数值。

该函数的其他参数如'(下限. 上限)['(下限. 上限)...]为确定数组每个维的上下限。其中第一个点对确定第一维的上下限,以此类推。下限可为 0 或任何正负整数。不同的维可以有不同的边界。

例如:

定义一个一维数组的结构,元素索引的上下界范围是 0~3,可以由以下代码完成:

(setq my_array1(vlax-make-safearray vlax-vbinteger '(0.3)))

返回值是:#<safearray...>

该数组的下限为 0,上限为 3,可包含 4 个元素(元素 0、元素 1、元素 2 和元素 3)。不同的维有不同的界限:

(setq my_array2(vlax-make-safearray vlax-vbinteger '(0.2)'(1.3)))

返回值是:#<safearray...>

(setq my_array3(vlax-make-safearray vlax-vbstring '(0.2)'(1.3)))

返回值是:#<safearray...>

这两个数组都是二维数组,第一维以 0 为下限包含 3 个元素,第二维以 1 为下限包含 3 个元素。

(2) **vlax-safearray-put-element 函数** 为安全数组内指定的元素赋值用 vlax-safearray-put-element 函数,调用的格式如下:

(vlax-safearray-put-element 变量 下限... 值)

参数:

变量参数为要填充数据的数组变量;索引参数为要赋值元素的索引,用于确定赋值元素在数组中的位置;值参数为赋给安全数组的值。

例如:

已创建了名字为 p1 的由双精度数据构成的一维数组,数组的下限为 0,上限为 2。用 vlax-safearray-put-element 填满该数组:

(setq p1(vlax-make-safearray vlax-vbdouble '(0.2)))

返回值是:#<safearray...>

(vlax-safearray-put-element p1 0 10)

返回值是 10,将数组 p1 的第 1 个元素赋值为 10

(vlax-safearray-put-element p1 1 20)

返回值是 20,将数组 p1 的第 2 个元素赋值为 20

(vlax-safearray-put-element p1 2 30)

返回值 30,将数组 p1 的第 3 个元素赋值为 30

调用 vlax-safearray->list 函数确认 p1 的内容:

(vlax-safearray->list p1)

返回值是 (10.0 20.0 30.0)

对于二维数组,应指定两个索引值。例如已创建了名字为 my_array3 的由字符串构成的二维数组,第一维下限为 0,上限为 1,包括两个元素,第二维下限为 1,上限为 3,包括 3 个元素。每个维的下限为 1,上限为 2。

(setq my_array3(vlax-make-safearray vlax-vbstring '(0.1)'(1.3)))

返回值是#<safearray...>

用 vlax-safearray-put-element 填满该数组:

(vlax-safearray-put-element my_array3 0 1 "a1");返回" a1"

(vlax-safearray-put-element my_array3 0 2 "b2");返回" b2"

(vlax-safearray-put-element my_array3 0 3 "c3");返回" c3"

(vlax-safearray-put-element my_array3 1 1 "d4");返回" d4"

(vlax-safearray-put-element my_array3 1 2 "e5");返回" e5"

(vlax-safearray-put-element my_array3 1 3 "f6");返回" f6"

调用 vlax-safearray->list 函数确认 my_array3 的内容:

(vlax-safearray->list my_array3);返回(("a1" "b2" "c3")("d4" "e5" "f6"))

如果对数组 my_array3 中的元素没有填充数值,则认为是空串,如:

(setq my_array4(vlax-make-safearray vlax-vbstring '(0.1)'(1.3)))

返回值是#<safearray...>

填充数据：

（vlax-safearray-put-element my_array4 0 1 "C"）；返回" C"

（vlax-safearray-put-element my_array4 0 2 "A"）；返回" A"

（vlax-safearray-put-element my_array4 0 3 "D"）；返回" D"

调用 vlax-safearray->list 函数查看数组 my_array4 的值为：

（vlax-safearray->list my_array4）；返回值为：（（" C" " A" " D"）（" " " " " "））

（3）vlax-safearray-fill 函数　用 vlax-safearray-fill 函数为整个安全数组赋值，调用的格式如下：

（vlax-safearray-fill var 'element-values）

该函数返回 #＜safearray...＞。

参数：

var 为要填充数据的数组变量。'element-values 为赋给安全数组的值表，其个数必须和数组元素个数一样，否则，函数会产生错误；对于多维数组，'element-values 是数值类型的表，表的长度必须等于数组元素的个数。

例如：

对数组 my_array5 的元素依次赋值 10、20、30，代码如下：

（setq my_array5（vlax-make-safearray vlax-vbstring '(1.3)））

返回值是：#＜safearray...＞

（vlax-safearray-fill my_array5 '(10 20 30)）

返回值是：#＜safearray...＞

对数组 my_array6 分别赋值" CAD" 和" DAC"，代码如下：

（setq my_array6（vlax-make-safearray vlax-vbstring '(1.2)'(1.3)））

返回值是：#＜safearray...＞

（vlax-safearray-fill my_array6 '((" C" " A" " D") (" D" " A" " C"))）

返回值是：#＜safearray...＞

列出 my_array6 的值：

（vlax-safearray->list my_array6）

返回值是：（（" C" " A" " D"）（" D" " A" " C"））

3. 使用安全数组

安全数组必须转换为变体数据类型，才能传递给 ActiveX 对象的方法，因此，在生成一个安全数组后，必须将它转换成一个变体后才能供 ActiveX 对象方法使用。如要传递一个双精度三维数组（一个点），可以使用一个 vlax-3d-point 函数建立所要求的数据结构。下面的例子为将一个点位表转换成一个双精度的三维数组：

（setq my_point（vlax-3d-point '(3 4 5)））；返回值是 #＜variant 8197...＞

也可以仅传递给 vlax-3d-point 函数 3 个数值，而不一定是一个表，如下面的代码所示，其结果与上例相同：

（setq my_point（vlax-3d-point 3 4 5））；返回值是 #＜variant 8197...＞

如果没有提供 vlax-3d-point 函数的第三个数据（即 Z 坐标），则函数自动将其设为 0。

函数 vlax-tmatrix 则可以创建转换矩阵，它将包含 4 个元素的 4 个表转换成矩阵，并在需要时将其中的数据转换成双精度型实数。

vlax-tmatrix 的调用格式如下：

（vlax-tmatrix list）

参数：

表（list）：表由包含 4 个元素的 4 个子表组成

返回值：safearray 型的变体，代表 4×4 的转换矩阵

例如：定义一个转换矩阵，并将其值赋给转换矩阵变量：

（setq my_matrix（vlax-tmatrix '（（1 1 1 0）（1 2 3 0）（2 3 4 5）（2 9 8 3））））

返回值：#＜variant 8197…＞

使用 vlax-safearray->list 函数查询 my_matrix 矩阵的值（以表的形式）：

（vlax-safearray->list（vlax-variant-value my_matrix））

返回值：（（1.0 1.0 1.0 0.0）（1.0 2.0 3.0 0.0）（2.0 3.0 4.0 5.0）（2.0 9.0 8.0 3.0））

【例3】创建一个线并使用一个转换矩阵将其旋转 90°：

(defun Example_TransformBy（）;／直线起点终点转换

　　（vl-load-com）　　　　;加载 ActiveX

　　（setq acadObject　（vlax-get-acad-object））

　　（setq acadDocument（vla-get-ActiveDocument acadObject））

　　（setq mSpace　（vla-get-ModelSpace acadDocument））;;创建直线

　　（setq startPt（getpoint "Pick the start point"））

　　（setq endPt（vlax-3d-point（getpoint startPt "Pick the end point"）））

　　（setq lineObj（vla-addline mSpace（vlax-3d-point startPt）endPt））

　　（setq matList（list '（0 -1 0 0）'（1 0 0 0）'（0 0 1 0）'（0 0 0 1）））

　　（setq transmat（vlax-tmatrix matlist））

　　;;;使用定义的转换矩阵转换直线

　　（vla-transformby lineObj transMat）

　　（vla-zoomall acadObject）

　　（princ "The line is transformed "）

　　（princ）

）

如果需要为数组创建一个变体，数组中包含的不是 3 个实数或一个转换矩阵，必须先创建数组再转换成变体。

创建一个包含 3 个双精度的数或一个转换矩阵的变体，一般步骤为：

1）声明数组结构，如：

（setq my_array7（vlax-make-safearray vlax-vbdouble　'（0.3）））

2）给数组赋值，如：

（vlax-safearray-fill my_array7 '（1.1 2.7 13.0 0.1））

3）将数组存储到变体中，如：

（setq my_array7（vlax-make-variant my_array7））

返回值：#<variant 8197...>

最后得到的变量 my_array7 就是一个包含双精度数组的变体，用 vlax-variant-value 函数与 vlax-safearray->list 函数查看该变量的值为：

(vlax-safearray->list(vlax-variant-value my_array7))

返回值是：(1.1 2.7 13.0 0.1)，为给数组所赋的值。

12.6 AutoCAD 实体名和 VLA 对象之间的转换

1. 将 AutoCAD 实体名转换为 VLA 对象

函数 vlax-ename->vla-object 可以将 AutoCAD 实体名转换为 VLA 对象。调用格式如下：

(vlax-ename->vla-object AutoCAD 实体名)

返回值为 VLA 对象。

例如：

以下表达式获取了当前 AutoCAD 桌面的第一个图形对象的图元名：

_ $(setq e(car(entsel)));返回值<图元名：7ef86110>

_ $(setq e1(entnext));返回值<图元名：7ef86110>

调用 vlax-ename->vla-object 函数将该图元名转换成 VLA 对象：

(setq vla-object(vlax-ename->vla-object e1))

返回值#<VLA-OBJECT IAcadLine 032cbf14>

2. 将 VLA 图形对象转换为 AutoCAD 实体名

函数 vlax-vla-object->ename 可以将 VLA 对象转换为 AutoCAD 实体名。调用格式如下：

(vlax-vla-object->ename VLA 图形对象)

返回值为 AutoCAD 实体名。

例如：

vla-object 是标志一个图形对象的 VLA 对象，以下表达式可以将该 VLA 对象转换为 AutoCAD 实体名：

(setq new-ename(vlax-vla-object->ename vla-object))；返回<图元名：7ef86110>

（1）用带有 vla-get 前缀的函数　这类函数的调用语法如下：

(vlax-get-property object property)

参数：

Object：VLA 对象

Property：为符号或字符串，标志要检索的属性

返回值为 VLA 图形对象指定的属性。

例如：

(setq acadObject(vlax-get-acad-object))

返回值：#<VLA-OBJECT IAcadApplication 00d077b4>

(setq acadDocument(vlax-get-property acadObject 'ActiveDocument))

返回值：#<VLA-OBJECT IAcadDocument 012bf508>

(setq mSpace(vlax-get-property acadDocument 'Modelspace))

返回值：# < VLA-OBJECT IAcadModelSpace 032cdc44 >
(setq vlaobj(vlax-ename- > vla-object e)))
返回值：# < VLA-OBJECT IAcadCircle 032cb154 >
(vlax-get-property vlaobj 'Color)
返回值：256

(2) 用函数 vlax-get-property 获取任意 ActiveX 对象的任意属性　函数 vlax-get-property 的调用格式如下：

(vlax-get-property VLA 图形对象 property)

参数 property 为符号或字符串，标志要检索的属性。返回对象属性的值。

例如：

获取该圆的半径：

(setq rad(vlax-get-property circ 'radius))；返回 50.0

获取该圆的面积：

(setq area(vlax-get-property circ 'area))；返回 7853.98

获取该圆的圆心：

(setq cntr(vlax-get-property circ 'center))；返回 # < variant 8197... >，返回值为安全数组类型的变体。

获取该圆的颜色：

(vlax-get-property circ 'Color)；返回 256

12.7　修改图形对象的属性

假定以（100 80）为圆心，以 50 为半径绘制一个圆，并且将获取这个圆的 VLA 对象赋给了变量 circ。用以下两种函数获取图形对象的属性。

1. 用带有 vla-put-前缀的函数

这类函数的调用语法如下：

(vla-put-property VLA 图形对象 新的属性值)

该类函数的名字是由 vla-put-和 property 合成的。property 为符号或字符串，标志要修改的属性。返回 VLA 图形对象指定的属性。例如修改一个圆的半径时，property 就是改为具体的属性 radius，20 可作为半径这个属性的新值。

例如：

修改该圆的半径：

(vla-put-radius circ 20)；返回 nil，该圆心的位置不变，半径改变为 20。

修改该圆的面积：

(vla-put-area circ 1000)；返回 nil，该圆心的位置不变，面积改变为 1000。

修改该圆的圆心坐标：

(vla-put-center circ(vlax-3d-point '(150 50 0)))；返回 nil，圆心的坐标改为（150 50 0）

该表达式用 vlax-3d-point 函数将新的圆心点表转换为 ActiveX 所要求的数据类型。

注意：有时属性的修改并不立即反映到 AutoCAD 图形，这是因为 AutoCAD 对属性修改做了延迟。其目的是为了让用户可以一次修改多个属性。如果需要更新图形窗口，可调用函数 vla-update，其调用格式如下：

（vla-update VLA 图形对象）

2. 用函数 vlax-put-property 修改 ActiveX 对象属性

函数 vlax-put-property 的调用格式如下：

（vlax-put-property VLA 图形对象 property 新的属性值）

参数 property 为符号或字符串，标志要修改的属性。

例如：

修改该圆的半径：

（vlax-put-property circ 'radius 80）；返回 nil，该圆心的位置不变，半径改变为 20。

修改该圆的面积：

（vlax-put-property circ 'area 2004）；返回 nil，该圆心的位置不变，面积改变为 2004。

12.8　确定方法或属性是否适用于特定对象

如果使用不适于指定对象的方法或属性，会导致程序出错，所以在不能确定属性或方法是否应用到某个对象时，最好用 vlax-method-application-p 函数或 vlax-property-available-p 函数测试一下对象，如果方法或特性可用，则函数返回 T，否则返回 nil。

1. 函数 vlax-method-application-p

函数的调用格式为：

（vlax-method-applicable-p obj method）

其中 obj 为进行测试的 VLA 对象，method 为符号或字符串，指定要检查的方法的名称。

返回值：如果对象或方法可用，则返回 T，否则返回 nil。

功能：判断某方法是否可应用于某对象

例如：

以下表达式测试 copy 方法是否可应用到 myline 指向的直线对象：

（vlax-method-applicable-p myline "copy"）

返回 T，说明 copy 方法可以应用到直线对象

以下表达式测试 AddBox 方法是否可应用到 myline 指向的直线对象：

（vlax-method-applicable-p myline "AddBox"）

返回 nil，说明 AddBox 方法不能应用到直线对象

2. 函数 vlax-property-available-p

函数的调用格式为：

（vlax-property-available-p obj prop [check-modify]）

其中 obj 表示进行测试的 VLA 对象，prop 为符号或字符串，指定要检查的属性。如果指定参数 check-modify 的值为 T，该函数还检查 VLA 对象的指定属性是否可被修改。只要 VLA 对象具有指定属性，该函数就返回 T，否则返回 nil。如果指定 check-modify 参数的值为 T，而该属性不可用或该属性不能修改，该函数返回 nil。

功能：判断某对象是否具有某属性

第 12 章 使用 ActiveX

例如：

下列表达式测试 Color 和 Center 是否是 myline 具有的属性：

（vlax-property-available-p myline "Color"）；返回 T

（vlax-property-available-p myline "Center"）；返回 nil

假定 myCircle 是一个圆的 VLA 对象，如果调用该函数时不提供可选参数"T"，测试圆的 area 属性：

（vlax-property-available-p myCircle "area"）；返回 T，说明圆具有 area 属性

如果调用该函数时可选参数设置为 T，则测试圆的 area 属性：

（vlax-property-available-p myCircle "area" T）；返回 T，说明圆具有 area 属性，而且可以被直接修改。

12.9 确定是否可以修改对象

在当前程序运行的同时，其他应用程序也在操作某些 AutoCAD 对象，当前的程序可能无法访问那些对象。这在设计含有反应器的应用程序时非常重要，因为反应器执行相应代码来响应外部事件，而这些外部事件将无法预知。有时甚至一个很简单的事情（如图层被锁住）也可能阻止程序改变对象的属性。

VLISP 提供了下列函数，可用来在操作某对象前，先测试一下是否可访问该对象。

vlax-read-enabled-p 测试是否可读该对象。

格式：（vlax-read-enabled-p VLA 对象）

vlax-write-enabled-p 测试是否可修改该对象的属性。

格式：（vlax-write-enabled-p VLA 对象）

vlax-erased-p 测试该对象是否已被删除，因为被删除的对象可能仍保留在图形数据库中。

格式：（vlax-erased-p VLA 对象）

返回值均为：如果结果为真，这些函数返回 T，否则返回 nil。

下面测试某直线对象 myline：

1) 确定该直线是否可读

（vlax-read-enabled-p myline）；返回 T，说明可读

2) 确定该直线是否可被修改

（vlax-write-enabled-p myline）；返回 T，说明可被修改

3) 确定该直线是否已被删除

（vlax-erased-p myline）；返回 nil，说明未被删除

（vla-delete myline）；删除 myline，返回 T

4) 调用 vlax-read-enabled-p 来查看 myline 是否仍然可读

（vlax-read-enabled-p myline）；返回 nil，说明不可读

5) 再次调用 vlax-erased-p 来验证该对象是否已被删除

（vlax-erased-p myline）；返回 T，说明已被删除

12.10　使用参数带回返回值的 ActiveX 方法

有些 ActiveX 方法要求用户给它们提供变量，使它们能对变量赋值。GetBoundingBox 方法就是一例，图 12-19 所示为它在 ActiveX and VBA Reference 中的定义。

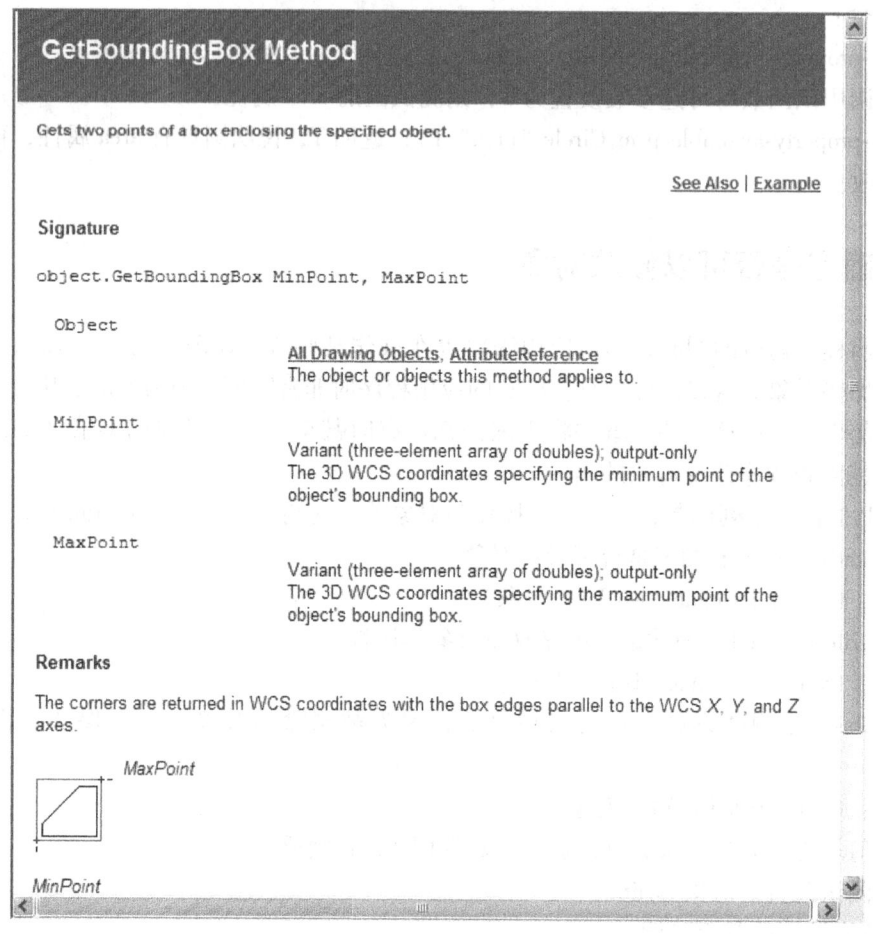

图 12-19　GetBoundingBox 方法定义

其中，MinPoint 和 MaxPoint 参数在定义中已经说明仅用于输出，因此输出的参数必须是前面带有单引号的变量名（以声明不对此变量求值）。

用 GetBoundingBox 方法可以获取图形对象边界框的左下角点 MinPoint 和右上角点 MaxPoint。这两个点是在 WCS 下的三维坐标。

假定最后生成的实体是以（200，100）为圆心，以 50 为半径的圆。用 GetBoundingBox 方法可获取该圆边界框的左下角点 MinPoint 和右上角点 MaxPoint。

1. 获取该圆的实体名

（setq ec(entlast))；返回 < 图元名：7ef860e0 >

2. 将该圆转换为 VLA 对象

(setq mycircle (vlax-ename-> vla-object ec)) ; 返回 # < VLA-OBJECT IAcadCircle 063964b4 >

3. 用 GetBoundingBox 方法获取该圆边界框的左下角点 MinPoint 和右上角点 MaxPoint

(vla-getboundingbox myCircle 'minpoint 'maxpoint) ; 返回 nil

vla-getboundingbox 函数将该圆边界框的左下角点和右上角点的坐标存放在变量 minpoint 和 maxpoint 中。这两个变量是含有 3 个双精度实数的安全数组的类型。

4. 用函数 vlax-safearray->list 查看 minpoint 和 maxpoint 的值

(setq p1(vlax-safearray->list minpoint)) ; 返回 (150.0 50.0 -1.0e-008)

(setq p2(vlax-safearray->list maxpoint)) ; 返回 (250.0 150.0 1.0e-008)

注意：传给函数的前面带有单引号的符号参数，与用 setq 函数创建的符号一样，也是 AutoLISP 变量。所以，在函数定义中应该将它们定义为局部变量，否则按默认情况它们将成为全局变量。

12.11 使用集合对象

集合的概念是在理解 AutoCAD 对象模型中引入的，在 AutoCAD 对象模型中的所有对象都是用集合来分组的。块集合是由 AutoCAD 文档中的所有块组成的。VLISP 提供处理集合对象的函数，该类函数有 vlax-map-collection 和 vlax-for。

12.11.1 将某一个函数应用到集合中的每一个对象

vlax-map-collection 函数可将某一个函数应用到集合中的每一个对象，其调用格式如下：

(vlax-map-collection collection-object function)

参数 collection-object 代表集合的 VLA 对象。function 为要应用到 collection-object 的函数名或 lambda 表达式。返回值为 VLA 对象。

【例 4】 在控制台窗口顺序地显示模型空间每一个对象的所有属性：

(vl-load-com)

(setq myacad(vlax-get-acad-object))

(setq mydoc(vla-get-ActiveDocument myacad))

(setq myms(vla-get-ModelSpace mydoc))

(vlax-map-collection myms 'vlax-dump-Object)

返回值：

< VLA-OBJECT IAcadApplication 00d077b4 >

< VLA-OBJECT IAcadDocument 012bf9d0 >

< VLA-OBJECT IAcadModelSpace 06397fb4 >

显示结果如下：

; IAcadCircle：AutoCAD Circle 接口

;特性值：

;   Application(RO) = # < VLA-OBJECT IAcadApplication 00d077b4 >

;   Area = 7853.98
;   Center = (100.0 80.0 0.0)
;   Circumference = 314.159
;   Diameter = 100.0
;   Document(RO) = #<VLA-OBJECT IAcadDocument 012bf9d0>
;   Handle(RO) = "123"
;   HasExtensionDictionary(RO) = 0
;   Hyperlinks(RO) = #<VLA-OBJECT IAcadHyperlinks 06397e04>
;   Layer = "0"
;   Linetype = "ByLayer"
;   LinetypeScale = 1.0
;   Lineweight = -1
;   Material = "ByLayer"
;   Normal = (0.0 0.0 1.0)
;   ObjectID(RO) = 2130206936
;   ObjectName(RO) = "AcDbCircle"
;   OwnerID(RO) = 2130201848
;   PlotStyleName = "ByLayer"
;   Radius = 50.0
;   Thickness = 0.0
;   TrueColor = #<VLA-OBJECT IAcadAcCmColor 06397ca0>
;   Visible = -1
; IAcadCircle：AutoCAD Circle 接口
;特性值：
;   Application(RO) = #<VLA-OBJECT IAcadApplication 00d077b4>
;   Area = 7853.98
;   Center = (200.0 100.0 0.0)
;   Circumference = 314.159
;   Diameter = 100.0
;   Document(RO) = #<VLA-OBJECT IAcadDocument 012bf9d0>
;   Handle(RO) = "124"
;   HasExtensionDictionary(RO) = 0
;   Hyperlinks(RO) = #<VLA-OBJECT IAcadHyperlinks 06397b24>
;   Layer = "0"
;   Linetype = "ByLayer"
;   LinetypeScale = 1.0
;   Lineweight = -1
;   Material = "ByLayer"
;   Normal = (0.0 0.0 1.0)

; ObjectID(RO) = 2130206944
; ObjectName(RO) = "AcDbCircle"
; OwnerID(RO) = 2130201848
; PlotStyleName = "ByLayer"
; Radius = 50.0
; Thickness = 0.0
; TrueColor = #<VLA-OBJECT IAcadAcCmColor 06397ab0>
; Visible = -1
#<VLA-OBJECT IAcadModelSpace 06397fb4>

12.11.2 将一系列函数应用到集合中的每一个对象

要对集合中的每一个对象用一系列函数求值，可使用 vlax-for 函数，该函数遍历整个对象集，对每个表达式进行求值。其调用格式如下：

(vlax-for symbol collection [expression1 [expression2...]])

参数 symbol 为符号，将其指定给集合中的每个 VLA 对象。collection 为表示集合的 VLA 对象。expression1，expression2... 为要计算的表达式。该函数与 foreach 函数类似，只返回 for 循环中最后一个表达式求值的结果。

注意：在遍历操作某集合时，修改该集合（添加或删除成员），将有可能引起错误。

【例5】 调用 vlax-for 函数，利用 vlax-for 函数对当前图形中每种颜色的使用情况进行统计。

```
(defun show-Color-Statistics(/ objectColor colorSublist  colorList)
    (setq modelSpace(vla-get-ModelSpace(vla-get-ActiveDocument(vlax-get-Acad-Object))))
(vlax-for obj modelSpace
        (setq objectColor(vla-get-Color obj))
      (if(setq colorSublist(assoc objectColor colorList))
        (setq colorList
          (subst(cons objectColor(1 + (cdr colorSublist)))  colorSublist colorList))
        (setq colorList(cons(cons objectColor 1)colorList)))
    )
(if colorList
    (progn
      (setq colorList(vl-sort colorList '(lambda   (lst1 lst2)( <(car lst1)(car lst2)))))
      (princ "\nColorList = ")
      (princ colorList)
      (foreach subList colorList
       (princ "\nColor ")
       (princ(car subList))
       (princ " is found in ")
       (princ(setq count(cdr subList)))
```

　　　　　（princ " object"）
　　　　　（princ(if(= count 1)
　　　　　"."
　　　　　" s. ")))))
（princ）
）

本例中当前图形含有 7 个实体，其中两个圆是黄色、椭圆和线段为红色、矩形和正六变形为绿色、样条曲线用蓝色绘制。输入（SHOW-COLOR-STATISTICS）后，显示如下信息：

_1 $ (SHOW-COLOR-STATISTICS)
ColorList = ((1.2)(2.2)(3.2)(5.1))
Color 1 is found in 2 objects.
Color 2 is found in 2 objects.
Color 3 is found in 2 objects.
Color 5 is found in 1 object.

12.11.3 获取集合中的成员对象

用 item 方法从集合中获取其成员对象。集合的 count 属性则显示集合内对象的数量。利用 item 方法和 count 属性，可以单个处理集合中的每个对象。

1. 获取模型空间的图形对象

函数 vla-get-count 获取模型空间图形对象的数量。调用格式如下：
（vla-get-count myms）；返回当前实体的数量
函数 vla-item 获取模型空间指定序号的图形对象。调用格式如下：
（vla-item myms index）；index 是图形对象的序号，第一个图形对象的序号为 0，返回 VLA 类型的图形对象

2. 查看或处理模型空间的每个对象

item 方法可从集合中获取其成员对象，集合的 count 属性则显示出其中有多少个对象。利用 item 方法和 count 属性，用户可以单个地处理 collection 中的每个对象。如，可以查看模型空间中的每个对象，确定对象类型，并仅处理用户感兴趣的对象类型。如下代码打印出模型空间中每个圆弧对象的起始角度：

（setq index 0）；设置序号 index 等于 0
（repeat　（vla-get-count myms）；重复执行的次数为图元的数量
（setq ent-obj(vla-item myms index)）；获取 VLA 图形对象
　（if(= "AcDbArc"(vla-get-objectname ent-obj)))；判断图形对象是否是圆弧
　　（progn;如果对象的类型是 AcDbArc
　　　（princ " \n 这个圆弧的起始角度度是:"）
　　　（princ(vla-get-startangle ent-obj)));打印圆弧的起始角度
　　）
　）
（setq index(+ index 1)）；序号 index 的值增加 1

）

item 方法和 count 属性也可以应用到组和选择集中。

12.11.4 释放 VLA 对象和释放内存

多个变量指向同一个 AutoCAD 图元一样，也可能将多个 VLA 对象指向同一个图形对象。只要 VLA 对象还指向图形对象，AutoCAD 就会保留该对象所需的内存。

用 equal 函数比较两个 VLA 对象，如果两个 VLA 对象指向同一个图形对象，equal 函数返回 T。

如果不再需要引用该 VLA 对象，可调用函数 vlax-release-object 释放 VLA 对象。调用该函数的格式如下：

（vlax-release-object VLA 对象）

与关闭文件的指针类似，如果释放了 VLA 对象，就不能再使用该 VLA 对象。调用 vlax-release-object 函数时并不会释放内存，但如果释放了对象的所有引用，AutoCAD 会释放相关内存。

如果要测试是否释放了某对象，可使用函数 vlax-object-released-p：

（vlax-object-released-p VLA 对象）

如果已释放了该 VLA 对象，函数返回 T，否则返回 nil。

12.11.5 处理 ActiveX 方法返回的错误

当 ActiveX 方法失败时，所采取的办法是引发异常，不是返回出错代码通知程序。因此，如果程序使用了 ActiveX 方法，必须在程序中设法截取异常，否则程序会中止并失去响应。

函数 vl-catch-all-apply 可以截取 ActiveX 方法返回的错误。调用格式如下：

（vl-catch-all-apply 'function list）

参数 function 为要截取的函数名，list 为要截取的函数的参数

下面实例说明为什么要截取 ActiveX 方法返回的错误，以及如何利用 vl-catch-all-apply 函数处理 ActiveX 方法返回的错误。

1）在模型空间绘制一条直线、一个圆和一条射线。

2）定义【例 6】所示的 box1 函数。

【例 6】

```
(defun box1(/ mydoc myhndl myobj llpoint urpoint)
  (vl-load-com)
  (setq mydoc(vla-get-activedocument(vlax-get-acad-object)))
  (setq myhndl(cdr(assoc 5(entget(car(entsel "\n 选择一个图元:"))))))
  (setq myobj(vla-handletoobject mydoc myhndl))
  (vla-getboundingbox myobj 'llpoint 'urpoint)
  (princ "\n 包容方框的角点")
  (princ(vlax-safearray->list llpoint))
  (princ " ")
  (princ(vlax-safearray->list urpoint))
  (princ)
```

)

加载该程序,在"Command:"或控制台的"$"提示下调用该函数,如果直线或圆作为被选对象,该函数打印出包括方框的左下和右上两个角点,若选中射线,出现提示"; error: Automation Error. Invalid extents Automation 错误。范围无效"。这是因为射线沿其发射方向无限延伸,不可能被包括在某方框中,所以调用 GetBoundingBox 会导致程序崩溃。从出错提示中可以看到该错属于 Automation 错误,而系统对该类错误未提供说明。

3) 定义【例7】所示的 box2 函数。在 box2 函数中,通过 vl-catch-all-apply 函数调用 vla-getboundingbox 函数及其参数,将其返回值赋给变量 err。若 err 是 ActiveX 返回的出错信息,提示用户不能建立包容方框,程序退出。否则,即 ActiveX 没有返回出错信息,程序将正常运行。

vl-catch-all-error-p 函数可以检查函数 vl-catch-all-apply 的返回值,如果 vl-catch-all-apply 的返回值是一个出错信息,则 vl-catch-all-error-p 函数返回 T。

【例7】获取图元包容方框的角点。

```
(defun box2(/ mydoc myhndl myobj llpoint urpoint)
    (vl-load-com)
    (setq mydoc(vla-get-activedocument(vlax-get-acad-object)))
    (setq myhndl(cdr(assoc 5(entget(car(entsel "\n 选择一个图元:"))))))
    (setq myobj(vla-handletoobject mydoc myhndl))
    (setq err(vl-catch-all-apply 'vla-getboundingbox(list myobj 'llpoint 'urpoint)))
    (if(vl-catch-all-error-p err)
        (princ "\n 所选图元不能建立包容方框,程序将退出 !")
(progn
    (princ "\n 包容方框的角点")
        (princ(vlax-safearray->list llpoint))(princ " ")
    (princ(vlax-safearray->list urpoint))))
(princ)
)
_1 $ (box2)
```

运行程序,选择实体。
返回值:所选图元不能建立包容方框,程序将退出!

12.12 举例

1. 用 ActiveX 方法定义在模型控件绘制一条直线的命令

用 ActiveX 方法生成图形对象的步骤是:
1) 获取 AutoCAD 应用程序对象。
2) 获取活动文档对象。
3) 获取模型空间对象。
4) 将 AutoLISP 数据转换为 ActiveX 的数据类型。

5) 调用添加具体图形对象的方法。

【例8】

用 ActiveX 方法定义绘制一条直线的命令。

```
(defun c:actvline(/ myacad mydoc myms p1 p2 myline)
  (vl-load-com)
  (setq myacad(vlax-get-acad-object));获取 AutoCAD 应用程序本身
  (setq mydoc(vla-get-ActiveDocument myacad));获取活动文档
  (setq myms(vla-get-ModelSpace mydoc));获取模型空间
  (setq p1(getpoint "\n 输入直线的起点:"))
  (setq p2(getpoint p1 "\n 输入直线的终点:"))
  ;将普通的三维点转换为 ActiveX 的变体,再调用添加直线的方法
(setq myline(vla-addline myms(vlax-3d-point p1)(vlax-3d-point p2)))
(princ)
)
```

2. 用 ActiveX 方法定义将选到的圆改变为指定面积的命令

用 ActiveX 方法修改图形对象的步骤是：
1) 获取图形对象的图元名。
2) 将图元名转换为 VLA 对象。
3) 更新图形对象指定的属性。

【例9】 用 ActiveX 方法定义将选到的圆改变为指定面积的命令。

```
(defun c:chcircarea(/ec area v_c)
  (vl-load-com)
  (setq ec(car(entsel "\n 选择一个圆:")));获取圆的图元名
  (setq area(getreal "\n 输入圆的新的面积:"));
(while( < = area 0)
    (alert "面积必须大于0,请重新输入!")
    (setq area(getreal "\n 输入圆的新的面积:"));
  )
  (setq v_c(vlax-ename->vla-object ec));将圆的图元名转换为 VLA 对象
  (vla-put-area v_c area);更新圆的面积
(princ)
)
```

习　题

1. 填空

（1）下列属性中,属于直线的一组属性是（　　）。

A. Angle, Delta, Handle, Layer, Linetype, LinetypeScale, Thickness

B. EndPoint, Layer, Circumference, Linetype, Lineweight, StartPoint, Thickness

C. Area, EndPoint, Layer, Length, Linetype, LinetypeScale, Lineweight

D. Angle, Delta, Diameter, EndPoint, Length, Linetype, LinetypeScale, Lineweight

（2）下列方法中属于直线的一组方法是（　　）。

A. GetBoundingBox, Highlight, IntersectWith, ScaleEntity, SetXData, Update
B. ArrayRectangular, Copy, Delete, Mirror, Move, Offset, Rotate, Explode
C. Copy, Delete, Mirror, Mirror3D, Move, Offset, Rotate, Rotate3D, ZoomAll
D. ArrayPolar, Copy, Delete, GetBulge, GetXData, Offset, Rotate, Rotate3D

2. 用 ActiveX 方法定义绘制圆的命令。

3. 用 ActiveX 方法定义将选择的圆改变为指定周长的命令。

第13章 使用反应器

13.1 反应器基础

反应器（Reactor）是一个附加到 AutoCAD 图形对象上的对象，通过反应器可以使 AutoCAD 随时监测用户感兴趣的事件的发生并自动调用相应的程序。如果用户改变附着反应器的图元，应用程序将通过反应器接收该图元已被改变的信息，使图元发生用户所设置的改变。这样，当生成一个图形对象后，可以使图形对象随时发生所需要的变化。

反应器通过调用与它相关的函数与应用程序通信，这样的函数称为回调函数，反应器的回调函数和用户用 Visual LISP 写的其他函数相似，用户将它们附到反应器事件时，它们就成了回调函数。

在 AutoLISP 中使用反应器函数之前，必须加载支持代码，才能使用这些函数。调用如下函数可加载反应器支持程序：

vl-load-com

该函数首先检查是否已加载反应器支持程序，如果已加载，该函数不会执行任何操作。否则它将加载反应器支持程序和其他 AutoLISP 扩展函数。

注意：所有使用反应器（包括回调函数）的应用程序应该在开始时就调用 vl-load-com。

AutoCAD 反应器有很多类型，每个反应器类型均对应一个或多个 AutoCAD 事件。

13.1.1 反应器的类型

反应器有多种类型，每种反应器对应一个或多个 AutoCAD 事件。反应器可以分为以下几类：

1）数据库反应器（:VLR-Acdb-Reactor）：用于与图形数据库中的图元或对象联系。当图形数据库发生特定类型的事件时，该反应器将通知应用程序。

2）文档反应器（:VLR-DocManager-Reactor）：用于与当前图形文档修改状态（如打开新的图形文档、激活其他文档窗口、更改文档锁定状态）相联系，即该反应器将通知应用程序。

3）对象反应器（:VLR-Object-Reactor）：当特定对象（AutoCAD 图元）被修改、复制或删除时，该反应器将通知应用程序。

4）编辑反应器（:VLR-Editor-Reactor）：在调用 AutoCAD 命令（如打开图形、关闭图形、保存图形、输入输出 DXF 文件、改变系统变量的值等）时，该反应器将通知应用程序。

5）链接反应器（:VLR-Linker-Reactor）：当加载和卸载 ARX 应用程序时，该反应器将通知应用程序。

每种事件响应一个或多个 AutoCAD 事件。例如，文档反应器通知你的应用程序当前图形文档的每次变化，如打开一个新图、激活了一个不同的文档窗口或者改变了一个文档的加锁状态；对象反应器在每次指定的对象发生诸如复制、移动等变化时通知应用程序。

调用函数 vlr-types 可返回反应器类型的完整列表。表 13-1 列出了 AutoCAD 反应器类型及其标志符。

表 13-1　AutoCAD 反应器类型及其标志符

反应器类型的标志符	说　明
:VLR-AcDb-Reactor	数据库反应器
:VLR-DocManager-Reactor	文档管理反应器
:VLR-Editor-Reactor	通用编辑器反应器，为向后兼容而保留
:VLR-Linker-Reactor	链接反应器
:VLR-Object-Reactor	对象反应器

其中通用编辑器反应器被进一步细分为更加明确的几种反应器类型，见表 13-2。表 13-1 中的通用编辑器反应器类型只是为了向后兼容才保留的，表 13-2 所示的编辑类型的各种反应器不能被编辑器:VLR-Editor-Reactor 所引用。

表 13-2　编辑类型的各种反应器及其标志符

反应器类型的标志符	说　明
:VLR-Command-Reactor	通报命令事件
:VLR-DeepClone-Reactor	通报 Deep Clone 事件
:VLR-DWG-Reactor	通报图形事件（如，打开或关闭图形文件）
:VLR-DXF-Reactor	通报和读写 DXF 文件相关的事件
:VLR-Insert-Reactor	通报和插入块有关的事件
:VLR-Lisp-Reactor	通报 LISP 事件
:VLR-Miscellaneous-Reactor	通报该表未列出的其他与编辑相关的事件
:VLR-Mouse-Reactor	通报鼠标事件（如双击）
:VLR-SysVar-Reactor	通报对系统变量的修改
:VLR-Toolbar-Reactor	通报对工具栏上位图的修改
:VLR-Undo-Reactor	通报 Undo 事件
:VLR-Wblock-Reactor	通报和写块有关的事件
:VLR-Window-Reactor	通报移动或改变 AutoCAD 窗口大小有关的事件
:VLR-XREF-Reactor	通报附着或修改 XREF 有关的事件

13.1.2　反应器的回调事件

对每种反应器，都有一些事件可使它通知用户的应用程序，这些事件被称为回调事件，因为它们将触发反应器调用与该事件相关的函数。例如，当发出 Save 命令保存图形时，将会发生 AutoCAD 保存图形文件（:vlr-beginSave）的事件，当保存过程结束时，将会发生 AutoCAD 已将当前图形保存到磁盘（:vlr-saveComplete）的事件。设计基于反应器的应用程序就是根据回调事件的内容编写这些事件发生时所要激活的函数。

vlr-reaction-names 函数返回与给定反应器类型相关的所有事件组成的表：

(vlr-reaction-names   reactor-type)

参数 reactor-type 是反应器类型的标志,见表 13-1 和表 13-2。

例如:下述命令返回和 object reactors 相关的所有事件组成的表。

_$(vlr-reaction-names :VLR-Object-Reactor)

(:VLR-cancelled :VLR-copied :VLR-erased :VLR-unerased :VLR-goodbye :VLR-opened For Modify :VLR-modified :VLR-subObjModified :VLR-modifyUndone :VLR-modifiedXData :VLR-unappended :VLR-reappended :VLR-objectClosed)

例如:

下列代码将返回和图形反应器相关的所有事件组成的表。

(vlr-reaction-names :VLR-DWG-Reactor)

_$(vlr-reaction-names :VLR-DWG-Reactor)

(:VLR-beginDwgOpen :VLR-endDwgOpen :VLR-dwgFileOpened :VLR-databaseConstructed :VLR-databaseToBeDestroyed :VLR-beginSave :VLR-saveComplete :VLR-beginClose)

注意:如果该命令或其他任何 vlr-﹡命令失败,并出现"函数未定义"消息,那么有可能是忘了调用用于加载 AutoLISP 反应器支持函数的 vl-load-com 函数。

在 Visual LISP 加载并运行如下代码,可以打印出所有相关反应器事件列表(按反应器类型排序):

(defun print-reactors-and-events()
　　(foreach rtype(vlr-types)
　　　　(princ(strcat "\n"(vl-princ-to-string rtype)))
　　　　(foreach rname(vlr-reaction-names rtype)
　　　　　　(princ(strcat "\n\t"(vl-princ-to-string rname)))))
　　(princ)
)

_$(load"D:/My Documents/ex_1.lsp")

返回值:PRINT-REACTORS-AND-EVENTS

运行函数(PRINT-REACTORS-AND-EVENTS)

_$(PRINT-REACTORS-AND-EVENTS)

用户就可以看到相关反应器事件的列表(下面给出了部分列表内容)

:VLR-Linker-Reactor

:VLR-rxAppLoaded

:VLR-rxAppUnLoaded

:VLR-Editor-Reactor

:VLR-unknownCommand

:VLR-commandWillStart

:VLR-commandEnded

:VLR-commandCancelled

:VLR-commandFailed

:VLR-lispWillStart

:VLR-lispEnded
:VLR-lispCancelled
:VLR-beginClose
:VLR-beginDxfIn
:VLR-abortDxfIn
:VLR-dxfInComplete
:VLR-beginDxfOut
:VLR-abortDxfOut
:VLR-dxfOutComplete
:VLR-beginDwgOpen
:VLR-endDwgOpen
:VLR-dwgFileOpened
:VLR-databaseConstructed
:VLR-databaseToBeDestroyed
:VLR-beginSave
:VLR-saveComplete
:VLR-sysVarWillChange
:VLR-sysVarChanged
⋮

AutoLISP 参考列出了与各种反应器类型的所有相关事件。对每种反应器类型，这些信息包括在定义该类型反应器的函数说明中。这些函数的名称和反应器类型相同，只是没有前面的冒号（:）。例如：vlr-acdb-reactor 创建数据库反应器，vlr-toolbar-reactor 创建工具栏反应器，依此类推。

和 ActiveX 一样，必须首先调用 vl-load-com 函数，加载支持反应器和其他的 AutoLISP 扩展函数之后，才能实现反应器的功能。

13.1.3 反应器的回调函数

设计一个基于反应器的应用程序，必须首先确定的事件，然后编写当该事件发生时所要执行的程序即回调函数（callback function）。反应器是通过回调函数同应用程序相互通信的，回调函数是一个用 defun 函数定义的标准 AutoLISP 程序，只是与其事件反应器绑定在一起时就成为了回调函数。反应器的回调函数就是回调事件发生时所要执行的函数。

除对象反应器外，对应于其他所有类型反应器的回调函数都必须带有两个形参：第一个形参用以指明激活该函数的反应器对象；第二个形参是一个由 AutoCAD 设置的参数列表。

反应器的回调函数是用 AutoLISP 定义的。编写回调函数有不能使用 command 函数调用 AutoCAD 命令，只能用 ActiveX 函数访问图形对象的限制。

1) 不能使用 entget 和 entmod 函数。
2) 不能使用选择集操作函数。
3) 不能使用交互输入函数。
4) 在事件处理函数中不要加载警告和信息之外的对话框。

定义对象反应器回调函数和定义其他反应器的回调函数也不完全相同。

1. 定义对象反应器的回调函数

定义对象反应器的回调函数的格式如下：

(defun function(notifier-object reactor-object parameter-list)...)

参数 notifier-object 是事件发生的对象。

参数 reactor-objec 是调用这个函数的反应器对象。

参数 parameter-list 是回调事件返回的回调数据表。

下面通过两个实例来说明回调函数的定义方法。

【例1】定义一个名为 saveDWGinfo 的回调函数，其中，变量 calling-reactor 用以指明激活该函数的反应器；而变量 commandInfo 是由 AutoCAD 根据反应器类型所传递的一个包含有所保存文件全路径文件名的表；通过调用 vl-file-size 函数返回该文件的字节长度。最后，在 AutoCAD 窗口内显示一个包含上述信息的警告窗口。

代码：

(defun saveDWGinfo(calling-reactor commandInfo / dwgname filesize)
　　(setq dwgname(cadr commandInfo)
　　　　　filesize(vl-file-size dwgname)
　　)
　　(alert(strcat "The file size of" dwgname "is"(itoa filesize)"bytes. ")
　　)
)

与其他 AutoCAD 反应器不同，对象反应器是被绑定于特定的 AutoCAD 实体（对象）上的。因此，在定义反应器时，必须指定要绑定的实体，所以对象反应器回调函数被定义为接受3个形参。第一个形参用于指明被绑定的实体；后两个形参则与其他类型反应器回调函数相同。下面定义的是一个用以显示圆半径的对象反应器回调函数

【例2】定义名为 print-radius 的回调函数，用来打印圆的半径。其中：notifier-object 是事件发生的对象，reactor-object 是调用这个函数的反应器对象，parameter-list 是回调事件返回的回调数据表。虽然本例并不关心 parameter-list 的值，但定义回调函数时，也要进行变量的声明。

(defun print-radius(notifier-object reactor-object parameter-list)
　　(vl-load-com)
　　(cond
　　　　((vlax-property-available-p notifier-object "Radius");判断该图形对象是否具有 radius 特性
　　　　　(princ "这个圆的半径是：")
　　　　　(princ(vla-get-radius notifier-object))
　　　　)
　　)
)

【例3】定义一个名为 SysVarInfo 的回调函数，其中，变量 calling-reactor 的含义同例1；

而变量 sysvarinfo 这个表的第一个元素为系统变量名,第二个元素为一标志符,如变量设置成功就为"T"。最后,根据设置成功与否 AutoCAD 窗口内显示相应的信息。

```
(defun SysVarInfo(calling-reactor sysvarinfo)
   (setq sysvarname(car sysvarinfo)
      flag(cadr sysvarinfo)
   )
   (if(equal flag T)
      (alert(strcat "系统变量" sysvarname "设置成功"))
      (alert(strcat "系统变量" sysvarname "设置失败"))
   )
)
```

2. 定义其他反应器的回调函数

由于其他反应器不需要链接到 AutoCAD 的图元上,因此定义其他反应器的回调函数只需以下两个参数:

(defun function(reactor-object parameter-list)...)

参数 reactor-object 是调用这个函数的反应器对象。

参数 parameter-list 是回调事件返回的回调数据表。

【例 4】 定义名为 saveDrawingInfo 的回调函数。

参数 calling-reactor 是调用该函数的反应器对象。参数 commandInfo 是回调事件返回的回调数据表。该函数在发生保存 AutoCAD 图形的事件时被激活,显示文件的路径和大小等信息。

代码:

```
(defun saveDrawingInfo(calling-reactor commandInfo / dwgname filesize)
   (vl-load-com)
   (setq dwgname(cadr commandInfo)filesize(vl-file-size dwgname))
   (alert(strcat "这个文件(" dwgname ")的大小是"(itoa filesize)"字节."))
   (princ)
)
```

在该例中,通过函数 vl-file-size 获取图形文件的大小,通过警告对话框显示这些信息。

注意:回调函数是一个常规 AutoLISP 函数,需要 defun 定义,但对回调函数的编码有一定的限制:不能用 command 函数调用 AutoCAD 命令,只能用 ActiveX 函数访问图形的对象,在回调函数中不能用 entget 和 entmod 函数。

3. 定义 AutoCAD 预定义的回调函数

AutoCAD 提供了两个预定义的回调函数,可以在测试反应器时使用这些函数:

1) vlr-beep-reaction 函数

vlr-beep-reaction 的功能是让计算机发出"嘟嘟"声。

2) vlr-trace-reaction 函数

vlr-trace-reaction 的功能是将参数列表打印到 Visual LISP 的"跟踪"窗口。

13.2 生成反应器

创建反应器时要把回调函数和事件相连,对于建立每种类型的反应器都有一个与之相对应的 AutoLISP 函数,这些函数的函数名与它的反应器类型相同,只是没有前面的冒号。创建反应器用 vlr-××-reactor 函数。如,vlr-acdb-reactor 创建数据库反应器,vlr-toolbar-reactor 创建工具栏反应器,依此类推,所有创建反应器的构造函数都返回一个反应器对象。除对象反应器外,其他反应器的创建函数需要如下参数:

1) 与反应器对象关联的 AutoLISP 函数。
2) 标志符队列表,标志事件和与事件相关联的回调函数:(event-name. callback_function)。每个点对表由事件及与该事件相连的回调函数组成。

AutoLISP Reference 列出了与每种反应器类型相关的所有可能事件。例如,通过 vlr-DWG-reactor,可以看到表 13-3 所示的与 DWG 反应器相关的所有可能事件。

表 13-3 DWG 反应器事件

事 件 名 称	说　　　明
:vlr-beginClose	图形数据库将被关闭
:vlr-databaseConstructed	已经构建图形数据库
:vlr-databaseToBeDestroyed	将从内存中删除图形数据库的内容
:vlr-beginDwgOpen	AutoCAD 将打开图形文件
:vlr-endDwgOpen	AutoCAD 已结束打开操作
:vlr-dwgFileOpened	新图形已被加载到 AutoCAD 图形窗口
:vlr-beginSave	AutoCAD 将保存图形文件
:vlr-saveComplete	AutoCAD 已将当前图形保存到磁盘

如下命令定义了一个 DWG 编辑器反应器。当用户发出 save 命令时,该反应器将激活 saveDrawingInfo 函数:

(vlr-dwg-reactor nil '((:vlr-saveComplete. saveDWGInfo)))

该语句建立了一个 dwg 编辑器反应器,调用例 1 中定义的回调函数 saveDWGinfo 以响应 Save 命令。由于没有为该反应器绑定数据,故第一形参为 nil,第二个形参表中只有一个点对表,其中:vlr-saveComplete 为事件。反应器定义成功后,每次用户发出 save 命令都会执行 saveDWGinfo 函数,在 AutoCAD 窗口显示保存文件名及字节长度信息。

(vlr-SySVar-reactor   nil '((:vlr-sysvarchanged. sysvarinfo)))

该语句建立一个系统变量反应器,并将例 2 中定义的回调函数与:vlr-sysvarchanged 事件相连。这样在改变系统变量后会在 AutoCAD 窗口显示相应信息。

13.2.1 创建对象反应器

因为对象反应器必须链接到特定的 AutoCAD 图元(对象)上,所以在定义对象反应器时,必须指定反应器所要链接的图元。对象反应器的调用格式如下:

(vlr-object-reactor owners data callbacks)

参数 owners 为 VLA 对象表，表内可以是多个 VLA 对象。这些对象称为反应器的所有者。

参数 data 为与反应器对象相关联的数据，如果没有数据则该项为 nil。

参数 callbacks 为点对表，指明事件和与该事件相关联的回调函数。点对表的格式如下：
(event-name. callback_function)

该点对表的 event-name 是表 13-4 所示的 Object 事件中的名称标志，callback_function 为回调函数。表 13-5 是针表 13-4 中特定的回调事件返回的回调数据表。

该函数的返回值为 reactor_object（对象反应器）。

表 13-4　Object 事件及其名称标志

名　称　标　志	事　　件
:vlr-cancelled	对象的修改已经取消
:vlr-copied	对象已经被复制
:vlr-erased	对象的删除标志已被设置
:vlr-unerased	对象的删除标志已被重置
:vlr-goodbye	即将从内存中删除对象
:vlr-openedForModify	即将修改对象
:vlr-modified	对象已修改，如果取消修改，还将激发 :vlr-cancelled 和 :vlr-modifyUndone
:vlr-subObjModified	对象的子图元已被修改。在修改多义段或网格顶点时触发该事件。块引用拥有的属性也会触发该事件
:vlr-modifyUndone	对象的修改已被放弃
:vlr-modifiedXData	对象的扩展图元数据已被修改
:vlr-unappended	已从图形数据库中拆离对象
:vlr-reappended	对象已被重新链接到图形数据库
:vlr-objectClosed	对象的修改已经完成

表 13-5　Object 事件回调函数

名　　称	表　长　度	参　　数
:vlr-cancelled	0	
:vlr-erased, :vlr-unerased :vlr-goodbye :vlr -openedForModify :vlr-modified :vlr-modifyUndone :vlr-modifiedXData :vlr-unappended :vlr-reappended :vlr-objectClosed		
:vlr-copied	1	由复制操作创建的对象（ename）
:vlr-subObjModified	1	已被修改的子对象（ename）

例如：

如下代码创建了一个对象反应器。该对象反应器只有一个所有者，即 VLA 对象 myCircle；与该反应器对象相关联的数据为" Circle Reactor"；点对表为（：vlr-modified. print-radius），当发生 myCircle 对象被修改（即：vlr-modified）事件时，调用 print-radius 回调函数：

(setq circleReactor(vlr-object-reactor(list myCircle)"Circle Reactor" '((:vlr-modified. print-radius))))

上述反应器对象赋给变量 circleReactor。通过该变量实现对该反应器的查询、修改或删除等。

创建对象反应器除必须指定反应器所要链接的图元之外，还要注意以下几点：

1）在定义所有者列表时，只能指定 VLA 对象，而不允许使用 ename 对象。要求 VLA 对象是因为回调函数只能用 ActiveX 方法修改 AutoCAD 对象，而 ActiveX 方法要求使用 VLA 对象。

尽管不能在回调反应器中使用由 entlast 和 entget 等函数获取 VLA 对象，但可用 vlax-ename- > vla-object 函数将 ename 对象转换成 VLA 对象。

2）如果对象被包括在对象反应器的所有者列表之中，就不能在回调函数中修改该对象。如果这样做，将会导致一个出错消息，并使 AutoCAD 崩溃。

下面是实现对象反应器功能的实例。

① 加载例 5 所示程序段。

【例 5】生成一个圆的 VLA 对象。

```
(setq myCircle
(progn
  (setq ctrPt(getpoint " \n 输入圆心：")
    radius(distance ctrPt  (getpoint ctrpt " \n 输入半径：")))
  )
  (vla-addCircle
      (vla-get-ModelSpace;将圆加入到图形模型空间
      (vla-get-ActiveDocument(vlax-get-acad-object)))
      (vlax-3d-point ctrPt)
    radius
)))
```

该代码使用 vla-addCircle 画一个圆，将返回值赋给变量 myCircle。该返回值是 VLA 对象，包含指向所画圆对象的指针。

② 加载【例 2】所示回调函数 print-radius。

③ 定义对象反应器

```
(setq circleReactor(vlr-object-reactor(list myCircle)
          "Circle Reactor" '((:vlr-modified. print-radius))))
```

④ 在 AutoCAD 图形窗口，选取该圆并修改其大小，print-radius 函数将在 AutoCAD 命令窗口显示一个消息。

例如：

如果用点或 STRETCH 命令修改该圆的大小，将在命令提示区显示以下信息：
STRETCH
Specify stretch point or [Base point/Copy/Undo/eXit]：这个圆的半径是：190.0

如果用点或 STRETCH 命令改变其他圆的大小时，将没有该提示信息中的"这个圆的半径是："，这是因为在其他的圆上没有链接 circleReactor 反应器。

13.2.2 创建其他反应器

其他反应器不需要链接 AutoCAD 图元，定义时，只需要两个参数。创建其他反应器通过函数 vlr-××-reactor，该函数的调用格式如下：

（vlr-××-reactor data callbacks）

参数 data 为任意要与反应器对象关联的数据，如果没有数据则该项为 nil。
参数 callbacks 为点对表，指明事件和与该事件相关联的回调函数，点对表的格式如下：

（event-name. callback_function）

例如：

定义一个 DWG 编辑器反应器。当用户发出 save 命令时，该反应器将激活 saveDrawingInfo 函数。

（vlr-dwg-Reactor nil '((:vlr-saveComplete. saveDrawingInfo)))

在该例中，第一个参数为 nil 是因为没有与反应器相关联的数据；第二个参数是点对表，指明：vlr-saveComplete 事件与 saveDrawingInfo 回调函数相关联。当 :vlr-saveComplete 事件发生时，AutoCAD 传递给回调函数一个图形文件名字的字符串。

每个点对表都指定了反应器要通报的事件，以及该事件发生时要调用的回调函数。在本例中，只指定了一个事件：vlr-saveComplete。

只要用户发出命令，不管是从 AutoCAD 命令行、菜单、工具栏或 AutoLISP 程序，都会通知编辑器反应器。所以，该 DWG 反应器的回调函数需要明确它应对什么事件作出响应。在本例中，回调函数 saveDrawingInfo 只是检查 Save 命令。

下面是实现 DWG 反应器功能的实例：

1）加载【例4】所定义的回调函数 saveDrawingInfo。
2）定义 DWG 反应器

  （vlr-dwg-Reactor nil '((:vlr-saveComplete. saveDrawingInfo)))

返回值：#<VLR-DWG-Reactor>

3）在 AutoCAD 图形窗口单击存盘的图标或调用存图的命令。当完成存图工作时将会弹出图 13-1 所示的"AutoCAD 信息"对话框。说明该实例成功。

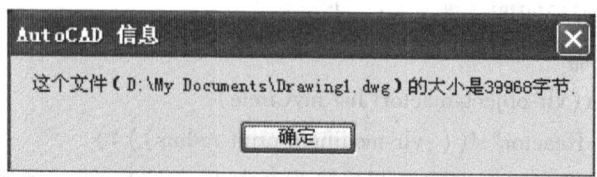

图 13-1 "AutoCAD 信息"对话框

13.2.3 将数据附着到反应器对象

利用创建反应器函数的参数可以为反应器指定与其关联的数据，如果该项为 nil，表示不需要为反应器指定与其关联的数据。

一个对象可能链接多个反应器，如果它们的参数都为 nil，应用程序将无法区分它们。在这种情况下就应该为反应器指定文本字符串或应用程序能识别的其他数据。

例如，在创建对象反应器 circleReactor 的实例中，字符串 "CircleReactor" 就是与反应器 circleReactor 相关联的数据。

13.2.4 在多重名称空间中使用反应器

当前的 AutoLISP 在任意时刻只能在一个文档中工作。而有些 AutoCAD 的 API（如 ObjectARX 和 VBA）支持应用程序同时在多个文档中工作。这样就造成了程序可能修改当前并非活动的其他被打开的文档，但 AutoLISP 现在不支持该功能（注意虽然 VLX 可能运行在和加载它的文档名称分开的独立名称空间中，但是它仍和该文档相关联，不能操作其他文档中的对象）。

AutoLISP 为运行在非激活文档中的反应器回调函数提供了有限的支持。默认情况下，只有在定义反应器的文档是活动文档时，才会在相关事件出现时，调用反应器的回调函数。但用户可使用 vlr-set-notification 函数改变这种默认行为。

当指定某反应器在定义它的文档不是活动文档时，也能执行其回调函数（如，其他名称空间中的应用程序触发了某事件），应调用如下函数：

(vlr-set-notification reactor-object 'all-documents)

如果修改反应器，使它仅在定义它的文档是活动文档时才执行其回调函数，可调用如下函数：

(vlr-set-notification Reactor-object 'active-document-only)

vlr-set-notification 函数返回指定的反应器对象。如下命令序列定义了一个反应器，不管与它相关联的文档是否是活动文档，该反应器都响应相关事件：

_ $ (setq circleReactor(vlr-object-reactor(list myCircle)
    "Circle Reactor" '((:vlr-modified. print-radius))))
#< VLR-Object-Reactor >
_ $ (vlr-set-notification circleReactor 'all-documents)
#< VLR-Object-Reactor >

用 vlr-notification 函数可确定反应器的通报设置。例如：

(vlr-notification circleReactor)
all-documents

vlr-set-notification 函数仅影响它所指定的反应器，所有反应器在被创建时，其通报设置都是默认的 "active-document-only"。

警告：如果用户将某反应器设为即使其相关文档不是活动文档时，触发其回调函数，该回调函数应读取或设定 AutoLISP 变量。如果它执行其他操作，可能会导致系统不稳定。

13.3 查询、修改和控制反应器的状态

13.3.1 查询反应器

有多种方法来获取反应器的信息。可使用标准的 Visual LISP 数据查看工具查看反应器的信息，也可用有关反应器的 AutoLISP 函数。

1. 了解图形中有关反应器的总体情况

通过 vlr-reactors 函数可以了解当前图形中共用到了哪些反应器或有哪些指定类型的反应器。vlr-reactors 函数的调用格式如下：

(vlr-reactors [reactor-type...])

参数 reactor-type 为反应器类型的标志符。如果指定了 reactor-type 参数，该函数返回由指定类型反应器组成的表。如果省略参数 reactor-type，该函数返回当前图形所有的反应器。

1) 以下表达式列出图形中的所有反应器：

(vlr-reactors)

返回((:VLR-Object-Reactor #<VLR-Object-Reactor>)(:VLR-Editor-Reactor #<VLR-Editor-Reactor>))，有一个对象反应器和一个编辑器反应器。

2) 以下表达式列出所有的对象反应器：

(vlr-reactors :vlr-object-reactor)

返回((:VLR-Object-Reactor #<VLR-Object-Reactor>))，有一个对象反应器

3) 以下表达式列出所有数据库反应器：

(vlr-reactors :vlr-acdb-reactor)

返回 nil，没有数据库反应器

4) 以下表达式列出所有 DWG 反应器：

(vlr-reactors :vlr-dwg-reactor)

返回((:VLR-DWG-Reactor #<VLR-DWG-Reactor> #<VLR-DWG-Reactor>))，有一个 DWG 反应器，有两个指向该 DWG 反应器的指针。

2. 用 Visual LISP 的检验工具检查反应器

使用 Visual LISP 的检验工具检查反应器。在 Visual LISP 编辑器窗口选择 circleReactor，单击按钮 ![]，将弹出图 13-2 所示的检验窗口。

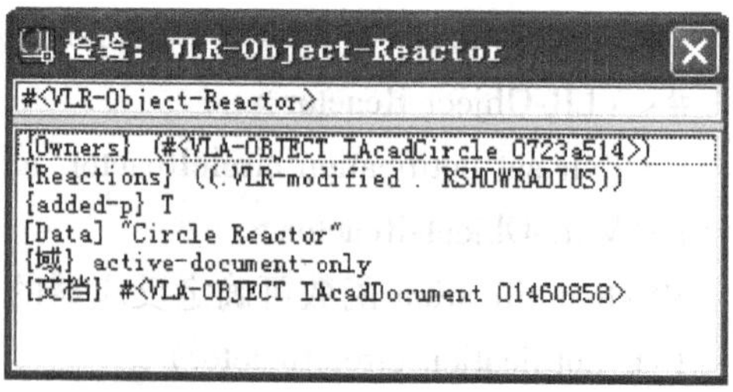

【例6】运行如下程序代码：

```
(vl-load-com)
(setq oAcad(vlax-get-acad-object)
        oDoc    (vla-get-activedocument oAcad)
)
(cond
  ((and(setq ctrPt(getpoint "\n 圆心："))
```

图 13-2 有关反应器的检验窗口

第13章 使用反应器

```
(setq rad(distance ctrPt(getpoint ctrPt "\n 半径：")))
  )
  (setq CircleObject
  (vla-addCircle
    (vla-get-ModelSpace oDoc)
    (vlax-3d-point ctrPt)
    radius
  )
  )
  )
)
(if CircleObject
  (setq circleReactor
  (vlr-object-reactor
    (list CircleObject)
    "Circle Reactor"
    '((:vlr-modified. rShowRadius))
  )
  )
)
(defun rShowRadius(notifier-object reactor parameter-list)
  (cond
    ((vlax-property-available-p notifier-object "Radius")
    (princ "＊＊＊半径为 ")
    (princ(vla-get-radius notifier-object))
    )
  )
)
```

"检验"窗口中列出的条目如下：

1) 反应器的类型标志符，如 VLR-Object-Reactor。
2) 该反应器的所有者，如 < VLR-OBJECT IAcadCircle 03708534 >。
3) 事件和与之相关联的回调函数，如 VLR-modified PRINT-RADIUS。
4) 该反应器是否是活动的：如果是活动的，added-p 为 T，否则它为 nil。
5) 附着到反应器上的用户数据，如"Circle Reactor"。
6) 反应器的文档范围：如 active-document-only。
7) 该反应器所在文挡：如 < VLA-OBJECT IacadDocument 01165340 >。
8) 双击以｛Owners｝开头的条目，可查看反应器所有者的列表，如图13-3所示。

图13-3 "检验"LIST 窗口

3. 用函数调用、查询反应器

VLISP 提供在应用程序或控制台提示处查看反应器定义的函数。

1）vlr-type 函数返回指定反应器的类型，

例如：

(vlr-type circleReactor); 返回:VLR-Object-Reactor（对象反应器）

2）vlr-current-reaction-name 函数返回当前反应器触发回调函数的事件名称。

例如：

(vlr-current-reaction-name); 返回 nil

3）当 vlr-data 返回附着在反应器上的特定应用程序数据时，可用该数据区分链接在同一个对象上的多个反应器。

例如：

(vlr-data circleReactor); 返回 " Circle Reactor "

4）vlr-owners 函数返回向某对象反应器发出请求的 AutoCAD 图形中的对象（反应器所有者）列表，下述函数调用将列出 circleReactor 的所有者：

(vlr-owners circleReactor); 返回(#＜VLA-OBJECT IAcadCircle 03ad077c＞)

5）vlr-reactions 函数返回指定反应器的回调条件－回调函数列表，下例将返回 circleReactor 的相关信息。

例如：

(vlr-reactions circleReactor); 返回((:VLR-modified. PRINT-RADIUS))

13.3.2 修改反应器

Visual LISP 提供了下列可修改反应器定义的函数：vlr-reaction-set、vlr-data-set、vlr-owner-add 和 vlr-owner-remove。

同定义回调函数类似，在定义对象反应器时必须带有两个形参，第一形参为一组欲绑定对象列表，后两个形参含义同上。下面将定义的回调函数同一个圆绑定在一起。为此，先用建立一个圆实体（例7）。

【例7】代码。

```
myCircle
(setq myCircle
    (progn(setq ctrPt(getpoint" \n Circle center point:")
            Radius(distance ctrpt(getpoint ctrpt" \n Radius:")))
    )
    (vla-addCircle(vla-get-modeSpace(vla-get-ActiveDocument(vlax-get-acad-object)))
    (vlax-3d-point ctrpt)
    Radius
    )
)
```

再用下面的语句定义反应器：

```
( setq circleReactor( vlr-object-reactor( list myCircle)"Circle Reactor"
         '( ( ( :vlr-modified. print-radius ) )
    )
)
```

该反应器将回调函数 print-radius 与：vlr-modified 相连并绑定于 myCircle 实体上。这样当该实体被修改时（如用 STRETCH 命令增大圆的半径），在 AutoCAD 窗口将自动显示修改后的圆半径。

注意：虽然回调函数是标准的 AutoLISP 函数，但还是有一定限制的。在处理图形对象时不能使用 command 函数，必须使用 ActiveX 函数，如上例中创建圆实体的 myCircle；entget 和 entmod 函数在回调函数中也是不允许使用的。

1. 添加或替换反应器的回调函数

通过函数 vlr-reaction-set 可以添加或替换反应器中的一个回调函数。该函数的调用格式如下：

(vlr-reaction-set reactor event function)

参数 reactor 为反应器对象。event 为符号，表示该反应器类型可用的事件之一。function 为要添加或替换的 AutoLISP 函数名。返回值未确定。

例如：

下面的命令使反应器 circleReactor 在修改对象时调用 print-area 函数：

(vlr-reaction-set circleReactor ：vlr-modified 'print-area)；返回" PRINT-AREA"

2. 修改与反应器相关联的数据

通过函数 vlr-data-set 可以修改与反应器相关联的数据。该函数的调用格式如下：

(vlr-data-set obj data)

参数 obj 为反应器对象，表示要修改数据的反应器对象。data 为新数据。返回值为参数 data。

例如，查看附着到反应器 circleReactor 的数据值：

(vlr-data circleReactor)返回"Circle Reactor"

用字符串 "Circle Area Reactor" 替换反应器 circleReactor 的原有数据" Circle Reactor"：

(vlr-data-set circleReactor "Circle Area Reactor")；返回"Circle Area Reactor"

验证是否有了改变：

(vlr-data circleReactor)；返回" Circle Area Reactor"

注意，应小心使用 vlr-data-set 函数，以免构成循环结构。

3. 将一个数据库对象添加到反应器的所有者列表内

通过函数 vlr-owner-add 可以将一个数据库对象添加到指定反应器的所有者列表内。该函数的调用格式如下：

(vlr-owner-add reactor owner)

参数 reactor 为反应器对象。owner 为要添加到反应器所有者列表中的 VLA 对象。返回值为已添加了反应器的 VLA 对象。

例如：

将名为 archie 的圆弧对象被添加到反应器 circleReactor 的所有者列表中：

_ $ (vlr-owner-add circleReactor archie)

返回：# < VLA-OBJECT IAcadArc 03ad0bcc >

可通过检验该反应器来验证这点：更新反应器 circleReactor 的检验窗口，用鼠标双击检验窗口的 {Owners} 开头的条目，将弹出图 13-4 所示的反应器所有者的检验窗口。

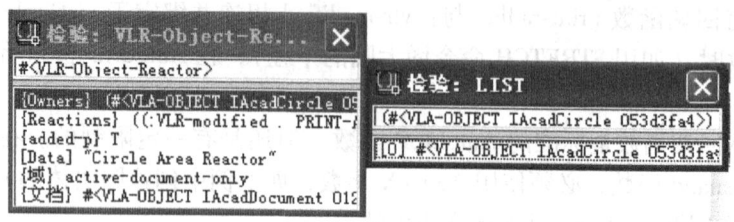

图 13-4 反应器所有者的检验窗口

4. 从反应器所有者列表中删除某所有者对象

通过函数 vlr-owner-remove 从反应器所有者列表中删除某所有者对象。该函数的调用格式如下：

(vlr-owner-remove reactor owner)

参数 reactor 为反应器对象。owner 为要从反应器所有者列表中删除的 VLA 对象。返回值为被删除的 VLA 对象。例如：

(vlr-owner-remove circleReactor archie)；返回# < vla-OBJECT IAcadArc 03ad0bcc >

13.3.3 控制反应器的状态

1. 判断反应器是否是活动的

通过函数 vlr-added-p 可以判断反应器是否是活动的。vlr-added-p 函数的调用格式如下：

(vlr-added-p obj)

参数 obj 为反应器对象，表示要测试的反应器。如果反应器是活动的（已在 AutoCAD 中注册），返回 T，如果该反应器失效，则返回 nil。例如：

(vlr-added-p circleReactor)；返回 T，表示该反应器是活动的

2. 使反应器失效

通过函数 vlr-remove 可以使指定的反应器失效。vlr-remove 函数的调用格式如下：

(vlr-remove obj)

参数 obj 为反应器对象。如果成功，返回反应器对象，否则，返回 nil。例如，使反应器 circleReactor 失效：

(vlr-remove circleReactor)；返回# < VLR-Object-reactor >

注意，失效的反应器，并没有从内存中被删除，该反应器仍然存在。

3. 恢复失效的反应器

通过函数 vlr-add 可以恢复指定的失效反应器，使之成为活动的（在 AutoCAD 中注册）。vlr-add 函数的调用格式如下：

(vlr-add obj)

参数 obj 为反应器对象，表示要恢复的失效反应器。如果成功，返回反应器对象，否

则，返回 nil。例如，恢复失效的 circleReactor 反应器：

(vlr-add circleReactor);返回# < VLR-Object-reactor >

通过函数 vlr-remove-all 可以使图形中所有的反应器失效。vlr-remove-all 函数的调用格式如下：

(vlr-remove-all [reactor-type])

可选参数 reactor-type 为反应器类型的标志符，如果未指定 reactor-type，该函数禁用图形中所有的反应器。返回为包含若干个子表的表，每个子表的第一个元素表示反应器的类型，后续元素表示禁用的反应器对象。如果没有活动的反应器，该函数返回 nil。

例如，下面的函数调用将禁用所有编辑器反应器：

(vlr-remove-all :vlr-editor-reactor)返回((:VLR-Editor-Reactor # < VLR-Editor-Reactor >))

下面的调用函数将禁用所有反应器：

(vlr-remove-all)返回((:VLR-Object-Reactor # < VLR-Object-Reactor >
< VLR-Object-Reactor >
< VLR-Object-Reactor >)(:VLR-Editor-Reactor # < VLR-Editor-Reactor >))

13.4 临时反应器和永久反应器

反应器可以是临时的，也可以是永久的。二者的区别是：下一次打开该图形时，临时反应器将丢失，永久反应器则仍然存在。前者是反应器的默认模式。

1. 将临时反应器变成永久反应器

通过函数 vlr-pers 可以将临时反应器变成永久反应器。函数 vlr-pers 的调用格式如下：

(vlr-pers obj)

参数 obj 为反应器对象。如果成功则返回指定的反应器对象，否则返回 nil。例如：

(vlr-pers circleReactor);返回# < VLR-Object-Reactor >

2. 将永久反应器改变为临时反应器

通过函数 vlr-pers-release 可以将永久反应器改变为临时反应器。函数 vlr-pers 的调用格式如下：

(vlr-pers-release obj)

参数 obj 为反应器对象。如果成功则返回反应器对象，否则返回 nil。

(vlr-pers-release circleReactor);返回# < VLR-Object-Reactor >

3. 判断反应器是否是永久反应器

通过函数 vlr-pers-p 可以判断反应器是否是永久反应器。函数 vlr-pers-p 的调用格式如下：

(vlr-pers-p obj)

参数 obj 为反应器对象。如果指定反应器是永久反应器，则返回指定的反应器对象，否则返回 nil。例如：

(vlr-pers-p circleReactor);返回# < VLR-Object-Reactor >

4. 列出当前图形文档中的永久反应器

通过函数 vlr-pers-list 可以列出当前图形文档中的永久反应器。函数 vlr-pers-list 的调用格式如下：

  （vlr-pers-list [reactor-type]）

参数 reactor-type 为要列出的反应器对象。如果未指定 reactorr-type，该函数列出所有永久反应器。返回值为由反应器对象组成的表。

例如：

（vlr-pers-list）；返回（#＜VLR-Object-Reactor＞ #＜VLR-Object-Reactor＞（#＜VLR-Object-Reactor＞）

5. 打开含有永久反应器的图形时的注意事项

反应器只是链接事件和回调函数的一种工具，回调函数本身不是反应器的一部分，它一般也不是图形的一部分。只有 AutoCAD 中加载了相关联的回调函数时，图形中保存的反应才有实际作用。如果将反应器和回调函数定义在独立名称空 VLX 中，则在打开图形时会自动加载回调函数。

如果打开的图形包括 VLISP 反应器信息，但没有加载相关回调函数，AutoCAD 会显示一个错误信息。可用函数 vlr-pers-list 返回图形文档中所有永久反应器组成的表。

13.5 反应器的使用规则

使用反应器时要求用户尽量遵守下述规则，如果不遵守这些规则，可能会导致应用程序出现不可预料的结果。

1. 不要依赖于反应器通报的顺序

除少数特例外，不要依赖反应器通报的顺序。例如，OPEN 命令将触发 BeginCommand、BeginOpen、EndOpen 和 EndCommand 事件。然而，它们发出的顺序可能不是这样的。可以依赖的顺序只有 Begin 事件是在相应 End 事件之前。例如 commandWillStart（）总是在 commandEnded（）之前发生，而 beginInsert（）总是在 endInsert（）之前发生。因为将来可能引入新的事件通报，可能会重新排列现有通报顺序，所以依赖于更复杂的顺序，可能会给应用程序带来问题。

2. 不要依赖于通报间函数调用的顺序

在通报之间函数调用的顺序也是不能保证的。例如，当收到对象 A 的通报：vlr-erased 时，它仅表示对象 A 被删除，如果在收到对象 A 的通报：vlr-erased 之后收到了对象 B 的通报：vlr-erased，这只是表示对象 A 和 B 都已被删除。并不能保证 B 是在 A 后面被删除。如果应用程序依赖于这个层次的关系，那么应用程序在后续版本的 AutoCAD 中很可能会崩溃。所以不要依赖于这些顺序，而应依赖用反应器来指示系统的状态。

3. 不要在反应器回调函数中使用任何需要和用户交互的函数

在反应器回调函数中试图调用交互函数会导致严重问题，因为在事件发生时，AutoCAD 可能仍在处理某命令。所以要避免使用要求用户输入的函数，如 getpoint、entsel 和 getkword 等，也不要使用选择集函数和 command 函数。

4. 在事件处理函数中不要加载对话框

对话框和用户交互函数一样，也会影响 AutoCAD 的当前操作。但是，消息对话框和警告对话框可认为是非交互的，所以可以使用它们。

5. 不要更新引发事件的对象

引起对象触发回调函数的事件可能仍在处理之中，当调用回调函数时 AutoCAD 可能仍在使用该对象。所以，在回调函数中不要试图更新这样的对象。然而，可以从触发事件的对象中读取信息。例如，假设有一块用砖填充的地板，而且将反应器链接到地板边界上。如果修改地板的尺寸，反应器回调函数将自动添加或删除砖以填充新的地板面积。通过函数能够获取边界的新面积，但不能去修改边界本身。

6. 不要在回调函数中执行能触发相同事件的操作

在反应器回调函数中执行的某操作过程中触发了同样的事件，会陷入一个无限循环。例如，在 BeginOpen 事件的回调函数中试图打开一个图形，AutoCAD 将持续打开更多的图形，直到打开的图形数目达到上限，无法再打开图形为止。

7. 能在发生同一事件时调用多个回调函数

设置反应器以前要确认当前是否设置该反应器，否则可能在发生同一事件时调用多个回调函数。

8. 显示有模对话框时，不会发生任何事件

所谓有模对话框，是指操作其他窗口之前必须关闭的对话框。显示这样的对话框时，不会发生任何事件。

13.6 定义反应器实例

1. 定义将对象反应器链接到指定直线的命令

要求：当直线被修改时，弹出显示该直线长度的信息对话框。

很明显，反应器的链接对象就是指定的直线。触发事件是直线被修改，从表 13-4 可以查找出图形对象被修改的事件是：vlr-modified。回调函数的功能是调用信息对话框显示被选直线长度。程序的代码如下：

【例 8】 定义将对象反应器链接到指定直线的命令。

```
(vl-load-com)
(defun c:rct-line(/ el rlt vrl)
    (setq el(car(entsel "\n 选择一条链接反应器的直线:")))
    (setq rlt(list(vlax-ename->vla-object el)));将图元名转换为 VLA 对象
;创建对象反应器,回调事件是图元被修改,回调函数是 show-l
    (setq vrl(vlr-pers(vlr-object-reactor rlt  nil '((:vlr-modified. show-l))))))
    (princ)
)
(defun show-l(notifier-object reactor-object parameter-list / l);定义回调函数
    (setq l(vla-get-length notifier-object));将被选直线的长度赋给变量 l
    (setq l(rtos l 2 4));将数值转换为字符串
    (alert(strcat "直线的长度是:" l));调用信息对话框
)
```

加载以上程序，在 Command：提示下输入 rct-line 命令，用鼠标指定一条直线，该反应

器就会链接到指定的直线上。修改这条直线时,就会出现图13-5所示显示直线当前长度信息的对话框。

2. 定义绘制图13-6所示图形的命令

要求:将对象反应器链接到圆上,如果圆被修改,两条直线与圆的相对位置和相对比例不变。

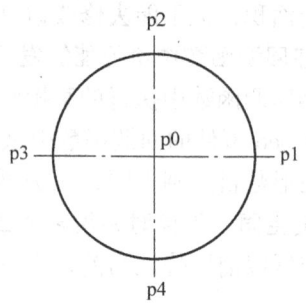

图13-5 显示直线当前长度信息的对话框　　图13-6 一个圆和两条直线组成的图形

根据题意,反应器的链接对象是圆。触发事件是圆被修改,从表13-4可以查找出图形对象被修改的事件是:vlr-modified。回调函数的功能是两条直线随之被修改,且修改后与圆的相对位置和相对比例不变。两条直线是与该反应器相关联的对象。

【例9】定义将对象反应器链接到圆上的命令,如果圆被修改,两条直线与圆的相对位置和相对比例不变。

程序源代码:

```
(vl-load-com)
(defun c:cll2( / p0 p1 p2 p3 p4 r r1 eh1 eh2 l1-l2 rlt vrl)
  (setq p0(getpoint "\n 输入圆心:"))
  (setq r(getdist p0 "\n 输入半径:"))
  (command "circle" p0 r)
  (setq r1( * 1.25 r))
  (setq ec(entlast))
  (setq p1(polar p0 0 r1))
  (setq p2(polar p0( * 0.5 pi)r1))
  (setq p3(polar p0 pi r1))
(setq p4(polar p0( * -0.5 pi)r1))
  (command "line" p1 p3 "")
  (setq eh1(cdr( assoc 5(entget(entlast)))));第一条直线的句柄
  (command "line" p2 p4 "")
  (setq eh2(cdr( assoc 5(entget(entlast)))));第二条直线的句柄
  (setq l1-l2(list eh1 eh2));两条直线的句柄表
  (setq rlt(list( vlax-ename- > vla-object ec)));圆的图元名转换为 VLA 对象
  (setq vrl( vlr-pers( vlr-object-reactor rlt  l1-l2 '(( :vlr-modified. c-21))))));反应器链接
到圆上,两条直线的句柄表为关联数据,当发生修改该圆的事件时,调用c-21函数
```

(princ)
)
;定义 c-2l 函数
(defun c-2l(notifier-object reactor-object parameter-list / ec ec_l el1 el2 ell_1 ell_2 p0 p1 p2 p3 p4 p0x p0y p0z)
    (setq ec(vlax-vla-object->ename notifier-object));VLA 对象的圆转换为图元名
        ec_l(entget ec);圆的图元表
        p0(cdr(assoc 10 ec_l));获取圆心的坐标
        r(* 1.25(cdr(assoc 40 ec_l)));获取圆的半径之后×1.25
)
    (setq el1(handent(car(vlr-data reactor-object))));第一条直线的图元名
    (setq el2(handent(cadr(vlr-data reactor-object))));第二直条线的图元名
(setq p0x(car p0));获取圆心的 X 坐标
(setq p0y(cadr p0));获取圆心的 Y 坐标
(setq p0z(caddr p0));获取圆心的 Z 坐标
(setq p1(list(+p0x r)p0y p0z));修改直线端点的坐标
(setq p2(list p0x(+p0y r)p0z));修改直线端点的坐标
(setq p3(list(-p0x r)p0y p0z));修改直线端点的坐标
(setq p4(list p0x(-p0y r)p0z));修改直线端点的坐标
(setq ell_1(entget el1));第一条直线的图元表
(setq ell_1(subst(vl-list* 10 p1)(assoc 10 ell_1)ell_1));直线的新端点替换直线的老端点
(setq ell_1(subst(vl-list* 11 p3)(assoc 11 ell_1)ell_1));直线的新端点替换直线的老端点
(entmod ell_1);更新第一条直线
    (setq ell_2(entget el2));第二条直线的图元表
    (setq ell_2(subst(vl-list* 10 p2)(assoc 10 ell_2)ell_2));直线的新端点替换直线的老端点
    (setq ell_2(subst(vl-list* 11 p4)(assoc 11 ell_2)ell_2));直线的新端点替换直线的老端点
    (entmod ell_2);更新第二条直线
)
_$(load"D:/My Documents/exam_1.lsp")
C-2L
命令：c1l2
加载以上程序，在 Command：提示下输入 c1l2 命令，输入圆心和半径，即可绘制出图 13-6 所示图形。修改这个圆，两条直线将随之按题意的要求改变。

在本程序中，与反应器相关联的数据是两条直线的句柄。获取圆心和半径的途径是：
1）将圆的 VLA 对象转换为图元名。
2）根据圆的图元名获取圆的图元表。
3）从圆的图元表获取圆的圆心和半径。

修改直线的途径是：
1）从关联的数据表获取是两条直线的句柄。

2）根据直线的句柄获取直线的图元名。
3）根据直线的图元名获取直线的图元表。
4）修改和更新直线的图元表。调用较多的是普通的 AutoLISP 函数。
本例还可以利用 ActiveX 对象实现相同的功能。

【例 10】 利用 ActiveX 对象实现【例 9】的功能。
程序代码如下：

```
(vl-load-com)
(defun c:cll2(/ p0 p1 p2 p3 p4 r ec el1 el2 v_c v_l1 v_l2 l1-l2 vrl)
    (setq p0(getpoint "\n 输入圆心:"))
    (setq r(getdist p0 "\n 输入半径:"))
    (command "circle" p0 r)
    (setq r(* 1.25 r))
    (setq ec(entlast))
    (setq v_c(list(vlax-ename->vla-object ec)));圆的图元名转换为 VLA 对象
    (setq p1(polar p0 0 r))
(setq p2(polar p0(* 0.5 pi)r))
    (setq p3(polar p0 pi r))
    (setq p4(polar p0(* -0.5 pi)r))
    (command "line" p1 p3 "")
    (setq el1(entlast));第一条直线的图元名
    (setq v_l1(vlax-ename->vla-object el1));第一条直线转换为 VLA 对象
    (command "line" p2 p4 "")
    (setq el2(entlast));第二条直线的图元名
    (setq v_l2(vlax-ename->vla-object el2));第二条直线转换为 VLA 对象
   (setq l1-l2(list v_l1 v_l2));两条直线的 VLA 对象表
  (setq vrl(vlr-pers(vlr-object-reactor v_c  l1-l2 '((:vlr-modified. c-21))))) ;反应器链接到
圆上,两条直线的 VLA 对象表为关联数据,当发生修改该圆的事件时,调用 c-21 函数
    (princ)
)

;定义 c-21 函数
(defun c-21(notifier-object reactor-object parameter-list / p0 p1 p2 p3 p4 p0x p0y p0z l v_l1 v_l2)
   (setq p0(VLA-get-center notifier-object));获取圆的圆心,P0 是变体
    (setq p0(vlax-variant-value p0));将变体转换为安全数组
    (setq p0(vlax-safearray->list p0));将安全数组转换为表
    (setq c_r(* 1.25(VLA-get-radius notifier-object)));获取圆的半径之后 ×1.5
  (setq v_l1(car(vlr-data reactor-object)));第一条直线的 VLA 对象
    (setq v_l2(cadr(vlr-data reactor-object)));第二条直线的 VLA 对象
    (setq p0x(car p0));获取圆心的 X 坐标
    (setq p0y(cadr p0));获取圆心的 Y 坐标
```

(setq p0z(caddr p0));获取圆心的 Z 坐标
;计算直线端点的新位置再转换为 ActiveX 的三维点
(setq p1(vlax-3d-point(list(+ p0x c_r)p0y p0z)));
(setq p2(vlax-3d-point(list p0x(+ p0y c_r)p0z)))
(setq p3(vlax-3d-point(list(- p0x c_r)p0y p0z)))
(setq p4(vlax-3d-point(list p0x(- p0y c_r)p0z)))
(vla-put-startpoint v_l1 p1);更新直线 1 的起点
(vla-put-endpoint v_l1 p3);更新直线 1 的终点
(vla-put-startpoint v_l2 p2);更新直线 2 的起点
(vla-put-endpoint v_l2 p4);更新直线 2 的终点
)

本程序中，与反应器相关联的数据是两条直线的 VLA 对象。直接从圆的 VLA 对象中获取圆的圆心和半径属性。直接修改直线的起点和终点属性。因此具有程序代码简短、运行速度快的特点。

习　　题

1. 填空题

（1）创建反应器时，（　　）将反应器链接到图形对象上。
　　A. 必须　　　　B. 不一定　　　C. 不可能　　　D. 可以

（2）定义反应器回调函数与定义普通函数（　　），通过 defun 函数（　　）定义反应器回调函数。
　　A. 完全相同　　B. 不完全相同　C. 可以　　　　D. 不可以

（3）删除一个圆是一个事件，该事件的名称标志是（　　）。
　　A. :vlr-erase　　B. :vlr-unerase　C. :vlr-goodbye　D. :vlr-modified

2. 定义一个具有如下功能的命令：绘制一个圆并将反应器链接到这个圆上，当这个圆被移动时，弹出一个信息对话框，显示该圆的圆心、半径、周长和面积。

3. 定义绘制如图 13-7 所示的螺母的命令，要求将反应器链接到螺母的小径上，当小径圆被修改时，图中所有对象与小径圆的相对位置和比例不变。

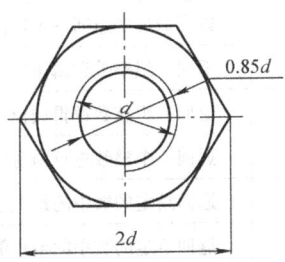

图 13-7　用比例画法绘制螺母

附　　录

附录 A　AutoLISP 函数概要

1. 基本函数

（1）数学函数

函　　数	说　　明
(+ [number number]...)	返回所有数值的总和
(- [number number]...)	从第一个数值中减去第二个和后面的数值，返回差值
(* [number number]...)	返回所有数值的乘积
(/ [number number]...)	用第一个数值除以后面其他数值的乘积，返回商值
(~ int)	返回参数的按位"非"（即 1 的补码）
(1 + number)	返回参数增 1 后的结果
(1- number)	返回参数减 1 后的结果
(abs number)	返回参数的绝对值
(atan num1 [num2])	返回一个数的反正切值（以弧度为单位）
(cos ang)	返回一个以弧度表示的角度的余弦值
(exp number)	返回常数 e（实数 2.718282...）的指定次幂的值
(expt base power)	返回一个数的指定次幂的值
(fix number)	截去实数的小数部分，将它转换成整数后返回该整数
(float number)	将一个数转换成实数后返回该实数
(gcd int1 int2)	返回两个整数的最大公约数
(log number)	以实数形式返回一个数的自然对数
(logand [int int...])	返回一组整数逻辑按位"与"（AND）的结果
(logior [int int...])	返回一组整数逻辑按位"或"（OR）的结果
(lsh [int numbits])	返回一个整数进行指定位逻辑移位后的结果
(max [number number...])	返回给定的数中的最大值
(min [number number...])	返回给定的数中的最小值
(minusp number)	检查一个数是否是负数
(rem [num1 num2...])	用第一个数除以第二个数，返回余数
(sin ang)	以实数形式返回一个以弧度表示的角度的正弦值
(sqrt number)	以实数形式返回一个数的平方根
(zerop number)	检查一个数的值是否为 0

(2) 错误处理函数

函 数	说 明
(alert string)	显示警告框,其中显示错误或警告信息,该信息以字符串形式传递
(* error * string)	用户可定义的错误处理函数
(exit)	强制退出当前应用程序
(quit)	强制退出当前应用程序
(vl-catch-all-apply 'function list)	将参数列表传递给指定的函数,并捕获异常
(vl-catch-all-error-message error-obj)	从错误对象中返回信息
(vl-catch-all-error-p arg)	判断 vl-catch-all-apply 返回的参数是否是错误对象

(3) 等量和条件函数

函 数	说 明
(= numstr [numstr]...)	如果所有参数的数值相等则返回 T;否则返回 nil
(/= numstr [numstr[...)	如果各参数的数值不相等则返回 T;否则返回 nil
(< numstr [numstr]...)	如果每个参数的数值都小于它右边的参数则返回 T,否则返回 nil
(<= numstr [numstr]...)	如果每个参数的数值都小于或等于它右边的参数则返回,否则返回 nil
(> numstr [numstr]...)	如果每个参数的数值都大于它右边的参数则返回 T,否则返回 nil
(>= numstr [numstr]...)	如果每个参数的数值都大于或等于它右边的参数则返回 T,否则返回 nil
(and [expr...])	返回一组表达式的逻辑"与"(AND)
(Boole func int1 [int2...])	用作一个通用的按位布尔函数
(cond [(test result...)...])	用作 AutoLISP 的主条件函数
(eq expr1 expr2)	判断两个表达式是否相同
(equal expr1 expr2 [fuzz])	判断两个表达式的值是否相等
(if testexpr thenexpr [elseexpr])	根据条件计算表达式
(or [expr...])	返回一组表达式的逻辑"或"(OR)
(repeat int [expr...])	计算每个表达式指定的次数,返回最后一个表达式的值
(while testexpr [expr...])	计算测试表达式,如果结果不是 nil,则计算其他表达式,重复这个计算过程,直到测试表达式的结果为 nil

(4) 函数处理函数

函 数	说 明
(apply function lst)	将参数表传递给指定的函数
(defun sym([arguments][/variables...]) expr...)	定义一个函数
(defun-q sym([arguments][/variables...]) expr...)	将函数定义为表(仅向后兼容)

(续)

函 数	说 明
(defun-q-list-ref 'function)	显示用 defun-q 定义的函数的表结构
(defun-q-list-set 'sym list)	将函数定义为表（仅向后兼容）
(eval expr)	返回 AutoLISP 表达式的计算结果
(lambda arguments expr...)	定义无名函数
(progn [expr]...)	按顺序计算每一个表达式，返回最后一个表达式的值
(trace function...)	调试 AutoLISP 程序时的辅助工具
(untrace function...)	清除指定函数的跟踪标志

（5）表操作函数

函 数	说 明
(acad_strlsort lst)	按字母顺序对字符串表进行排序
(append lst...)	将任意数目的表合成一个表
(assoc item alist)	从关联表中搜索一个元素，如果找到则返回该关联表条目
(car lst)	返回表的第一个元素
(cdr lst)	返回指定的表，表的第一个元素除外
(cons new-first-element lst)	基本的表构造函数
(foreach name lst [expr...])	将表的所有成员带入表达式求值
(last lst)	返回表的最后一个元素
(length lst)	以整数形式返回表中元素的数目
(list [expr...])	将任意数目的表达式合成一个表
(listp item)	检查某个项目是否是表
(mapcar function list1...listn)	将一个或多个表的各个元素作为函数的参数，返回该函数执行结果的表
(member expr lst)	在表中搜索指定的表达式，并从第一次出现该表达式的位置开始返回表的其余部分
(nth n lst)	返回表的第 n 个元素
(reverse lst)	颠倒表中元素的顺序，然后返回修改后的表
(subst newitem olditem lst)	在表中搜索某个旧项目，并用一个新项目替换表中的所有旧项目，然后返回修改后的表的副本
(vl-consp list-variable)	判断表是否为 nil
(vl-every predicate-function list [more-lists]...)	检查每个元素合并的预测是否为真
(vl-list * object [more-objects]...)	构造并返回表
(vl-list-> string char-codes-list)	将与整数表相关联的字符合并到字符串中
(vl-list-length list-or-cons-object)	计算真表的表长度
(vl-member-if predicate-function list)	判断表成员之一的预测是否为真
(vl-member-if-not predicate-function list)	判断表成员之一的预测是否为 nil

(续)

函 数	说 明
(vl-position symbol list)	返回指定的表项目的索引
(vl-remove element-to-remove list)	从列表中删除元素
(vl-remove-if predicate-function list)	返回函数测试失败的表的所有元素
(vl-remove-if-not predicate-function list)	返回通过函数测试的表的所有元素
(vl-some predicate-function list [more-lists]...)	检查元素合并的预测是否为 nil
(vl-sort list less? -function)	根据给定的比较函数对表中的元素排序
(vl-sort-i list less? -function)	根据给定的比较函数对表中的元素排序,返回元素索引号
(vl-string-> list string)	将字符串转换为字符代码表

(6) 字符串处理函数

函 数	说 明
(read [string])	返回从字符串中获得的第一个表或原子数据
(strcase string [which])	将字符串中的所有字母转换成大写或小写,然后返回修改后的字符串
(strcat [string1 [string2]...])	将多个字符串拼接成一个字符串,并返回串
(strlen [string]...)	返回代表字符串中字符数目的整数
(subst string start [length])	返回字符串的子串
(vl-prin1-to-string object)	返回表示任意 LISP 对象的字符串,如同用 prin1 函数输出的字符串
(vl-princ-to-string object)	返回表示任意 LISP 对象的字符串,如同用 princ 函数输出的字符串
(vl-string-> list string)	将字符串转换为字符代码表
(vl-string-elt string position)	返回表示在字符串中指定位置的字符的 ASCII 代码
(vl-string-left-trim character-set string)	从字符串的开始位置删除指定的字符串
(vl-string-mismatch str1 str2 [pos1 pos2 ignore-case-p])	返回两个字符串的最长公共前缀的长度,指定位置的字符
(vl-string-position char-code str [start-pos [from-end-p]])	在字符串中查找指定 ASCII 代码的字符
(vl-string-right-trim character-set string)	从字符串的末尾删除指定的字符串
(vl-string-search pattern string [start-pos])	在字符串中搜索指定的模式
(vl-string-subst new-str pattern string [start-pos])	用一个字符串替换另一个字符串中的字串
(vl-string-translate source-set dest-set str)	用指定的字符集替换字符串中的字符
(vl-string-trim char-set str)	从字符串的开始和末尾删除指定的字符
(wcmatch string pattern)	在字符串上进行通配代码匹配

(7) 符号处理函数

函 数	说 明
(atom item)	验证一个项目是否是原子数据
(atoms-family format [symlist])	返回当前定义符号列表

（续）

函 数	说 明
(boundp sym)	检验值是否被绑定到符号上
(not item)	验证项目的计算结果是否等于 nil
(null item)	验证项目是否被绑定到 nil
(numberp item)	验证项目是实数还是整数
(quote expr)	返回表达式但不对它进行计算
(set sym expr)	将被引号引起来的符号名的值设置成表达式
(setq sym1 expr1 [sym2 expr2]...)	将符号的值设置成相关联的表达式
(type item)	返回指定项目的类型
(vl-symbol-name symbol)	返回包含符号名的字符串
(vl-symbol-value symbol)	返回绑定到符号的当前值
(vl-symbolp object)	标志指定的对象是否是符号

（8）应用程序处理函数

函 数	说 明
(arx)	返回当前加载的 ObjectARX 应用程序的列表
(arxload application [onfailure])	加载 ObjectARX 应用程序
(arxunload application [onfailure])	卸载 ObjectARX 应用程序
(autoarxload filename cmdlist)	预定义加载关联 ObjectARX 文件的命令名
(autoload filename cmdlist)	预定义加载关联 AutoLISP 文件的命令名
(initdia [dialogflag])	强制显示下一个命令对话框
(load filename [onfailure])	计算文件中的 AutoLISP 表达式
(startapp appcmd file)	启动 Windows 应用程序
(vl-vbaload "filename")	加载 Visual BASIC 工程
(vl-vbarun "macroname")	运行 Visual BASIC 宏
(vlax-add-cmd "global-name" unc-sym ["local-name" cmd-flags])	向 AutoCAD 的内置命令集中添加命令 注意 VLISP 扩展：需要 vl-load-com

2. 工具函数
（1）转换函数

函 数	说 明
(angtof string [mode])	将表示角的字符串转换为实数（浮点数）值返回，以弧度为单位
(angtos angle [mode [precision]])	将角度值（以弧度为单位）转换为字符串返回
(ascii string)	将字符串中的第一个字符转换成 ASCII 码（一个整数）返回
(atof string)	将字符串转换成实数返回
(atoi string)	将字符串转换成整数返回
(chr integer)	将表示 ASCII 字符代码的整数转换成单一字符的字符串返回

（续）

函　　数	说　　明
(cvunit value from to)	将值从一种度量单位转换成另一种度量单位返回
(distof string [mode])	将表示实（浮点）数的字符串转换成实数返回
(itoa int)	将整数转换为字符串返回
(rtos number [mode [precision]])	将数字转换为字符串返回
(trans pt from to [disp])	将点（或位移）从一个坐标系转换到另一个坐标系

（2）设备访问函数

函　　数	说　　明
(grread [track][allkeys [curtype]])	从任意 AutoCAD 输入设备中读取值
(tablet code [row1 row2 row3 direction])	获取或设置数字化仪校准

（3）显示控制函数

函　　数	说　　明
(graphscr)	显示 AutoCAD 图形屏幕
(grdraw from to color [highlight])	在当前视口的两点间绘制矢量
(grtext [box text [highlight]])	将文字写到状态栏或屏幕菜单区
(grvecs vlist [trans])	在图形屏幕上绘制多个矢量
(menucmd string)	发出菜单命令，或设置和检索菜单项状态
(menugroup groupname)	检查是否加载了菜单组
(prin1 [expr [file-desc]])	在命令行打印表达式或将该表达式写入打开的文件中
(princ [expr [file-desc]])	在命令行打印表达式或将该表达式写入打开的文件中
(print [expr [file-desc]])	在命令行打印表达式或将该表达式写入打开的文件中
(prompt msg)	在屏幕提示区显示一个字符串
(redraw [ename [mode]])	重画当前视口或当前视口中的指定对象（图元）
(terpri)	在命令行上打印换行符
(textpage)	从图形屏幕切换至文本屏幕
(textscr)	从图形屏幕切换至文本屏幕（类似于 AutoCAD Flip Screen 功能键）
(vports)	返回当前视口配置的视口描述符表

（4）文件处理函数

函　　数	说　　明
(close file-desc)	关闭一个已打开的文件
(findfile filename)	在 AutoCAD 库目录路径内搜索指定文件
(open filename mode)	打开文件供其他 AutoLISP I/O 函数访问
(read-char [file-desc])	从键盘输入缓冲区或已打开的文件中读取一个字符，并返回表示该字符的十进制 ASCII 代码

(续)

函数	说明
(read-line [file-desc])	从键盘输入缓冲区或已打开的文件中读取一个字符串
(vl-directory-files [directory pattern directories])	列出给定目录中的所有文件
(vl-file-copy " source-filename " " destination-filename " [append])	将一个文件的内容复制或添加到另一个文件中
(vl-file-delete "filename")	删除文件
(vl-file-directory-p "filename")	判断一个文件名中是否包含目录
(vl-file-rename " old-filename " " new-filename ")	重命名文件
(vl-file-size "filename")	判断文件的大小，以字节为单位
(vl-file-systime "filename")	返回指定文件的最后修改时间
(vl-filename-base "filename")	返回文件名，去掉文件夹路径和扩展名
(vl-filename-directory "filename")	返回文件的目录路径，去掉文件名和扩展名
(vl-filename-extension "filename")	返回文件的扩展名，去掉名称的其余部分
(vl-filename-mktemp [" pattern " " directory " " extension "])	计算临时文件使用的唯一文件名
(write-char num [file-desc])	将一个字符写入屏幕或打开的文件中
(write-line string [file-desc])	将一个字符串写入屏幕或打开的文件中

（5）几何函数

函数	说明
(angle pt1 pt2)	返回两个端点定义的直线的角度（以弧度为单位）
(distance pt1 pt2)	返回两点间的距离
(inters pt1 pt2 pt3 pt4 [onseg])	查找两条直线的交点
(osnap pt mode)	返回对指定的点应用对象捕捉模式得到的三维点
(polar pt ang dist)	返回相对于一点指定距离和角度的 UCS 三维点
(textbox elist)	测量指定的文字对象，返回文字框的对角坐标

（6）查询和命令函数

函数	说明
(acad_colordlg colornum [flag])	显示标准的 AutoCAD 颜色选择对话框
(acad_helpdlg helpfile topic)	调用帮助程序（已废弃）
(command [arguments]...)	执行 AutoCAD 命令
(getcfg cfgname)	从 acad.cfg 文件的 AppData 区域中检索应用程序数据
(getcname cname)	检索 AutoCAD 命令本地化后的名称或英文名称
(getenv "variable-name")	返回指定给系统环境变量的字符串值
(getvar varname)	检索 AutoCAD 系统变量的值

(续)

函 数	说 明
(help [helpfile [topic[command]]])	调用帮助程序
(setcfg cfgname cfgval)	将应用程序数据写入到 acad.cfg 文件的 AppData 区域中
(setenv "varname" "value")	将系统环境变量设置为一个指定的值
(setfunhelp 检:fname" [" helpfile" [" topic" [" command"]]]	为帮助程序注册一个用户定义命令。这样，当用户在命令行请求帮助时，就会调用适当的帮助文件和主题
(setvar varname value)	将 AutoCAD 系统变量设置为指定的值
(ver)	返回包含当前 AutoLISP 版本号的字符串
(vl-cmdf [arguments]...)	在计算 arguments 后执行一个 AutoCAD 命令
(vlax-add-cmd global-name func-sym [local-name cmd-flags])	向组中添加命令
(vlax-remove-cmd global-name)	删除单独的命令或命令组 注意 VLISP 扩展：需要 vl-load-com

(7) 用户输入函数

函 数	说 明
(entsel [msg])	提示用户通过指定一个点来选择单个对象（图元）
(getangle [pt][msg])	暂停以等待用户输入一个角度，并返回该角度（以弧度为单位）
(getcorner pt [msg])	暂停以等待用户输入矩形第二个角点的坐标
(getdist [pt][msg])	暂停以等待用户输入一个距离
(getfiled title default ext flags)	用标准的 AutoCAD 文件对话框提示用户输入一个文件名，并返回该文件名
(getint [msg])	暂停以等待用户输入一个整数，并返回该整数
(getkword [msg])	暂停以等待用户输入一个关键字，并返回该关键字
(getorient [pt][msg])	暂停以等待用户输入一个角度，并返回该角度（以弧度为单位）
(getpoint [pt][msg])	暂停以等待用户输入一个点，并返回该点
(getreal [msg])	暂停以等待用户输入一个实数，并返回该实数
(getstring [cr][msg])	暂停以等待用户输入一个字符串，并返回该字符串
(initget [bits][string])	为随后的用户输入函数调用创建关键字
(nentsel [msg])	提示用户通过指定一个点来选择一个对象（图元），从而可以存取包含在复杂对象内的定义数据
(nentselp [msg][pt])	在无需用户输入的情况下，本函数提供与 nentsel 函数类似的功能

3. 选择集、对象和符号表函数
(1) 对象处理函数

函 数	说 明
(entdel ename)	删除对象（图元）或恢复上一个被删除的对象
(entget ename [applist])	获取对象（图元）的定义数据

(续)

函　　数	说　　明
(entlast)	返回图形中最后一个未被删除的主对象（图元）名
(entmake [elist])	在图形中创建新图元（图形对象）
(entmakex [elist])	创建新对象或图元，赋给它一个句柄和图元名（但不指定所有者），返回新图元名
(entmod elist)	修改对象（图元）的定义数据
(entnext [ename])	返回图形中的下一个对象（图元）名
(entupd ename)	更新对象（图元）的屏幕图像
(handent handle)	根据句柄返回对象（图元）的名称
(vlax-dump-object obj)	列出对象的方法和属性注意 VLISP 扩展：需要 vl-load-com
(vlax-erased-p obj)	判断对象是否被删除注意 VLISP 扩展：需要 vl-load-com
(vlax-get-acad-object)	为当前 AutoCAD 任务检索顶层 AutoCAD 应用对象注意 VLISP 扩展：需要 vl-load-com
(vlax-method-applicable-p obj method)	判断对象是否支持特定的方法 注意 VLISP 扩展：需要 vl-load-com
(vlax-object-released-p obj)	判断对象是否已被释放 注意 VLISP 扩展：需要 vl-load-com
(vlax-read-enabled-p obj)	判断对象是否可以被读取 注意 VLISP 扩展：需要 vl-load-com
(vlax-release-object obj)	释放一个图形对象 注意 VLISP 扩展：需要 vl-load-com
(vlax-typeinfo-available-p obj)	判断是否显示指定类型对象的 TypeLib 信息 注意 VLISP 扩展：需要 vl-load-com
(vlax-write-enabled-p obj)	判断 AutoCAD 图形对象是否可以被修改 注意 VLISP 扩展：需要 vl-load-com

（2）选择集处理函数

函　　数	说　　明
(ssadd [ename [ss]])	将对象（图元）添加到选择集中，或创建一个新的选择集
(ssdel ename ss)	从选择集中删除对象（图元）
(ssget [mode][pt1 [pt2]][pt-list][filter-list])	提示用户选择对象（图元），并返回一个选择集
(ssgetfirst)	判断哪个对象被选择或夹取
(sslength ss)	返回一个整数，表示选择集中的对象（图元）数目
(ssmemb ename ss)	测试对象（图元）是否是选择集的一个成员
(ssname ss index)	返回选择集中由索引号指定的元素的对象（图元）名称
(ssnamex ss index)	获取关于如何创建选择集的信息
(sssetfirst gripset [pickset])	设置哪个对象是被选择和夹取的

4. AutoCAD 相关查询、控制功能函数

函　数	说　明
(command "AutoCAD 命令"…)	超重量级函数，调用执行 AutoCAD 命令
(findfile 文件名)	返回：该文件名的路径及文件名
(getfiled 标题 内定档名 扩展名 旗号)	通过标准 AutoCAD 文件对话 DCL 对话框获得文件
(getenv "环境变量")	取得该环境变量的设定值，以字符串表示
(getvar "系统变量")	取得该系统变量的设定值，以字符串表示
(setvar "系统变量"值)	设定该系统变量的值
(regapp 应用类项)	将目前的 AutoCAD 图形登记为一个应用程序名称

5. ADS、ARX、AutoLISP 加载与卸载函数

函　数	说　明
(ads)	返回目前加载 ADS 程序列表
(arx)	返回目前加载 ARX 程序列表
(arxload 应用程序[出错处理]))	返回加载 ARX 程序
(arxunload 应用程序[出错处理]))	返回卸载 ARX 程序
(ver)	返回目前 AutoLISP 版本字符串
(load LSP 文件名[加载失败])	加载 AutoLISP 文件（*.lsp）
(xload 应用程序[错处理])	加载 ADS 应用程序
(xunloa 应用程序[出错处理])	卸载 ADS 应用程序

6. 内存空间管理函数

函　数	说　明
(alloc 数值)	以节点数值设定区段大小
(expand 数值)	以区段数值配置节点空间
(gc)	强制收回废内存
(mem)	显示目前的内存使用状态
(xdroom 对象名称)	返回对象扩展信息允许使用的内存空间
(xdsize 列表)	返回对象扩展信息所占用的内存空间

7. 其他重要的功能函数

函　数	说　明
(acad_colordlg 颜色码 旗号)	显示出标准 AutoCAD 颜色选择对话框
(acad_helpdlg 求助文件名 主题)	显示出标准 AutoCAD 求助对话框
(acad_strlsort 字符串列表)	作字符串列表排序
(bherrs)	取得 bhatch 与 bpcly 失败所产生的错误信息

(续)

函　　数	说　　明
(bhatch 点[选择集[向量]])	根据 Pick point 选点方式调用 bhatch 命令，绘制选集区域的剖面线
(bpoly 点[选择集[向量]])	根据 Pick point 选点方式调用 bpoly 命令并产生一定域 Polyline
(cal 计算式字符串)	执行如 CAL 计算功能

8. ADS、ARX 外部定义的 3D 函数

函　　数	说　　明
(align 自变量1、自变量2、…)	执行如 ALIGN 命令各选项顺序
(c：3dsin 模式 3DS 文件名)	导入 3DS 文件
(C：3dsout 模式 3DS 文件名)	输出 3DS 文件
(c：background 模式[选项])	设定渲染背景
(C：fog 模式［选项］)	设定渲染的雾效果
(C：light 模式［选项］)	设定渲染的灯光控制
(c：lsedit 模式[选项1])	设定渲染的景物控制
(C：lslib 模式[选项])	管理景物图库
(c：matilb 模式 材质 材质库名)	管理材质数据库
(c：mirror3d 自变量1、自变量2、…)	执行如 MIRROR3D 命令
(C：psdrap 模式)	根据模式设定值（0 或 1），传唤 psdrap 命令
(C：psfill 对象名称 图案名称[自变量1、[自变量2]])	以 POStSCript 图案填满
(c：psin 文件名 位置 比例)	插入一个 Postscript（*.eps）文件
(c：render[渲染文件])	执行渲染效果
(C：rfileopt 格式 自变量1、自变量2、自变量3、…)	设定执行渲染选项
(c：replay 影像文件名 影像类别[选项])	展示影像文件 TGA、BMP、TIF
(C：rmat 模式 选项)	控管材质建立、贴附、编辑、分离
(c：rotate3d 自变量1、自变量2、…)	执行如 ROTATE3D 命令各选项顺序
(C：rpref 模式 选项[设定])	渲染环境设定
(c：saveimg 影像文件名影像类别[选项])	储存图像文件 TGA、BMP、TIF
(c：scene 模式［选项］)	SCENE 场景管理
(C：setuv 模式 选集 自变量1、自变量2、…)	SETUV 贴图模式管理
(C：showmat 自变量1)	显示对象的材质贴附信息
(C：solprof 自变量1、自变量、2…)	建立 3D 实体的轮廓影像
(C：StatS[渲染信息文件])	显示渲染信息统计信息

9. ADS、ARX 外部定义的数据库相关函数

函　　数	说　　明
(c：aseadmin 自变量1、自变量2、…)	管理外部数据库
(c：aseexportt 自变量1、自变量2、…)	输出信息

(续)

函　数	说　明
(c：aselinks 自变量1、自变量2、…)	连接对象与信息
(c：aserow 自变量1、自变量2、…)	管理外部信息表格
(c：aseselect 自变量1、自变量2、…)	建立外部信息与对象选集
(c：asesqled 自变量1、自变量2、…)	执行 SQL 程序

附录 B　标准 ASCII 码表

本附录列出标准 ASCII 码。其中八进制码的应用最广，常以 \ nnn 的形式用在字符和字符串常量中。用户的系统可能在扩展的 256 字符集中定义了附加代码（值大于 127 的扩展码）。还有些系统可能会重新定义了部分不常用的 ASCII 码，例如 1～6 和 14～26。要想查看系统的字符和对应的十进制码、八进制码，可使用 AutoLISP 定义的命令 ASCII（在 Visual LISP 开发人员手册的 ASCII 码转换中有介绍）。字符显示在屏幕的表格里或输出到文件 ascii.txt 中。

ASCII 码转换表

八　进　制	十六进制	十　进　制	字　符	八　进　制	十六进制	十　进　制	字　符
0	0	0	unl	24	14	20	dc4
1	1	1	soh	25	15	21	nak
2	2	2	stx	26	16	22	syn
3	3	3	etx	27	17	23	etb
4	4	4	eot	30	18	24	can
5	5	5	enq	31	19	25	em
6	6	6	ack	32	1a	26	sub
7	7	7	bel	33	1b	27	esc
10	8	8	bs	34	1c	28	fs
11	9	9	ht	35	1d	29	gs
12	0a	10	nl	36	1e	30	re
13	0b	11	vt	37	1f	31	us
14	0c	12	ff	40	20	32	sp
15	0d	13	er	41	21	33	!
16	0e	14	so	42	22	34	"
17	0f	15	si	43	23	35	#
20	10	16	dle	44	24	36	$
21	11	17	dc1	45	25	37	%
22	12	18	dc2	46	26	38	&
23	13	19	dc3	47	27	39	`

（续）

八进制	十六进制	十进制	字符	八进制	十六进制	十进制	字符
50	28	40	(	114	4c	76	L
51	29	41	)	115	4d	77	M
52	2a	42	*	116	4e	78	N
53	2b	43	+	117	4f	79	O
54	2c	44	,	120	50	80	P
55	2d	45	-	121	51	81	Q
56	2e	46	.	122	52	82	R
57	2f	47	/	123	53	83	S
60	30	48	0	124	54	84	T
61	31	49	1	125	55	85	U
62	32	50	2	126	56	86	V
63	33	51	3	127	57	87	W
64	34	52	4	130	58	88	X
65	35	53	5	131	59	89	Y
66	36	54	6	132	5a	90	Z
67	37	55	7	133	5b	91	[
70	38	56	8	134	5c	92	\
71	39	57	9	135	5d	93	]
72	3a	58	:	136	5e	94	^
73	3b	59	;	137	5f	95	_
74	3c	60	<	140	60	96	'
75	3d	61	=	141	61	97	a
76	3e	62	>	142	62	98	b
77	3f	63	?	143	63	99	c
100	40	64	@	144	64	100	d
101	41	65	A	145	65	101	e
102	42	66	B	146	66	102	f
103	43	67	C	147	67	103	g
104	44	68	D	150	68	104	h
105	45	69	E	151	69	105	i
106	46	70	F	152	6a	106	j
107	47	71	G	153	6b	107	k
110	48	72	H	154	6c	108	l
111	49	73	I	155	6d	109	m
112	4a	74	J	156	6e	110	n
113	4b	75	K	157	6f	111	o

(续)

八进制	十六进制	十进制	字符	八进制	十六进制	十进制	字符
160	70	112	p	170	78	120	x
161	71	113	q	171	79	121	y
162	72	114	r	172	7a	122	z
163	73	115	s	173	7b	123	{
164	74	116	t	174	7c	124	→
165	75	117	u	175	7d	125	}
166	76	118	v	176	7e	126	~
167	77	119	w	177	7f	127	del

附录 C 联机程序错误代码

下表列举了 AutoLISP 产生的错误代码值。当 AutoCAD 检测到 AutoLISP 函数调用导致的错误时,便将该错误的代码值赋给系统变量 (getvar " errno")来检查 ERRNO 的当前值。

AutoCAD 并不总是将系统变量 ERRNO 清为零。除非在 AutoLISP 函数发现错误之后立即检查该变量,否则代码值所指示的错误可能会引起误解。在开始或打开一个图形时,该变量被清为零。

注意:变量 ERRNO 的可能值及其含义,在 AutoCAD 的后续版本中可能会发生变化。

联机程序错误代码

值	含 义
0	没有错误
1	符号表名称无效
2	图元或选择集名称无效
3	超出选择集的最大数目
4	选择集无效
5	块定义的用法错误
6	外部参照的用法错误
7	对象选择时拾取失败
8	图元文件结束
9	块定义文件结束
10	未找到最新图元
11	非法操作:试图删除视窗对象
12	绘制 PLINE 时,操作非法
13	句柄无效
14	句柄未启用
15	坐标转换中要求的参数无效

(续)

值	含义
16	坐标转换中要求的空间非法
17	非法使用已删除的图元
18	表名无效
19	表函数的参数无效
20	试图设置只读变量
21	不允许输入 0 值
22	数值越界
23	正在进行复杂的图形重生成
24	试图改变图元类型
25	图层名称错误
26	线型名称错误
27	颜色名称错误
28	文字样式名错误
29	图形名称错误
30	图元类型字段错误
31	试图修改已删除的图元
32	试图修改子图元 SEQEND
33	试图修改句柄
34	试图修改视窗的可见性
35	图元所在图层被锁定
36	图元类型错误
37	多段线图元错误
38	块中的复杂图元不完整
39	块的名称字段无效
40	块的标志字段重复
41	块的名称字段重复
42	法向矢量错误
43	缺少块名称
44	缺少块标志
45	无名块非法
46	块定义无效
47	缺少必需的字段
48	未知的扩展数据（XDATA）类型
49	XDATA 中序列的嵌套错误
50	APPID 字段的位置错误
51	超出 XDATA 的最大尺寸

(续)

值	含 义
52	图元选择时,响应为空
53	APPID 重复
54	试图新建或修改视窗图元
55	试图新建或修改 xref、xdef 或 xdep
56	ssget 过滤器:序列错误结束
57	ssget 过滤器:缺少测试运算符
58	ssget 过滤器:操作码(-4)字符串无效
59	ssget 过滤器:条件序列嵌套错误或内容为空
60	ssget 过滤器:条件序列的开始和结束不匹配
61	ssget 过滤器:条件序列中参数的数目错误(对于 NOT 或 XOR 而言)
62	ssget 过滤器:超出最大嵌套层数限制
63	ssget 过滤器:组码无效
64	ssget 过滤器:字符串测试无效
65	ssget 过滤器:矢量测试无效
66	ssget 过滤器:实数测试无效
67	ssget 过滤器:整数测试无效
68	定点设备不是数字化仪
69	数字化仪尚未校准
70	数字化仪参数无效
71	ADS 错误:不能分配新的结果缓存区
72	ADS 错误:检测到空指针
73	无法打开可执行文件
74	应用程序已经加载
75	已经加载最大数量的应用程序
76	无法执行应用程序
77	版本号不兼容
78	无法卸载被嵌套的应用程序
79	应用程序拒绝卸载
80	应用程序尚未加载
81	内存不足,无法加载应用程序
82	ADS 错误:变换矩阵非法
83	ADS 错误:符号名称无效
84	ADS 错误:符号值无效
85	显示对话框时,AutoLISP/ADS 操作被禁止

参 考 文 献

[1] 卢正燕，浦海兵．用 Visual LISP 开发 AutoCAD 2000 [J]．机械设计与制造，2001 (6)．
[2] 王墅，张旭．AutoCAD 2000 Visual LISP 事件反应器编程技术 [J]．抚顺石油学院学报，2000 (6)．
[3] 李学志．Visual LISP 程序设计 [M]．2 版．北京：清华大学出版社，2010．
[4] 郭秀娟，于全通，等．AutoLISP 语言程序设计 [M]．北京：化学工业出版社，2008．
[5] 李学志．Visual LISP 程序设计（AutoCAD 2006）[M]．北京：清华大学出版社，2006．
[6] 赵景亮，李志刚，等．AutoCAD 2004 与 AutoLISP 二次开发技术 [M]．北京：清华大学出版社，2004．
[7] 李常勋．AutoCAD Visual LISP 程序开发技术 [M]．北京：国防工业出版社，2005．
[8] 周键．AutoCAD 2007 中文版应用教程 [M]．北京：机械工业出版社，2007．
[9] 吴永进，林美樱．AutoLISP&DCL 基础篇 [M]．北京：中国铁道出版社，2003．
[10] 王国盛，张鹏，等．AutoCAD 建筑绘图经典 228 例 [M]．北京：中国青年出版社，2011．
[11] 陈维兴．C++面向对象程序设计教程 [M]．3 版．北京：清华大学出版社，2009．
[12] 李波，胡俊，齐磊．2012 中文版 AutoCAD 完全学习手册 [M]．北京：电子工业出版社，2012．